海洋渔业职务船员培训教材

渔船船艺与操纵

（一、二、三级驾驶用）

陈常柏 刘庆顺 主 编

王海燕 彭友杰 陈志凯 副主编

山东教育出版社

图书在版编目(CIP)数据

渔船船艺与操纵/陈常柏,刘庆顺主编. —济南:山东教育
出版社,2015
海洋渔业职务船员培训教材
ISBN 978－7－5328－9176－4

Ⅰ.①渔… Ⅱ.①陈… ②刘… Ⅲ.①渔船—船员
—技术培训—教材 Ⅳ.①S972.8

中国版本图书馆 CIP 数据核字(2015)第 249323 号

渔船船艺与操纵

陈常柏 刘庆顺 主编

主　管:山东出版传媒股份有限公司
出版者:山东教育出版社
　　　　(济南市纬一路 321 号　邮编:250001)
电　话:(0531)82092664　传真:(0531)82092625
网　址:www.sjs.com.cn
发行者:山东教育出版社
印　刷:青岛高科技工业园宝利彩印厂
版　次:2016 年 3 月第 1 版第 1 次印刷
规　格:710mm×1000mm　16 开本
印　张:14.5 印张
字　数:282 千字
书　号:ISBN 978－7－5328－9176－4
定　价:22.00 元

编委会

前言

为了更好地履行《1995年STCW-F公约》，进一步做好渔业船员培训、考试、评估和发证工作，提高船员培训的质量，根据《中华人民共和国渔业船员管理办法》的要求，山东省渔业船舶协会组织有关航海院校教师编写了本套渔业船员培训教材，并组织有关专家进行了审定。

教材内容适应渔业船舶驾驶人员培训和远洋渔业生产发展的需要，侧重航行作业中需掌握的基本理论和基本知识，以"必需和够用"为原则，适当超前，紧扣农业部《渔业船员考试大纲和实操评估操作规程（海洋）》，深广度适中，既有必要的理论知识，又有实用的操作技术，体现了理论和实践紧密结合，注重对船员素质及能力的培养。

本套教材为海洋渔业职务船员培训教材，有《航海与气象》、《渔船船艺与操纵》、《船舶避碰》、《渔业船舶管理》和《捕捞基础》等五门，适用于一、二、三级海洋渔业船舶驾驶人员学习和专业技术资格考试培训。本套教材在编写过程中得到山东省海洋与渔业监督监察总队的大力支持，对教材与《渔业船员考试大纲和实操评估操作规程》符合性进行了指导把关。本套教材作为渔业职务船员培训统编教材，也可供渔业技术专业学生使用和相关人员教学参考。

本教材由刘庆顺、陈常柏、王海燕、彭友杰编写，由宋正杰统稿。教材共十一章，主要内容有：船舶结构与设备基本知识、渔船积配载知识、船舶操纵和海事应

1

急处置知识等。

　　由于编者水平有限，书中还难免存在错误和不当之处，欢迎广大读者批评指正。

编者

2015 年 11 月

目录

第一章　船舶常识

第一节　船体主要标志

一、船舶吃水（水尺）标志

船舶靠离码头、通过浅水航道、锚泊及采用水尺计算船舶装载量时，均需精确观测船舶吃水。为保证船舶操纵安全及便于计算船舶的装载量，在船舶首、中、尾左右两舷船壳板的六处均勘划有吃水标志，通常称为六面水尺，用以度量船舶的实际吃水。此首、尾垂线系指型线图设计的首、尾垂线。

吃水标志应从该处的龙骨线或其延伸线开始计量（非金属船龙骨线位于船壳板下缘或型深的计量点），横标线的上缘即表示该处的吃水。

吃水标志由横标线、竖标线及数字组成。竖标线内缘即垂线位置，外缘在靠船端的一侧；横标线在竖标线内缘一侧。数字的底缘与横标线的上缘持平，其尺寸为 100×60 mm。吃水标志横标线的间距不应超过 100 mm。

吃水标志上下勘划的范围应至少低于该处最小吃水 0.2 m 和高于该处最大吃水 0.2 m。首吃水标志可沿首柱勘划，尾吃水标志可延伸在舵叶上。

对吃水标志底部构件有低于龙骨延伸线者，其超出尺寸，应在该吃水标志的上方用括号标示。例如附加的低于龙骨线的尾框底骨超过 0.5 m，则在尾吃水标志的上方应标志"（+0.5 m）"。

吃水读取的方法是以水面与吃水标志相切处按比例读取吃水，当水面与数字的下端相切时，该数字即表示此时该船的吃水。在有波浪时应至少读取波峰和波谷与吃水标志相切处的读数各三次，以所求的平均值为该船当时的吃水。船舶的吃水标志如图 1—1 所示。

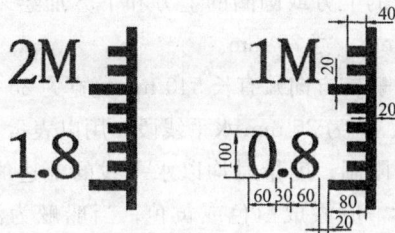

图 1—1

二、甲板线标志

甲板线系长为 300 mm 和宽为 25 mm 的一条水平线。甲板线勘划在船中处的两舷，其上边缘一般应经过干舷甲板上表面向外延伸与船体外表面之交点（如图 1—2 所示）。如按此勘划有困难，甲板线也可勘划在船中两舷某一适当位置。

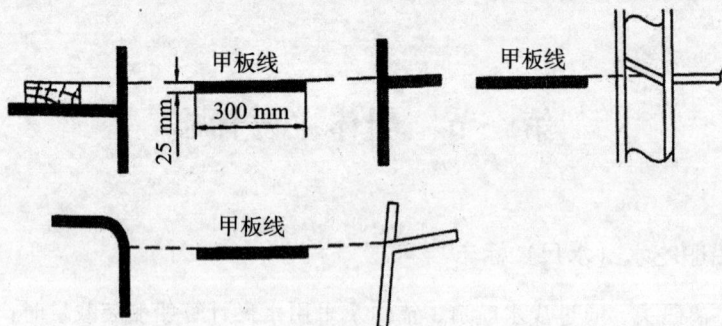

图 1—2

三、载重线标志

（一）目的与作用

为确定船舶（最小）干舷，以限制船舶最大吃水，保证船舶具有足够的储备浮力和航行安全，渔业船舶主管机关根据船舶尺度和结构强度，为每艘船勘定了船舶在不同航行区带、区域和季节期应具备的最小干舷，并用载重线标志的形式勘划在船中的两舷外侧，以限制船舶的装载量。

某一时刻的水面至甲板边线上边缘的垂直距离，即为该船当时的干舷，表示船舶当时所具有的储备浮力，干舷高度越大，储备浮力也越大。

（二）载重线标志勘划的方法与要求

载重线标志由外径为 300 mm、宽为 25 mm 的圆环与长为 450 mm、宽为 25 mm 的水平线相交组成。勘划于船中两舷外侧，圆环的中心位于船中处，至甲板线上边缘的垂直距离等于所核定的夏季干舷。水平线的上边缘通过圆心，从甲板边线的上边缘垂直向下量至圆环中心的距离即为所核定的夏季干舷。在勘划载重线时，还应在载重线圆圈两侧水平线的上方或圆圈的上方和下方加绘表示勘定主管机关的简体字母如 ZY。字母高 115 mm，宽 75 mm。

载重线圆圈的前方（船首方向）有长 540 mm、宽为 25 mm 的垂线，该垂线前方和后方绘有长为 230 mm、宽为 25 mm 水平线段，用以表示不同区带、区域和季节期的最大吃水（最小干舷）限制，度量时均以水平线的上边缘为准。对圆圈、线段和字母，当船舷为暗色底者，应漆成白色或黄色；当船舷为浅色底者，应漆成黑色。船舶两舷应正确和永久地勘划载重线标志并清晰可见。

左舷标志的线段与右舷的线段对称于中线面，仅组合字母的排列仍从左至右。

（三）国际航行渔业船舶载重线标志

渔业辅助船载重线标志如图1—3所示。渔船载重线标志须在渔业辅助船舶载重线标志上，加画一条宽为25 mm垂向线段，该线段中心与圆环圆心重合，线段长度不超出圆环的范围。如图1—4所示。

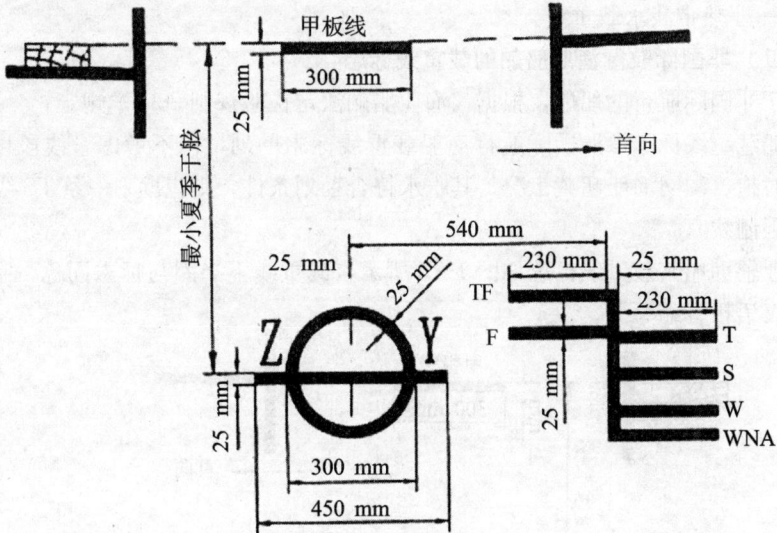

图 1—3 国际航行渔业辅助船载重线标志

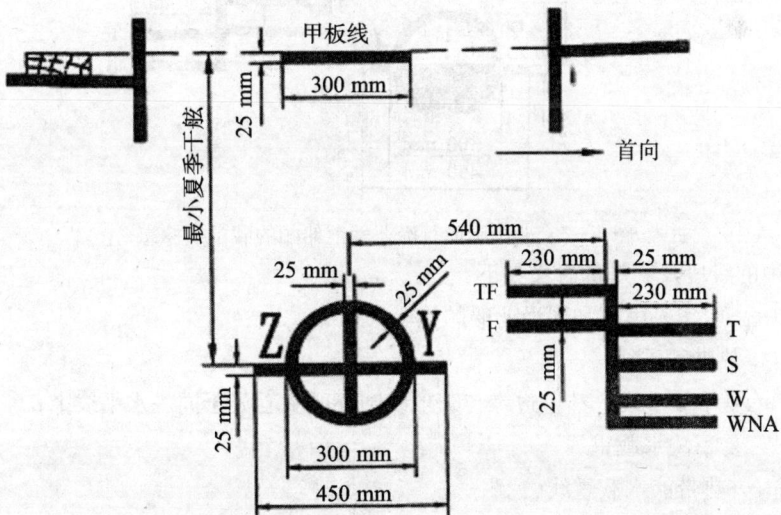

图 1—4 国际航行渔船载重线标志

图中的线段及字母的含义如下：

ZY——中华人民共和国渔业船舶检验局；

T——热带载重线；

S——夏季载重线，其上边缘与载重线圆环的中心处于同一水平线上；

W——冬季载重线；

WNA——北大西洋冬季载重线；

F——淡水载重线；

TF——热带淡水载重线。

（四）非国际航行渔业船舶的载重线标志

对于非国际航行的船舶，根据《渔业船舶法定检验规则2000》规定：

渔船载重线标志参照国际航行渔船载重线标志勘划，但不考虑S线段以下的部分。但对拖、围网渔船超载工况，其吃水符合勘划条件，则应勘划一条TS线段（TS为超载限制线）。

渔业辅助船其载重线标志如图1—5所示，载重线下半圈与标志同色，字母为主管机关汉语拼音缩写。

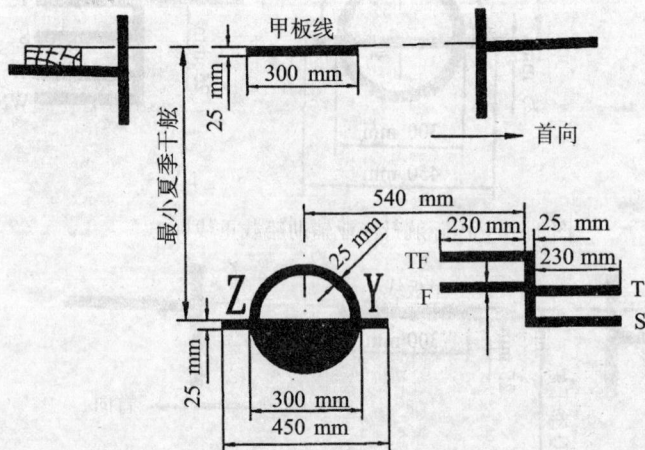

图1—5 非国际航行渔业辅助船舶的载重线标志

图中的线段及字母的含义如下：

ZY——中华人民共和国渔业船舶检验局；

T——热带载重线；

S——夏季载重线，其上边缘与载重线圆环的中心处于同一水平线上；

F——夏季淡水载重线；

TF——热带淡水载重线。

四、船名和船籍港标志

每艘渔业船舶均在船首左右两侧明显位置处用汉字标写船名，国际航行渔业船舶尚应在船名下方加写汉语拼音。在最高一层甲板室顶部两侧悬挂船名牌。每艘船舶尚应在船尾中间明显部位标写船籍港，国际航行船舶还应加写汉语拼音。船名、船籍港的字体与规格尺寸按照船舶长度划分，渔业行政主管部门有明确规定。

第二节　渔船种类

一、一般概念

(1) 渔船：系指从事捕捞鱼类或其他水生生物资源的船舶。

(2) 渔业辅助船：系指为渔业生产、科研、教学、监督、渔港工程服务的船舶，如水产运销船、冷藏加工船、油船、供应船、渔业指导船、科研调查船、教学实习船、渔港工程船、拖船、交通船、驳船、养殖船、渔政船和渔监船等。

(3) 渔业船舶：系渔船和渔业辅助船的统称。

(4) 国际渔业船舶：在中国水域以外从事捕捞作业的渔船、渔政船、渔业指导船、科研调查船、实习船及非营业性水产运销船。

(5) 非国际渔业船舶：系指在中国水域以内作业、航行的渔业船舶。

(6) 休闲渔船：系指在休渔期或捕捞淡季从事观光、垂钓的渔业船舶及类似用途的船舶。

二、渔船分类概述

1. 按渔具渔法分类

(1) 网捕渔船：系指用网具进行捕捞作业的渔船，如拖网、围网、流网渔船等；

(2) 钓捕渔船：系指用钩与绳进行捕捞作业的渔船，如延绳钓、竿钓、鱿鱼钓渔船等；

(3) 猎捕渔船：系指用猎捕渔具进行捕捞作业的渔船，如捕鲸、海豚猎捕船等；

(4) 其他渔具渔法捕捞船：如先用光来诱鱼再用鱼泵进行捕捞的渔船，以及利用海水导电性能应用脉冲电流来进行电气捕捞的渔船等。

2. 按建造材料分类

渔船可分为：木质渔船、钢质渔船、铝合金渔船、钢丝网水泥渔船、玻璃钢渔船等。

3. 按推进方式与动力装置分类

渔船可分为：机帆渔船、柴油机动力装置渔船、柴油机—电力推进渔船、气体机动力装置渔船等。

4. 按渔获物保鲜方法分类

渔船可分为：冰鲜渔船、腌鱼渔船、冷海水保鲜渔船、微冻渔船、冷冻渔船、加工渔船、制鱼粉船、制罐头船等。在一些大型渔船上，几种加工方法往往同时存在。某些捕捞渔船，为表明其加工方法，也经常按渔法和加工方法来区分，如拖网冷冻渔船、拖网加工渔船等。

三、渔业船舶的种类

（一）渔船

1. 拖网渔船

拖网渔船是指利用拖曳网具捕捞中、下层鱼类或甲壳类的渔船，捕捞拖速一般为 2～5 kn。为了提高拖网时的航向稳定性，该类船多设计成尾纵倾式以增加尾部吃水。拖网渔船要求能在恶劣海况下正常航行并坚持捕捞作业，所以拖网渔船应有良好的稳性、耐波性和坚固的船体结构。因经常起、放网具，要求干舷低、作业甲板宽敞，并配置拖曳拉力较大的绞网机、起网吊杆和导向滑轮等捕捞装置。对拖和单拖是拖网渔船的两种主要类型。按起网和放网形式又可分为舷拖、尾拖和尾滑道式三种。

（1）对拖渔船：对拖是以两艘渔船合拖一顶网具。这种拖网对于水深在100 m以内，海底平坦的渔场最为适宜，网次产量较高。

（2）单拖渔船：即作业时一船拖一网，利用水流对网板的张力将网口张开。单拖渔船有舷拖与尾拖两种形式，尾拖渔船又有尾滑道渔船与无尾滑道尾拖渔船之分。单拖渔船现多采用尾滑道形式。尾滑道渔船在船尾端甲板往下延伸至水面设一斜坡滑道，供起网、放网和提拉渔获物使用。为适应选择作业，多数尾滑道渔船都为双甲板型。上层甲板作为渔捞作业区，亦称作业甲板，布置绞网机等渔捞设备。下层甲板作为渔获物处理和速冻加工的场所，称加工甲板，设有鱼品加工、冷冻等设备。为扩大甲板作业面积，上层建筑尽量向首部布置。目前世界上大型加工拖网渔船多为尾滑道形式，渔船总长达120 m以上，每天可加工100余吨渔货。这类新型渔船的导航、助航、捕捞机械等设备都在向液压化、自动化方向发展。

2. 围网渔船

围网渔船在围捕鱼群时，要求操作灵活，回头转向迅速。一般船长较小，吃水较浅，首部常设有侧推装置。围网网具长度和重量都很大，收起后堆放在尾部甲板。起网时使用吊杆上的动力滑车，受力点高，渔捞人员又常集中于舷侧操作，故对船的稳性要求较高。甲板上除在尾部常设可转动的网台外，还设有滚筒式括网机械、起网动力滑车或槽轮式起网机、舷边滚筒和可移式理网机等机械设备。大型围网渔船在尾部设一滑坡，其上吊放一艘渔艇。有的还设有用于侦察直升飞机停放的平台。

围网渔船有独船式和灯光围网渔船组成两种。独船式围网渔船船型瘦削，速度快，操作灵活，设球鼻首和侧推器。机舱在首部，首楼较高，主桅桅顶有瞭望台，内装侧推器的遥控装置和通讯电话。船上有带网小艇和追赶鱼群用的小艇多艘。灯光围网渔船组由一艘灯船、两艘围网船和运输船组成。灯船的主要作用是在渔场探测鱼群，用灯光诱集鱼群，作业中在网圈内控制鱼群，拖带网头，调整网形。围网船的主要作用是起网和放网，指挥作业，负责灯船的物资补给，并起母船的作用。也有的船队以一艘网船、两艘灯船（主灯船、副灯船）和一艘运输船组成。副灯船协助将鱼群诱集到主灯船附近，然后灭灯离去。放网时，网的一端由副灯船拉住，网船绕主灯船撒网形成包围圈，把主灯船及其周围的鱼群圈在网内。

3. 流（刺）网渔船

流网渔船的作业方式是采用悬挂在水中漂浮的流网捕鱼。当中、上层鱼类随流游动触网时，鱼伸进网眼，因呼吸作用鱼鳃挂于网片上无法脱出。网眼大小按鱼的品种而定。为减小风和流对船体的作用力，流网渔船也应尽量缩小上层建筑。为便于操网，干舷也不宜过高。水上风压中心和水下水压中心距离宜小，以免船体在随网漂流时摇首偏航。操作甲板面积要宽敞，以便安装起网机、抖网机等设备。为防止绳、网缠入推进器，操作甲板尽量靠近船首，以便在首部舷边起、放网。推进器处最好加防护装置。

4. 延绳钓渔船

钩钓渔业除手钓、竿钓、鱿鱼钓外，最著名的是金枪鱼延绳钓。它的吊具由干线、支线和鱼钩组成。和围网相比，延绳钓不损害鱼类资源。所以延绳钓渔法在总鱼产量中仍占有相当的比例。

延绳钓船在放钓、巡钓和起钓作业中，需经常回转，所以操纵性要好，主要要有良好的低速运转性能以维持船的微速航行。放完线后，船体漂流的速度不宜过大，所以要尽量减小船体的受风面积。为延长出海捕鱼时间，船上最好应有冷藏装置。船内有专用舱室供存放饵料和整理、储存钓具。

（二）渔业辅助船

1. 冷藏运输船

这种船的任务是把渔获物由渔场运回基地港，有时还要运输一定数量的油、水、给养以及渔需物资给在渔场作业的船队，因此装载货物品种多。

按照冷藏舱温的不同，这类船舶又分高温冷藏船与低温冷藏船。

高温冷藏船的舱温在0℃左右，其保鲜方式为冰、冷海水、微冻等，如我国近海收鲜船即是采用这些保鲜方式。

低温冷藏船的舱温在−18℃以下，用于运输冻结后的鱼品等，这类船一般用于远洋作业运输之用。

2. 冷藏加工船

冷藏加工船就其使用性质来说实际上是海上的渔业基地或浮动的鱼品加工厂，所以又称加工基地船。它是渔业船舶中排水量最大的船，大型加工母船排水量在1～4万吨，甚至还有更大的。它的主要任务是在海上接收捕捞的渔获物，将其加工成各种鱼品。它常与捕捞船、冷藏运输船、油船等组成综合渔船队。冷藏加工船的主、辅机功率大，设备复杂，人员多。具备较强的加工、制冷能力，有较大的冷藏舱和油、水舱，有较大的作业甲板和加工车间，以及时处理、加工渔获物。有良好的通讯导航设备，以和基地港和捕捞船保持联系。

3. 科研调查船

科研调查船的任务是从事渔业资源调查，探索新渔场，渔具渔法实验、加工保鲜方法的研究等。渔业调查船是现代渔船队中一个重要组成部分。在船上一般设有资源、生物、渔捞、化学、加工等试验室，并配备一定数量的研究人员。

科研调查船还配有多种渔捞设备，一般中型船只均可从事拖、围、钓作业。这类船舶实际上兼有渔船与海洋调查船舶的特点。

4. 教学实习船

教学实习船又称为渔业训练船，是专供学生实习之用。这类船舶要求有较多的舱室，以满足教室、研究室、学生居住室布置的需要。船上的导航助渔仪器配备齐全，而且较为先进。另外在船上还配备各种渔捞设备，以供学生实习之用。

5. 渔政船

渔政船是执行渔业法规、维护正常渔业生产秩序的船舶，其具体任务是在渔场巡逻监督渔船执行水产资源繁殖保护法，监督执行与有关国家签订的渔业协定，监督外籍渔船作业，处理渔业纠纷等。该类船型的特点是航速较快、耐波性好；配有较全的导航通信设备。在船上还配有渔政人员与渔业警察。

第三节　船舶尺度与吨位

一、船舶尺度

船舶尺度根据用途的不同，可分为最大尺度、船型尺度和登记尺度三种，见图1—4所示。

（一）最大尺度

最大尺度又称全部尺度或周界尺度，是船舶靠离码头、系离浮筒、进出港、过桥梁或架空电缆、进出船闸或船坞以及狭水道航行时安全操纵和避让的依据。

1. 最大长度

最大长度又称全长或总长，是指从船首最前端至船尾最后端（包括外板和两端永久性固定突出物）之间的水平距离。

2. 最大宽度

最大宽度又称全宽，是指包括船舶外板和永久性固定突出物在内并垂直于纵中剖面的最大横向水平距离。

3. 最大高度

是指自平板龙骨下缘至船舶最高桅顶间的垂直距离。最大高度减去吃水即为船舶在水面以上的高度，称净空高度。

（二）船型尺度

船型尺度又称型尺度或主尺度。在一些主要的船舶图纸上均使用和标注该尺度，用于计算稳性、吃水差、干舷高度、船舶阻力和船体系数等，故又称为计算尺度或理论尺度。

1. 垂线间长 L_{bp}

垂线间长又称型长、两柱间长，是指沿设计夏季载重线由首柱前缘量至舵柱后缘（无舵柱的船舶则量至舵杆中心线）的长度，但均不得小于夏季载重线长的96%，且不必大于97%。

2. 型宽 B

型宽又称船宽，是指在船舶的最宽处，由一舷肋骨的外缘量至另一舷肋骨的外缘之间的横向水平距离。

3. 型深 D

型深是指在船长中点处，沿船舷由平板龙骨上缘量至上层连续甲板（上甲板）横梁上缘的垂直距离；对甲板转角为圆弧形的船舶，则由平板龙骨上缘量至甲板横梁上缘延伸线的交点。

4. 型吃水 d

是指在船长中点处，由平板龙骨上缘量至夏季载重线的垂直距离。

5. 干舷 F

是指从干舷甲板线上边缘向下量到夏季载重线的垂直距离。

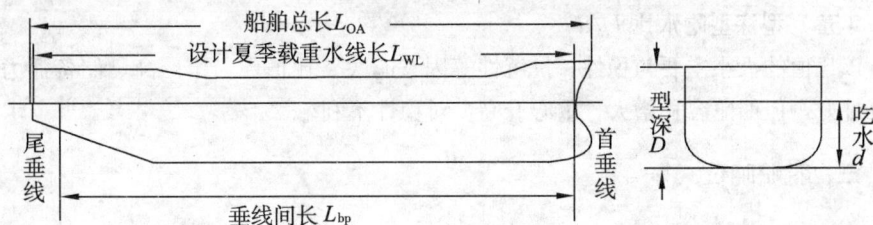

图1—6 船舶尺度

（三）登记尺度

登记尺度为《1969年国际船舶吨位丈量公约》中定义的尺度，又称公约船长、规范船长。是主管机关登记船舶、丈量和计算船舶总吨位和净吨位时所用的尺度，它载明于船舶登记证书中。

1. 登记长度

系指从龙骨板上缘量得的最小型深85％处水线总长度的96％，或沿该水线从首柱前缘量至上舵杆中心线的长度，取两者中较大者。

2. 登记宽度

系指船舶的最大宽度，对金属壳板船，其宽度是在船长中点处量到两舷的肋骨型线，对其他材料的船壳板，其宽度在登记船长中点处量到船体外面。

3. 登记深度

系指从龙骨上缘量至船舷处上甲板下缘的垂直距离。对甲板转角为圆弧形的船舶，则由平板龙骨上缘量至甲板横梁上缘延伸线的交点。

二、船舶主尺度比

（一）船长型宽比 L_{bp}/B

为垂线间长与型宽的比值，其大小与快速性和航向稳定性有关。比值越大，船体越瘦长，其快速性和航向稳定性越好，但旋回性不好，反之亦然。

（二）船长型深比 L_{bp}/D

为垂线间长与型深的比值，其大小与船舶纵强度有关。比值大，对船舶纵强度不利。

（三）船长吃水比 L_{bp}/d

为垂线间长与型吃水的比值，主要与船舶的操纵性有关。比值大，船舶旋回性变差。

（四）型宽型吃水比 B/d

该比值的大小与稳性、横摇周期、耐波性、快速性等因素有关。比值大，船体宽度大，稳性好，但横摇周期小，耐波性变差，航行阻力增加。

（五）型深型吃水比 D/d

该比值的大小主要与稳性、抗沉性等因素有关。比值大，干舷高，储备浮力大，抗沉性好，但船舱容积增大，重心升高，对稳性不利。

三、船舶吨位

（一）船舶重量吨

在最大允许吃水范围内，反映吃水与船舶重量和载重关系的吨位，称为船舶重量吨。船舶重量吨表示船舶重量和装载能力，分为排水量和载重量两种。

1. 排水量

排水量是指船舶自由浮于静水中处于平衡状态时所排开同体积水的重量，也是船舶的总重量。按船舶装载状态不同，排水量分为空船排水量 Δ_L、满载排水量 Δ_S 和装载排水量 Δ 三种。

（1）空船排水量 Δ_L。指船舶装备齐全但无载重时的排水量，空船排水量等于空船重量，包括船体、机器设备、可供试车用的但无航行所需的锅炉中的燃料和水、冷凝器中的淡水等重量之和。新船排水量为一定值，相应的吃水为空船吃水，其值均可在船舶资料中查得。

（2）满载排水量 Δ_S。指船舶吃水达到满载水线（通常指夏季载重线）时的排水量。满载排水量等于在满载状态下船舶的总重量，包括空船重量及货物、航次储备、压载水等重量的总和。

对于具体船舶，夏季满载排水量为一定值，相应的船舶吃水为夏季满载吃水，其值均可在船舶资料中查得。

（3）装载排水量 Δ。装载排水量指船舶装载后吃水介于空船吃水与满载吃水之间的排水量，其值为该装载状态下空船、货物、航次储备、压载水等重量之和。

2. 载重量

船舶所能装载的载荷重量称为载重量，分为总载重量和净载重量两种。

（1）总载重量 DW。总载重量是指船舶在任意吃水时所能装载的重量。包括在该吃水条件下船上所能装载的货物、航次储备、压载水及其他重量的总和，其值为：

$$DW = \Delta - \Delta_L$$

总载重量的大小可根据给定的船舶装载状态按其构成部分叠加获得，也可根据船舶吃水由上式确定。

船舶资料中作为船舶主要参数给出的总载重量是指夏季满载吃水时对应的总载重量，其值为一定值，即

$$DW_S = \Delta_S - \Delta_L$$

DW_S 作为船舶载重能力大小的重要指标，通常用来表征船舶的大小和统计船舶拥有量，作为签订租船合同及船舶配载的依据。

（2）净载重量 NDW。净载重量指船舶具体航次中所能装载货物重量的最大值，其值等于具体航次中所允许使用的总载重量 DW 与航次储备量及船舶常数的差值，即

$$NDW = DW - \sum G - C$$

式中：$\sum G$——航次储备量（t）；C——船舶常数（t）。

船舶净载重量因不同航次的航线、航程等因素的不同而变化，主要作为计算航次货运量的依据。

（3）航次储备量 $\sum G$。船舶具体航次中为维持正常航行需要所储备的消耗物质重量总和即为航次储备量。

（4）船舶常数 C。船舶投入营运后的空船重量与新出厂时的空船重量之差称为船舶常数。

（二）容积吨位

依据船舶登记尺度丈量出船舶容积后经计算而得出的吨位，表示船舶所具有的空间大小，又称登记吨。按丈量范围和用途不同分为总吨位、净吨位和运河吨位三种。

1. 总吨位 GT

根据有关国家主管机关规定的吨位丈量规范规定，丈量船舶所有围蔽处所总容积后所核算的专门吨位称为船舶总吨。其用途主要有：

（1）表征船舶建造规模大小，作为船舶拥有量的统计单位；

（2）船舶建造、买卖、租赁费用及海损事故赔偿费的计算依据；

（3）国际公约、船舶规范中划分船舶等级、提出技术管理和设备要求的基准；

（4）作为船舶登记、检验和丈量等计费的依据；

（5）计算船舶净吨位的基础。

2. 净吨位 NT

根据有关国家主管机关指定的吨位丈量规范丈量确定的船舶有效容积所核算的专门吨位称为船舶净吨位。有效容积可理解为船舶用于载货和载客处所的容积。

净吨位主要用作计收各种港口使用费（如港务费、引航费、灯塔费、拖轮费、靠泊与进坞费等）和税金（吨税）的依据。

3. 运河吨

按运河管理当局所规定的丈量规范核定的总吨位和净吨位（数值稍大）。用途是计算过运河费用。凡航经运河的船舶，必须具备运河当局主管部门核定的运河吨位证书。

第四节　渔船航海性能

渔船的航海性能是指渔船在各种情况下保持航行、运输和捕捞作业等的安全所必须具备的性能。它包括浮性、稳性、摇摆性、抗沉性、快速性和操纵性六个方面。

一、浮性

船舶在一定装载情况下，能保持正浮在水面上的能力称浮性。浮性是船舶的基本航海性能之一。船舶由于装载或其他原因（如船体破损漏水）引起超载时，会使船舶吃水增加，当船舶吃水增加到一定限度后，就会失去浮性，即失去漂浮在水面的能力。为了保证船舶部分破损漏水或其他原因引起超载后仍能浮于水面，这就要求船体在水面以上必须留有若干水密空间。满载水线以上船体水密部分的体积所具有的浮力称为储备浮力。储备浮力的大小可以用干舷高度来衡量，干舷越大，储备浮力也越大。

为了保证船舶具有良好的浮性，除按规定不能超载外，还应保持船体、甲板、水密舱壁、水密门等处的牢固和水密。

二、稳性

船舶受外力（风、浪等）作用时产生倾斜，当外力消失后，仍能恢复到原来平衡位置的能力，称为船舶的稳性。船舶倾斜后能不能回到原来平衡位置，这是船舶稳定与否的问题，而恢复平衡能力的大小，则是船舶稳性好坏的问题，船舶稳性应该包含这两个方面的内容。而船舶稳性实质上又是船舶重心与浮心相对位置变动，使重力与浮力的作用失去平衡的结果。

重心：即重力的作用点，它是整个船舶的重量中心，它随货物的装载情况而变动。

浮心：船体水下部分体积的形状中心，它随船体水下体积的形状变化而变动。当船舶倾斜时，浮心也向倾斜一侧移动。

（一）船舶的三种平衡状态

当船舶正浮时，重心与浮心在同一垂线上，重力与浮力大小相等，方向相反，船舶处于平衡状态。

当船舶受到外力作用产生倾斜时，浮心也向倾斜一侧移动，船舶的重心和浮心便不在同一垂线上，重力和浮力将产生一个力矩。船舶稳定与否与此力矩的方向有关。现分三种情况加以说明。

（1）稳定平衡状态：如图 1—7（a）所示，船舶倾斜后，重力和浮力产生的力矩与船舶的倾斜方向相反，当外力消失后，船仍能回复到原来的平衡位置，则船舶处于稳定平衡状态。

（2）不稳定平衡状态：如图 1—7（b）所示，当船舶受外力作用产生倾斜后，重力与浮力产生的力矩与船舶倾斜方向相同，促使船舶进一步倾斜直至倾覆，此时船舶处于不稳定平衡状态。

（3）中性平衡状态：如图 1—7（c）所示，当船舶受外力作用产生倾斜时，重心和浮心仍在同一垂线上，其力矩等于零，当外力消失后，船不会回到原来的平衡位置而是保持在倾斜的位置上，这种情况就是中性平衡状态。处于中性平衡状态的船，也是不稳定的。

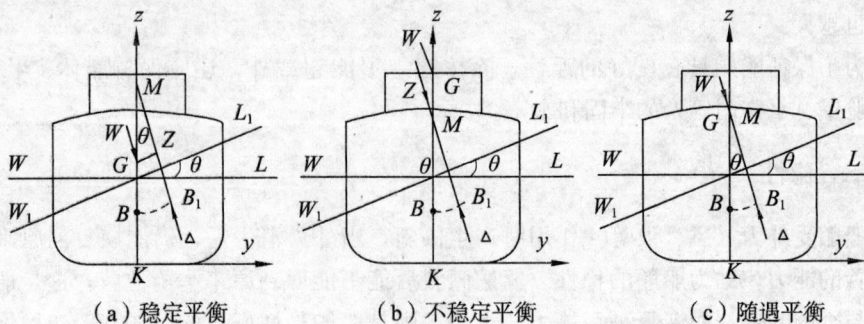

（a）稳定平衡　　　　（b）不稳定平衡　　　　（c）随遇平衡

图 1—7　船舶的平衡状态

　　船舶正浮时的浮力作用线与倾斜后的浮力作用线的交点称为稳心。船舶稳心到重心的距离称稳性高度〔图 1—7（a）〕。由以上三种情况可知：当稳心在重心之上时，船舶具有稳性；当稳心在重心之下或与重心重合时，船舶没有稳性。

　　（二）初稳性和大倾角稳性

　　（1）初稳性：船舶作小角度（一般为 10～15°以内）倾斜时所具有的稳性称为初稳性。

　　船舶初稳性的好坏取决于船舶稳性高度的大小，稳性高度大，船舶稳性就好；反之，则不好。因此稳性高度的大小是衡量船舶初稳性好坏的基本标志。比如在甲板上堆放大量货物，使船舶重心升高，稳性高度将降低，容易造成翻船事故。若降低重心，可使船舶稳性高度增大，则能提高船舶稳性。但重心也不能过低，重心过低会使船舶摇摆加剧，对捕捞作业、船舶操纵和船员生活不利。因此，必须根据本船的稳性特点，适当调整重心高度。渔船的稳性高度，是根据作业特点、船舶大小及航区情况而定的，一般在 0.5 米～0.8 米之间，最小不得低于 0.3 米。

　　（2）大倾角稳性：船舶在海洋中航行，由于风浪的作用往往使船舶的横倾角超过 10～15°，这时船舶的稳性就是大倾角稳性。

　　船舶作大倾角横倾时，其稳性变化比较复杂，船上一般用静稳性图（表示船舶大倾角稳性的静稳性力臂或静稳性力矩与横倾角关系的一组曲线）描述船舶的大倾角稳性，见图 1—8。静稳性力臂或静稳性力矩的大小，体现了船舶稳性的大小，静稳性力臂是衡量船舶大倾角稳性的基本标志。

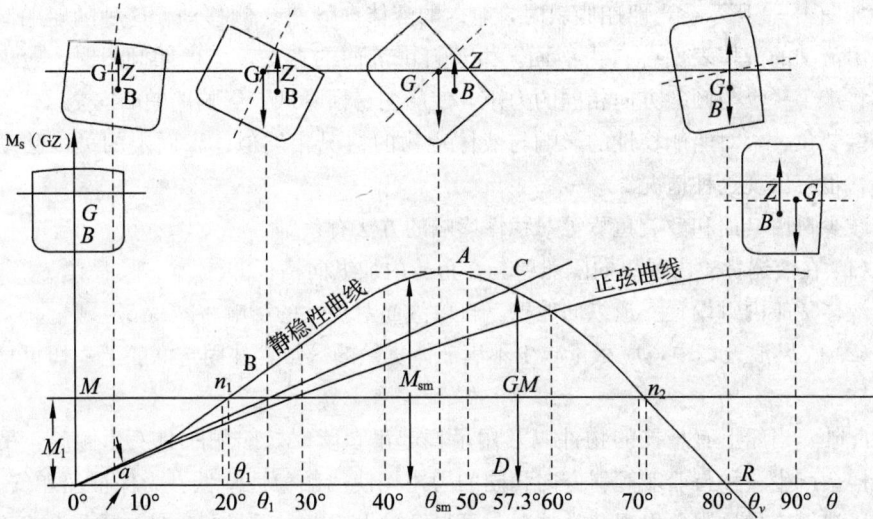

图1—8 静稳性曲线图

（三）稳性高度的调整

1. 上下移动货物

稳性高度变化值（米）＝移动货物的重量（吨）×上下移动的垂直距离（米）/排水量（吨）

2. 装卸重物

压载水的打入和排出，航行中油水消耗，渔获物的增减都会使稳性高度发生变化。

（四）自由液面和散装鱼货对稳性的影响

以上讲述的稳性问题，是船舶倾斜后，重心不随船舶倾斜而移动的情况。当船上的液体货物（如油、水）或散装货物及鱼货等在没有满舱时，将随船舶倾斜而移动，使船舶的重心也向倾斜一侧变动，从而改变了船舶的稳性。现以液体货物为例加以说明。

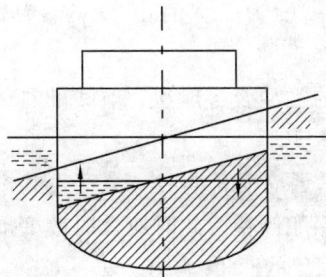

图1—9 自由液面的影响

如图1—9所示，当船舶倾斜时，舱内的液体向倾斜一侧移动，这种随船舶倾斜而自由流动的液体表面称自由液面。由于自由液面的存在，当船舶倾斜时，舱内的液体将产生一个与倾斜方向相同的力矩，使船舶稳性降低，影响船舶的安全。

散装鱼、货对船舶稳性的影响与液体货物的情况相类似；未固定的可以移动的物件，也会出现这种情况。

减少自由液面和散装鱼货等对稳性影响的方法有：

（1）在液体货舱内加纵向隔舱壁，在鱼舱内加纵向槽板。

液体货舱内每设置一道纵向舱壁，自由液面对稳性的影响将减少3/4。

（2）大风浪天气中，应尽量减少不满液体货舱的数量，并固定好船上一切可移动的物体。

此外，当船上有悬挂的物件以及用吊杆起吊鱼货时，船舶一旦发生倾斜，吊挂物同样会产生一种与船舶倾斜方向相同的力矩，使船舶稳性降低。为保证船舶安全，遇大风浪天应尽量避免出现此类情况。不得已时也应考虑尽量减少吊挂重量和高度。

三、摇摆性

船舶在外力作用下产生的周期性往复摆动现象叫船舶摇摆。摇摆性是指船舶摇摆的强弱程度。船舶摇摆分纵摇、横摇和首摇，广义上还包括纵荡、横荡和垂荡。其摇摆的幅度和速度，从外部讲与波浪的大小有关，从船舶本身条件讲，又与船舶稳性高度和摇摆周期的大小有关。船舶的稳性高度越大，摇摆周期越小，摇摆越剧烈；稳性高度小一些，摇摆周期大，摇摆就相对平稳些。因此，船舶的稳性高度不能太小以免影响稳性，但也不宜过大而使摇摆加剧。

所谓适度的稳性是指船舶的稳性高度足够可靠又不过大。

稳性高度足够可靠就是要满足《海船稳性规范》对船舶稳性的基本要求。例如对初稳性高度的要求：各种装载状态下经自由液面修正后的初稳性高度大于等于0.15米等。

所谓稳性不过大，一般可与横摇周期不小于9秒时相应的稳性高度值为限。

一般船舶满载时的稳性高度为船宽的4%～5%为好，横摇周期以14～15秒为宜。

此外，应结合具体船舶的类型及各航次、航线的具体情况，确定船舶在各种装载情况下应具有的适度稳性高度。

当船舶摇摆周期与波浪遭遇周期相同时，会产生共振现象，使船舶摇摆的幅度越来越大，严重时还将导致船舶倾覆。此时应及时改变航向和航速，改变船舶与波浪的相遇周期，以防止共振现象的产生。

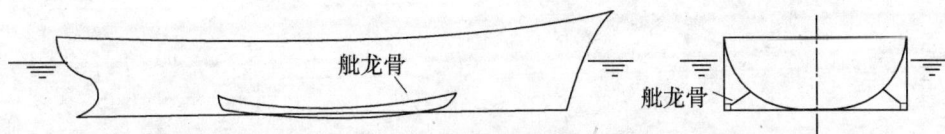

图1—10 舭龙骨

为了减轻摇摆，海船都装有舭龙骨，用来增加横摇时的阻力，如图1—10所示。舭龙骨由船的中部向首尾延伸，长度约为船长的一半，宽度约为船宽的3‰～5‰。

四、抗沉性

船舶在一舱或数舱进水后，仍能保持必要的浮态和稳性而不致沉没和倾覆的能力，称为抗沉性。对于不同用途不同航行条件的船舶，抗沉性的要求也不相同。船舶抗沉性的好坏，主要取决于是否具备下列条件：

（1）有一定数量的水密隔舱；

（2）有足够的储备浮力（干舷高度）；

（3）有良好的排水堵漏设备；

（4）个别舱室进水后仍能保持足够的稳性。

五、操纵性

操纵性是指船舶保持或改变原有航行方向的能力。它包括航向稳定性和回转性两个方面。航向稳定性好的船是指在一般海况下，用较小的舵角就能使船舶保持直线航行；在有风浪的情况下，不需用太大的舵角，便能克服风浪引起的船舶偏转现象。回转性好的船是指转舵后，在较短的时间内，船舶有较大的偏转，且旋回圈较小。

航向稳定性与回转性是相互制约的，对于同一条船舶，要提高航向稳定性，就要降低回转性；反之，提高回转性又会降低航向稳定性。所以船舶的操纵性能往往是根据船舶的工作特性来决定的。如渔船靠泊、离泊及回转频繁，要求回转性好些。远洋航行的大型运输船，航程远，航向改变少，则要求航向稳定性高一些。

六、快速性

快速性是指船舶能以较小的主机功率消耗而获得较高航速的能力。船舶快速性的好坏，与推进器性能及船舶阻力大小有关。当船舶的主机功率相同时，推进器的性能好，船舶的阻力小，船舶的快速性就好。船舶的阻力与船体形状、船体浸水面积和船壳表面的光滑程度等因素有关。

第二章　渔船结构

第一节　船体强度

船舶是由骨架和板材所组成的浮动物体。船舶在建造、下水、营运和进坞修理等各个过程中都要受到船舶及其所装载物的重力、舷外水压力、波浪冲击力、船舶运动时的各种惯性力作用。为保证船舶安全，船体结构必须具有抵抗各种内外作用力使之发生变形和损坏的能力，这种能力称为船体强度。按照外力的分布和船体结构变形的范围，船体强度可分为总强度和局部强度。总强度又可分为纵向强度、扭转强度和横向强度。

一、船体纵向强度

纵向强度是指船体结构抵抗总纵弯曲力矩和剪切力使其结构变形和损坏的能力。

（一）总纵弯曲力矩

总纵弯曲力矩是指作用于船体之上使其沿船长方向发生弯曲变形的力矩，简称总纵弯矩。它由静水总纵弯矩和波浪总纵弯矩两部分叠加而成。

1. 静水总纵弯矩

当船舶正浮于平静的水面之上时，重力和浮力大小相等，船舶处于平衡状态。但在船体的某一段上，重力和浮力的大小通常是不相等的，如图 2—1 所示。重力和浮力沿船长方向分布的不均匀，除产生剪切力外，还使船体产生总纵弯矩。剪切力的最大值位于距船舶首、尾两端或距船中 1/4 船长处，向两端和船中逐渐减小；总纵弯矩的最大值在船中附近，向首、尾两端逐渐减小。

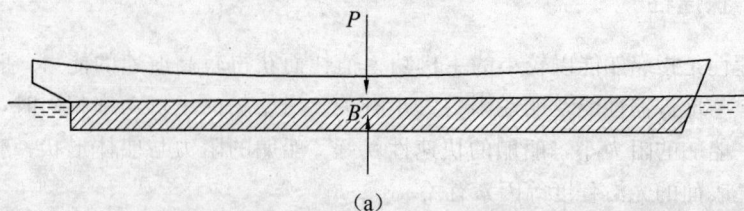

(a)

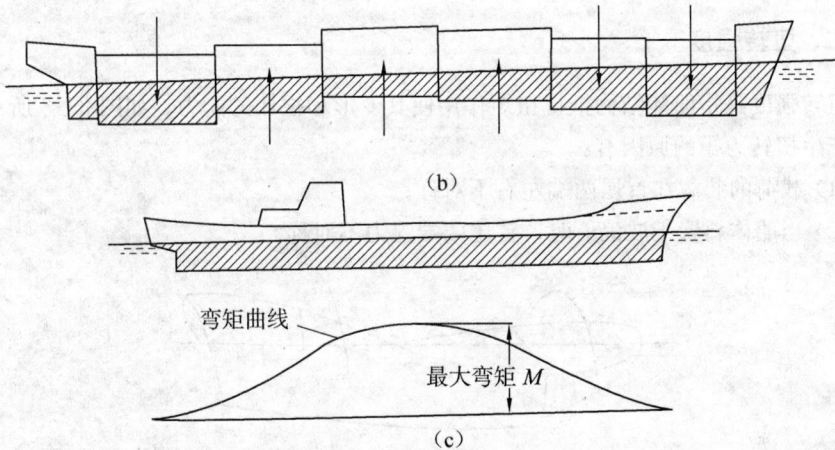

(b)

(c)

图 2—1　静水总纵弯矩

2. 波浪总纵弯矩

由于波浪的影响，位于波峰处的船体所受浮力增大，在波谷处浮力变小，使得重力和浮力沿船长方向分布不均匀而产生总纵弯矩。当船长与波长相接近时，该弯矩最为显著，对船体结构的威胁也最大，如图 2—2 所示。

总纵弯曲力矩和剪切力产生的原因：

（1）船体结构沿船长方向上各段所受的重力与浮力不等；

（2）船舶航行于有波浪的海面上，会使浮力沿船长方向的分布发生变化，特别是当船长与波长相接近时更为严重。

（二）中垂和中拱

当船舶中部所受的浮力大于重力，而两端所受的浮力小于重力，船体受中拱弯矩作用，此时船底受挤压力，甲板受拉伸力，船舶将产生中拱变形，反之则产生中垂变形，如图 2—2 所示。

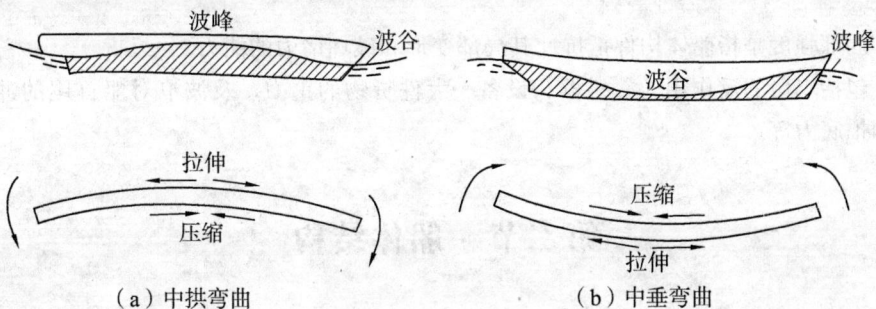

（a）中拱弯曲　　　　　　　（b）中垂弯曲

图 2—2　波浪弯曲力矩

二、扭转强度

扭转强度是指船体结构抵抗扭矩作用使其变形和损坏的能力，如图2—3所示。

产生扭转力矩的原因有：

（1）载荷的装载在首尾两端左右不对称；

（2）当船体斜置于波浪上时，首尾两端浮力不对称。

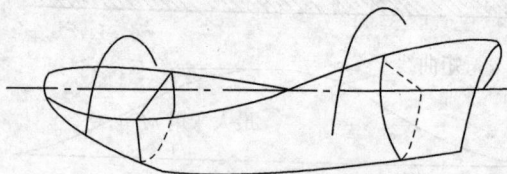

图2—3　作用在船体上的扭矩

三、横向强度

横向强度是指船体结构抵抗使其横向变形和损坏诸力的能力。

横向力包括静水压力和波浪中横摇产生的肋骨歪斜等作用力，如图2—4所示。

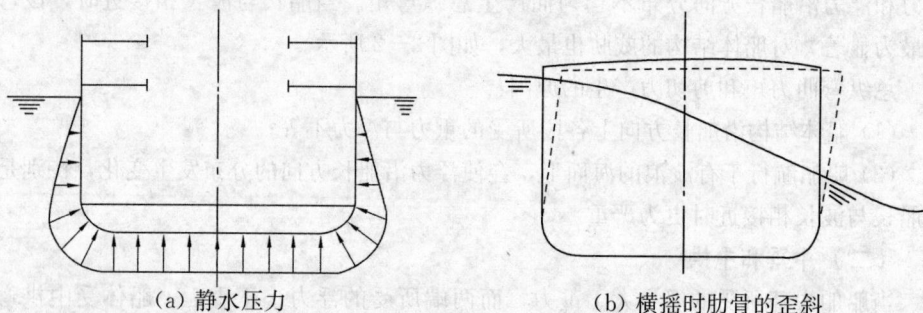

（a）静水压力　　　　　　　　（b）横摇时肋骨的歪斜

图2—4　作用在船体上的横向力

四、局部强度

局部强度是指船体构件抵抗使其局部变形和破坏诸力的能力。

包括坞墩的反作用力，机器、设备、大件货物的重力，及波浪对船首尾的冲击力和拍底力等。

第二节　船体结构

为使船舶能够在恶劣天气条件下承受各种外力对船体的冲击和作用，实现安全生产，船舶必须按《钢质海船入级与建造规范》的技术要求进行建造，并需经由主管机关授权的船级社或指定的验船师检验合格后方可投入营运。作为船舶驾驶人员亦应掌握船体结构的基础知识，这在船舶操纵、配载和维修保养工作中都是必不可少的。

一、概述

（一）概念

（1）主要构件：船体的主要支撑构件称主要构件，如实肋板、船底纵桁、强肋骨、舷侧纵桁、强横梁、甲板纵桁和舱壁水平桁等。

（2）次要构件：一般是指板的扶强构件，如肋骨、纵骨、横梁、舱壁扶强材、组合肋板的骨材等。

（二）对船体结构的设计与建造要求

（1）具有足够的强度、刚度和稳定性，保持可靠的水密性，并能满足营运上的要求；

（2）构件本身应具有良好的连续性，避免产生应力集中，对应力集中的部位应加强，如首部、尾部和上甲板；

（3）施工工艺合理，以提高劳动生产率，减轻劳动强度，缩短船舶建造周期，降低成本；

（4）充分考虑船舶的整体美观，便于今后维修保养。

（三）船体结构的形式

组成船体的基本构件是骨架和板材。按骨架排列形式的不同可将船体结构分为横骨架式、纵骨架式和纵横混合骨架式三种结构形式。

1. 横骨架式船体结构

横骨架式船体结构是指在主船体（上甲板、船底和舷侧）结构中，横向构件数目多、排列密、尺寸小，纵向构件数目少、排列疏、尺寸大的船体结构，如图2—5所示。

横骨架式船体结构的特点：

（1）横向强度和局部强度好。

（2）结构简单，容易建造。

（3）舱容利用率高。横向构件数目多，不需要很大尺寸，因而占据舱内空间较小。

（4）空船重量大。船体总纵强度主要靠纵向构件和船壳板、甲板板来保证，由于纵向构件数目少，必须增加船壳和甲板板的厚度来补偿，结果增加了船体重量。

横骨架式船体结构主要用于对总纵强度要求不高的中小型船舶和内河船舶。

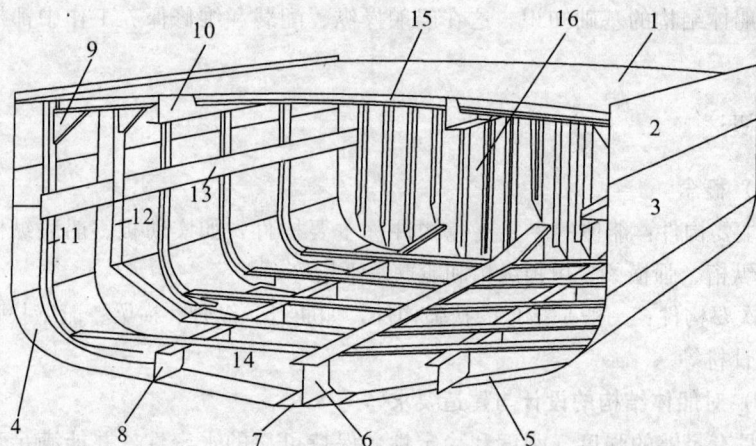

1. 甲板板；2. 舷顶列板；3. 舷侧板；4. 舭列板；5. 船底板；6. 中内龙骨；7. 平板龙骨；8. 旁内龙骨；9. 梁肘板；10. 甲板纵桁；11. 肋骨；12. 强肋骨；13. 舷侧纵桁；14. 肋板；15. 横梁；16. 横舱壁板。

图 2—5　横骨架式船体结构

2. 纵骨架式船体结构

纵骨架式船体结构是指在主船体中纵向构件数目多、排列密、尺寸小，横向构件数目少、排列疏、尺寸大的船体结构，如图 2—6 所示。

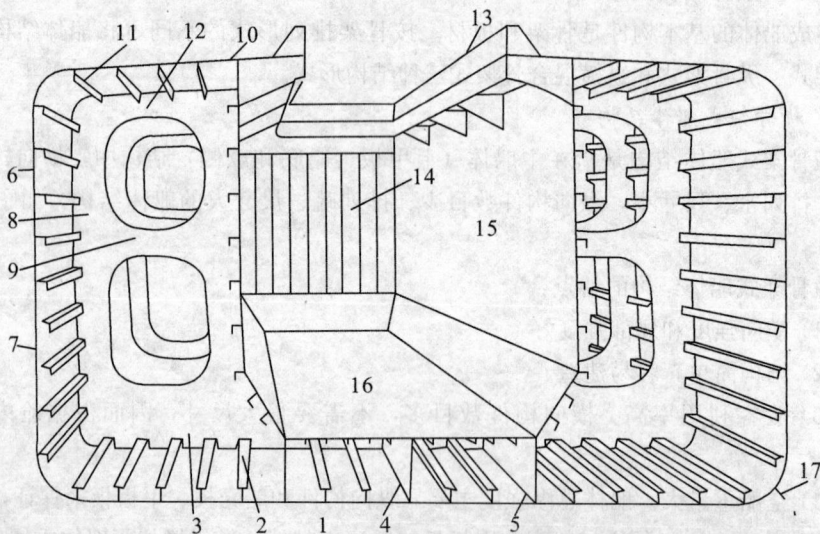

1. 船底板；2. 船底纵骨；3. 肋板；4. 中桁材；5. 旁桁材；6. 舷顶列板；7. 舷侧纵骨；8. 强肋骨；9. 撑杆；10. 甲板；11. 甲板纵骨；12. 强横梁；13. 舱口围板；14. 横舱壁；15. 纵舱壁；16. 内底板；17. 舭龙骨。

图 2—6　纵骨架式船体结构

纵骨架式船体结构的特点：

（1）总纵强度大；

（2）结构复杂。小尺寸的纵向构件数目多，焊接工作量大，不便于分段建造；

（3）舱容利用率低。船体结构的横向强度主要依靠少数横向构件来保证，因而横向构件尺寸很大，占据舱容较多；

（4）空船重量小。因船壳板和甲板板厚度可以小些，可以减轻结构的重量。

纵骨架式船体结构通常在大型油船和矿砂船上采用。

3. 纵横混合骨架式结构

在主船体内，上甲板和船底采用纵骨架式结构，而在舷侧采用横骨架式结构，如图 2—7 所示。

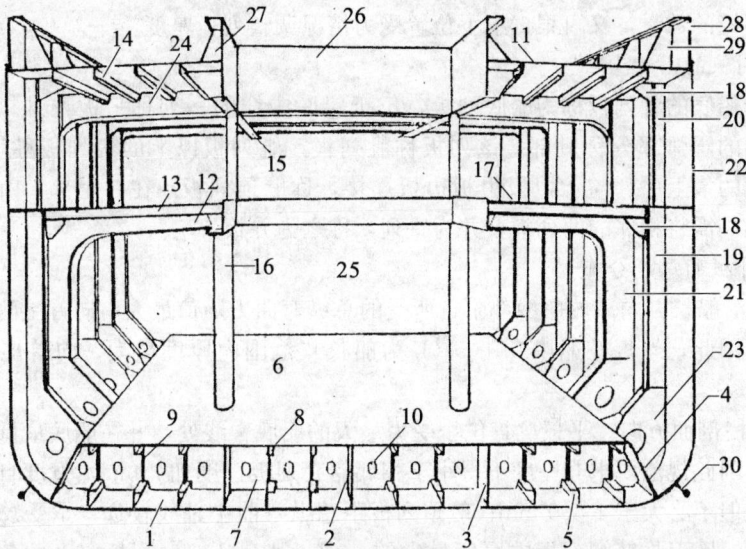

1. 船底板；2. 中桁材；3. 旁桁材；4. 内底边板；5. 船底纵骨；6. 内底板；7. 实肋板；8. 内底纵骨；9. 加强筋；10. 人孔；11. 上甲板；12. 舱口端梁；13. 横梁；14. 甲板纵骨；15. 甲板纵桁；16. 支柱；17. 二层甲板；18. 梁肘板；19. 船舱肋骨；20. 甲板间肋骨；21. 强肋骨；22. 舷侧列板；23. 舭肘板；24. 舱口端梁；25. 横舱壁；26. 舱口围板；27. 舱口围板肘板；28. 舷墙板；29. 舷墙扶强材；31. 舭龙骨。

图 2—7　混合骨架式船体结构

纵横混合骨架式结构特点：

（1）既满足总纵强度的要求，又有较好的横向强度；

（2）结构较为简单，建造也较容易；

（3）舱容利用率较高。因为舱内突出的大型构件少，所以不妨碍舱容和货物的装卸；

（4）舷侧与甲板、船底的交接处，结构连接性不太好。舷侧的横向构件较多，而甲板、船底的横向构件少，因此，舷侧上有部分横向构件不能与甲板和船底的横向构件组成横向框架。

纵横混合骨架式结构在大中型干散货船中广泛采取。

二、外板与甲板板

（一）外板

外板又叫船壳板，包括船底板和舷侧板。其基本组成单位是列板。

1. 外板的组成

船壳板由许多钢板焊接而成，钢板的长边沿船长方向布置。长边与长边相接叫边接，其焊缝叫边接缝，短边与短边相接叫端接，其焊缝称端接缝。钢板逐块端接而成的连续长条板称列板。若干列板边接后组成外板（船壳板），这样既能减少沿船长方向焊缝的数量，又可根据上下位置受力情况调整列板厚度。

2. 列板的名称

位于船底的各列板称为船底列板，位于船底中线的一列称平板龙骨。由船底过渡到舷侧的圆弧部分称舭部，该列板称舭列板，舭列板以上的各列板称舷侧列板，舷侧列板的最上一列与上甲板甲板边板连接，称舷顶列板。在首尾部，由于船体线型的收拢，需将相邻的两列板合并为一列，称之为并板。

3. 外板的厚度分布

（1）沿船长方向。船舶中部附近所受的总纵弯曲力矩值最大，向首尾两端逐渐减小至零。因此，外板在船中 $0.4 L$（L 为船长）范围内厚度最大，向首尾两端逐渐减薄。

（2）横剖面方向。平板龙骨位于受力最大的船底中线处，并在船底最低处易于积水腐蚀。因此规范要求其厚度不得小于相邻船底列板厚度加 2 mm，宽度自首至尾保持不变，但不必大于 1 800 mm；舷顶列板距总纵弯曲中轴线较远，承受总纵弯曲力矩作用大，因而是舷侧列板中厚度最大的一列。其余从船底列板向上的各列板，随水压力减小而减薄。

4. 船壳板（外板）的编号

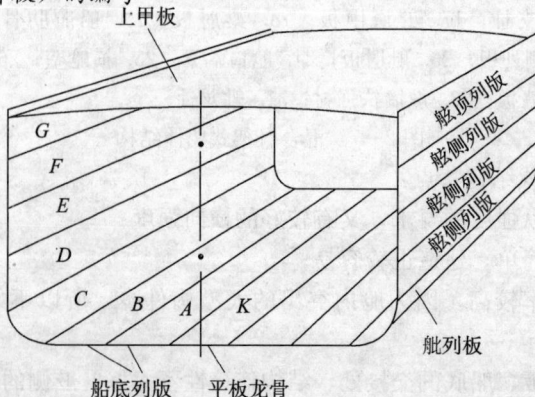

图 2—8　列板名称与编号

外板的编号由列板序号和钢板序号组成。

（1）列板序号。平板龙骨为 K，向左（右）依次为 A、B、C……，直至舷顶列板，但 I、O 和 Q 不用；在字母前冠以左舷（P）或右舷（S），如图 2—8 所示。

（2）钢板序号。从首（也有从尾）开始用 1、2、3……表示。如右舷 C 列第四块为 SC4，K6 则为平板龙骨从首数第六块。

（二）甲板板

1. 甲板板的布置

舱口围与舷侧之间的甲板板长边沿船长方向布置，舱口之间及首尾端的甲板，因不参与总纵弯曲且面积狭窄，可以将钢板横向布置。

2. 甲板板的厚度分布

（1）沿船长方向。在船中 0.4 L 范围内受总纵弯矩作用最大，因此该区域甲板厚度最大，向首尾两端逐渐减薄。

（2）沿宽度方向。上甲板沿着舷边的一列称为甲板边板。它首尾连续，既参与总纵弯曲，又受船体横向变形的作用力，并且容易被甲板积水腐蚀，因而厚度最大。舱口之间的甲板板，由于被舱口切断，不参与总纵弯曲，其厚度较其他甲板板薄。

如果货舱内有多层甲板，对总纵强度贡献最大的甲板称强力甲板。对大多数船来说，上甲板就是强力甲板。强力甲板厚度应是各层甲板中最厚的。甲板板的厚度分布如图 2—9 所示。

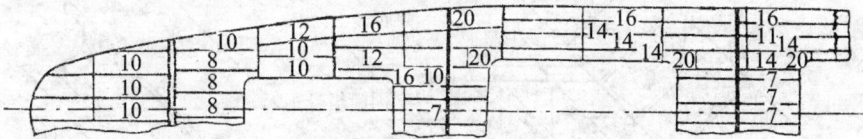

图 2—9 甲板板的厚度分布

三、船底结构

船底结构有双层底结构和单层底结构两种类型。按骨架排列方式又可分为横骨架式和纵骨架式两种。

（一）双层底结构

双层底结构是指由船底板、内底板及其骨架围成的水密空间结构，设置在防撞舱壁（首尖舱舱壁）和尾尖舱舱壁之间。其作用是：

（1）增加船体总纵强度和船底局部强度；

（2）可作燃油舱、滑油舱和船底淡水舱；

（3）用作压载舱，调整吃水、吃水差、稳性、横倾，改善船舶操纵性；

（4）增加抗沉性和承受负载；

（5）对液货船提高了船体抗泄漏的能力。

（二）双层底结构中的主要构件

横骨架式双层底结构如图 2—10 所示，纵骨架式双层底结构如 2—11 所示。

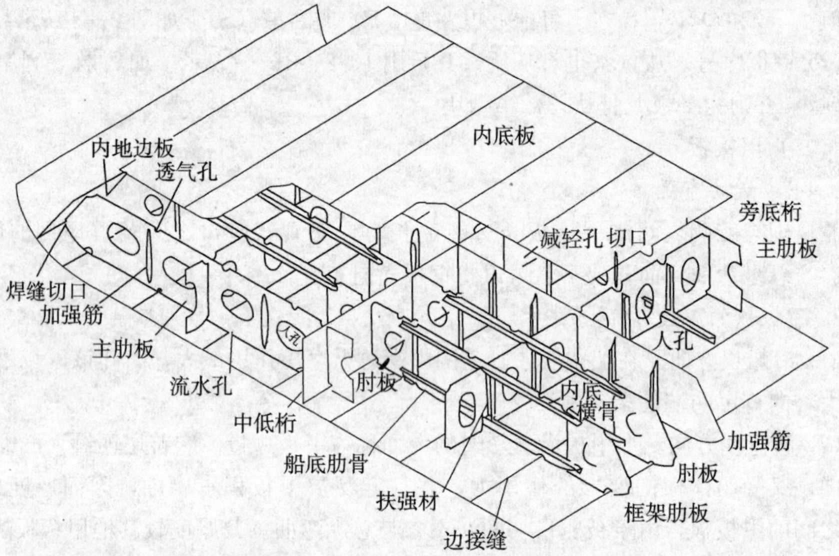

图 2—10 横骨架式双层底结构

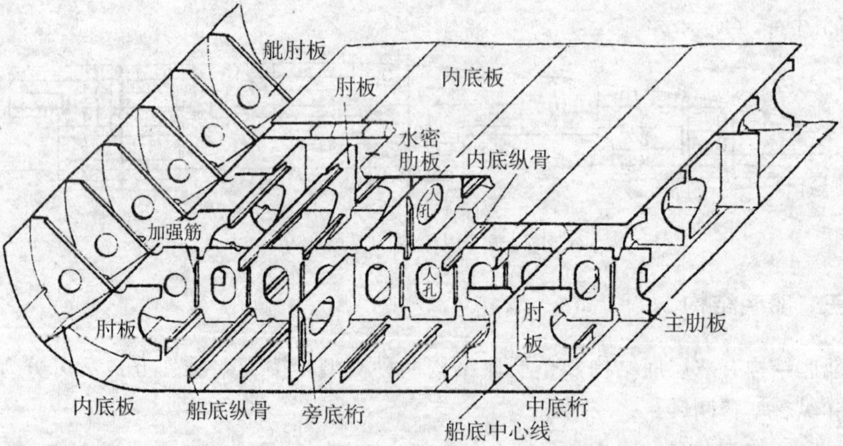

图 2—11 纵骨架式双层底结构

1. 纵向构件

（1）中桁材：位于船底中心线上，连接平板龙骨和内底板的纵向连续构件。它承受总纵弯矩、坞墩反力及其他外力，是双层底结构中的重要构件。因此，规范规定在船中 0.75 L 范围内不允许开孔。

（2）旁桁材：位于中桁材两侧对称布置的纵向构件，间断于实肋板，其上开有减轻孔、流水孔和气孔等。距首垂线 0.2 L 以前区域，旁桁材间距应不大于 3 个肋距。

（3）箱形中桁材：也称箱形龙骨，是指位于船底中心线两侧对称布置的纵桁，与内、外底板组成水密空心结构。一般从机舱前舱壁设置到防撞舱壁，用于集中布置舱底各种管路和电气线路，以便于对其进行保养、维修，避免管路穿过货舱而妨碍装卸货，缺点是要占去一部分双层底舱容，又称管隧，其宽度不超过 2 m。箱形中桁材上设有水密人孔和通向露天甲板的应急出口，其出口的关闭装置应能两面操纵，围壁结构应具有与水密舱壁同等的性能，如图 2—12 所示。

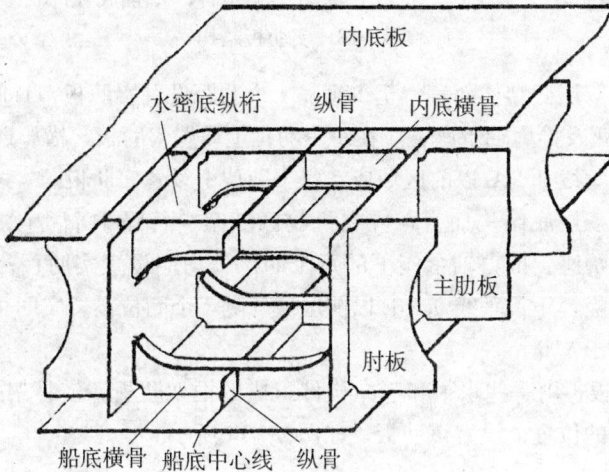

图 2—12 箱形中桁材结构

（4）纵骨：是仅在纵骨架式结构中设置的纵向构件，一般由尺寸较小的不等边角钢制成。其中位于船底板上的称船底纵骨，位于内底板上的称内底纵骨。纵骨是连续构件，穿过实肋板，是保证船体总纵强度的重要构件。

2. 横向构件

肋板：是连接船底板和内底板的横向构件，保证船体横向强度和船底局部强度，按结构与用途不同分成实肋板、水密肋板、组合肋板和轻型肋板。

（1）水密肋板：是双层底结构中保持水密的横向构件。它将双层底舱沿船长方向分隔成若干互不相通的舱室。一般在水密横舱壁下均设有水密肋板。因水密肋板可能会受单面水的压力，故其厚度比实肋板厚度增加 2 mm，但一般不必大于 15 mm。

（2）实肋板：又称主肋板，是非水密的横向构件。为减轻结构重量、人员进出及舱室间空气、油水流动，其上开有减轻孔、气孔和流水孔，除轻型肋板外，人孔的高度应不大于该处双层底高度的 50%，且其位置在船长方向应尽量按直线排列，以便人员出入，如图 2—13 所示。

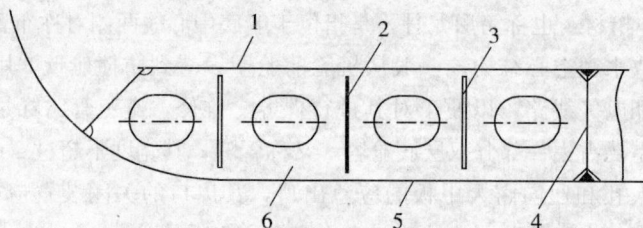

1. 内底板；2. 旁桁材；3. 加强筋；4. 中桁材；5. 船底板；6. 实肋板

图 2—13　实肋板结构

对横骨架式双层底结构而言，至少每隔 4 个肋距设置实肋板，且间距不大于 3.2 m，机舱、锅炉座及推力轴承座下应在每个肋位上设置实肋板，横舱壁和支柱下应设置实肋板，距首垂线 0.2 L 以前区域应在每个肋位上设置实肋板。

对纵骨架式双层底结构而言，应在机舱区域至少每隔 1 个肋位上设置实肋板，但在主机座、锅炉座、推力轴承座下的每个肋位处均应设置实肋板。横舱壁下和支柱下应设置实肋板，距首垂线 0.2 L 以前区域每隔 1 个肋位设置实肋板，其余区域实肋板间距应不大于 3.6 m。

（3）组合肋板：由一些水平和竖向构件组成的框架肋板。横骨架式双底结构中，在不设置实肋板的位置上设置该肋板，如图 2—14 所示。

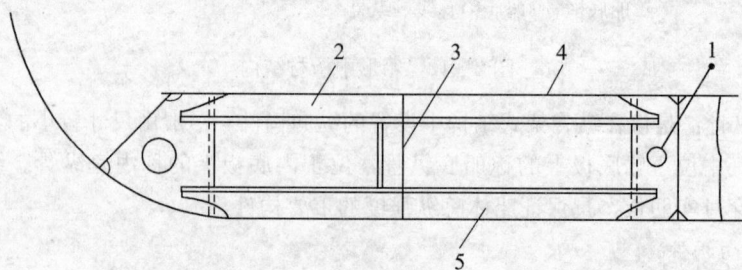

1. 肘板；2. 内底骨材；3. 旁桁材；4. 内底板；5. 船底骨材

图 2—14　组合肋板结构

（4）轻型肋板：横骨架式双层底结构中，可设置轻型肋板代替组合肋板，其厚度与实肋板相同，但允许有较大的减轻孔，与组合肋板相比，轻型肋板施工方便，如图 2—15 所示。

（5）舭肘板：连接肋板与肋骨的构件，又称污水沟三角板，其宽度与高度相同，厚度与实肋板相同，其上有面板或折边，宽度一般为其厚度的 10 倍，板上开有圆形减轻孔和污水孔，但孔缘任何地方的板宽均应不小于舭肘板宽度的 1/3。舭肘板的作用是保证船体的横向强度和舭部局部强度。

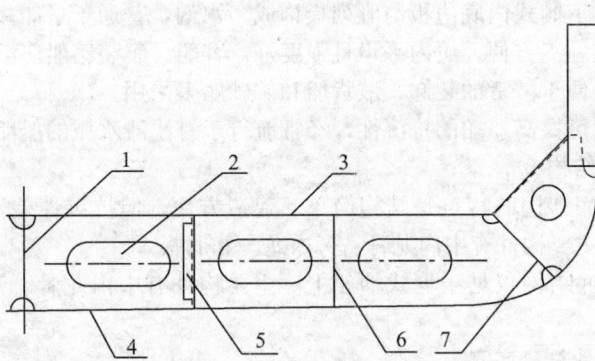

1. 中桁材；2. 减轻孔；3. 内底板；4. 船底板；5. 加强筋；6. 旁桁材；7. 内底边板

图 2—15　轻型肋板结构

3. 内底板与内底边板

（1）内底板：双层底上面的水密铺板，其两侧边缘与舭列板相连的一列板叫内底边板。内底板和内底边板构成了双层底的内底，其长度也就是双层底的长度。在每一双层底舱的内底板上呈对角线设置人孔，以便人员进行检修，如图 2—16 所示。从孔上设有水密盖，封盖时对角线来回逐渐扭紧螺母。双层底内为燃油舱的区域，内底板厚度应不小于 8 mm。

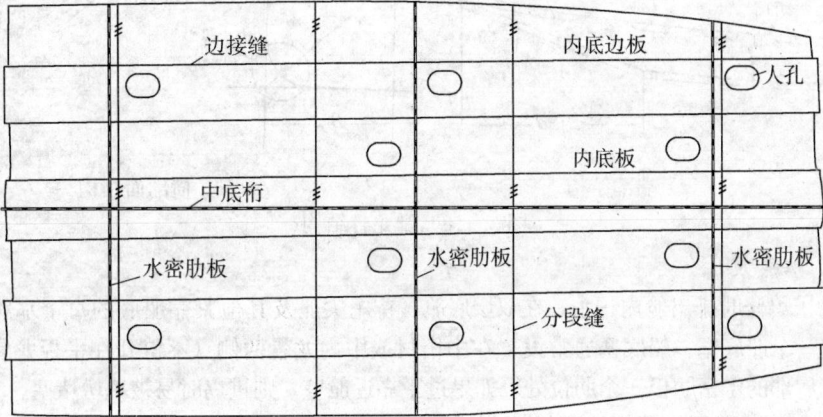

图 2—16　内底板的分布

（2）内底边板：位于内底板两侧与舭列板相连的一列钢板称为内底边板，它比内底板厚些，其形式有下倾式、水平式、上倾式和曲折式四种，如图 2—17 所示。

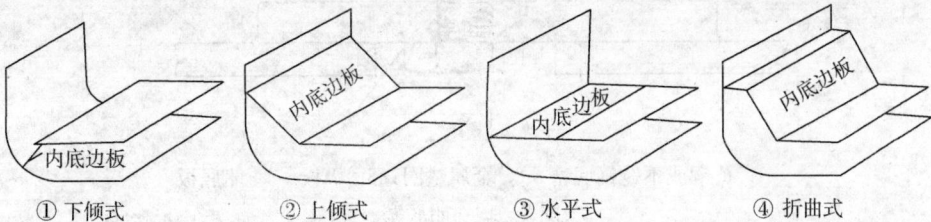

① 下倾式　　② 上倾式　　③ 水平式　　④ 折曲式

图 2—17　内底边板的类型

① 下倾式：下倾式内底边板与舭列板构成污水沟，普通干货船多采用。

② 水平式：施工方便，舱内平坦且强度好，客船、集装箱船广泛采用。

③ 上倾式：便于散货的装卸，散货船和矿砂船多采用。

④ 曲折式：可提高船舶的抗沉性，经常航行于有浅滩水域的船舶采用。

（三）单底结构

横骨架式单底结构的特点是结构简单、建造方便，但抗沉性差，目前主要用于小型船舶上。其主要构件有中内龙骨、旁内龙骨和肋板。

纵骨架式单底结构仅见于老式油船上。主要构件有中内龙骨、旁内龙骨、船底纵骨和肋板。

（四）舭龙骨与船底塞

1. 舭龙骨

是设置在船中附近的舭部外侧，沿着水流方向的一块长度为 $1/4 \sim 1/3\ L$ 的钢板，其作用是减轻船舶横摇。在横剖面方向，舭龙骨近似垂直于舭列板，其外端不得超过船底基线和舷侧线所围的范围，舭龙骨不参与总纵弯曲，一般通过覆板焊在舭列板上，如图 2—18 所示。

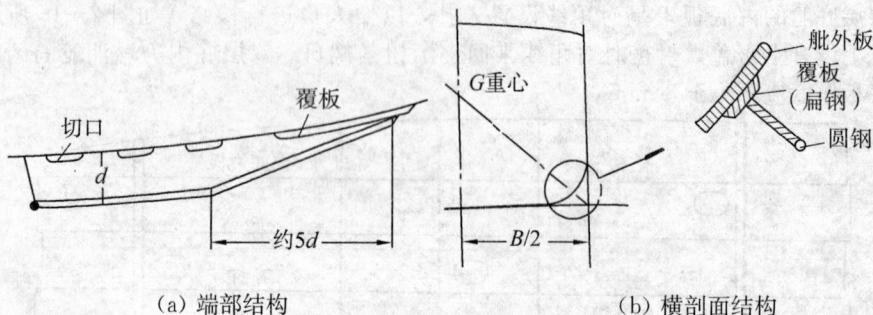

(a) 端部结构　　　　　　　　　　　(b) 横剖面结构

图 2—18　舭龙骨结构

2. 船底塞

为了坞修时排出舱内积水，在双层底舱、首尾尖舱及其他紧靠船底的每个水舱内至少设置一个船底塞。船底塞通常设置在中桁材或中内龙骨两侧（不得开在平板龙骨上），距分舱后部的水密肋板一个肋位处。如果过于靠近舱壁，则进坞时易被坞墩堵塞。

船底塞一般用锰黄铜或不锈钢制成。从船底外面向里塞，为防止海水腐蚀及脱落，出坞前应在船底塞外面用水泥涂封成一半球形的水泥包，如图 2—19 所示。

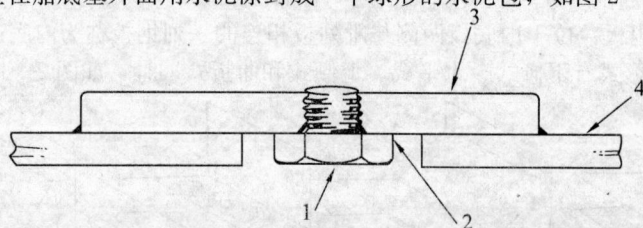

1. 黄铜或不锈钢底塞；2. 金属垫圈；3. 垫板；4. 船底板

图 2—19　船底塞

四、舷侧结构

舷侧结构主要承受水的压力、波浪冲击力、甲板货物、设备的重力等,是保证船体横向强度和侧壁水密的重要结构。

(一)横向构件

舷侧结构中的横向构件统称为肋骨。肋骨按位置分为主肋骨、甲板间肋骨、中间肋骨和尖舱肋骨。按受力分为普通肋骨和强肋骨。

1. 主肋骨

是指位于防撞舱壁和尾尖舱舱壁之间,在最下层甲板至船底之间的肋骨,如图2—20所示。

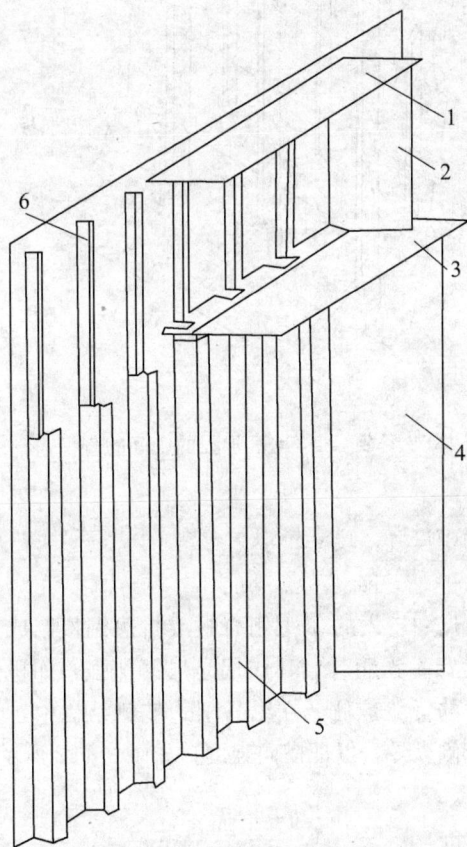

1. 上甲板;2. 横舱壁;3. 下甲板;4. 横舱壁;5. 主肋骨;6. 甲板间肋骨

图2—20 主肋骨与甲板间肋骨图

2. 甲板间肋骨

是指位于两层甲板之间的肋骨,又称间舱肋骨,由不等边角钢制成。由于跨距和受力较小，尺寸也比主肋骨小。

3．中间肋骨

是在冰区航行的船舶上位于水线附近两肋骨中间设置的短肋骨，如图 2—21 所示。

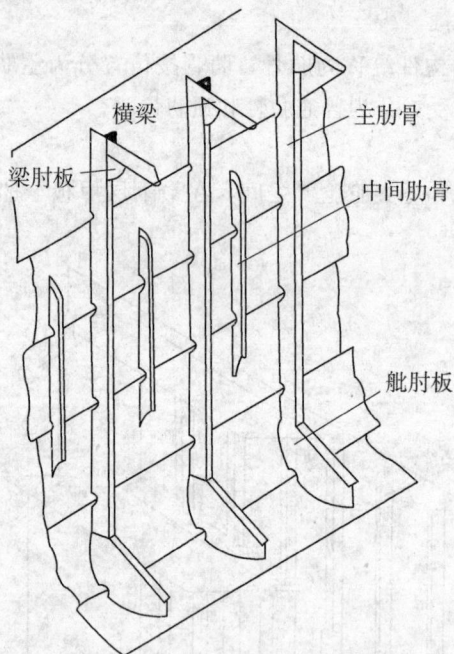

图 2—21　冰区加强的中间肋骨

4．普通肋骨

仅在横骨架式结构中设置，尺寸较小。

5．强肋骨

又称宽板肋骨，由尺寸较大的 T 型组合材或折边钢板制成。在横骨架式舷侧结构中，每隔几个肋位设置一强肋骨，其作用是局部加强，如机炉舱、舱口端梁、两端、尾机型船舶长而大的货舱舷侧。在纵骨架式舷侧结构中，强肋骨是唯一的横向构件。其作用是支持舷侧纵骨，保证横向强度，如图 2—22 所示。

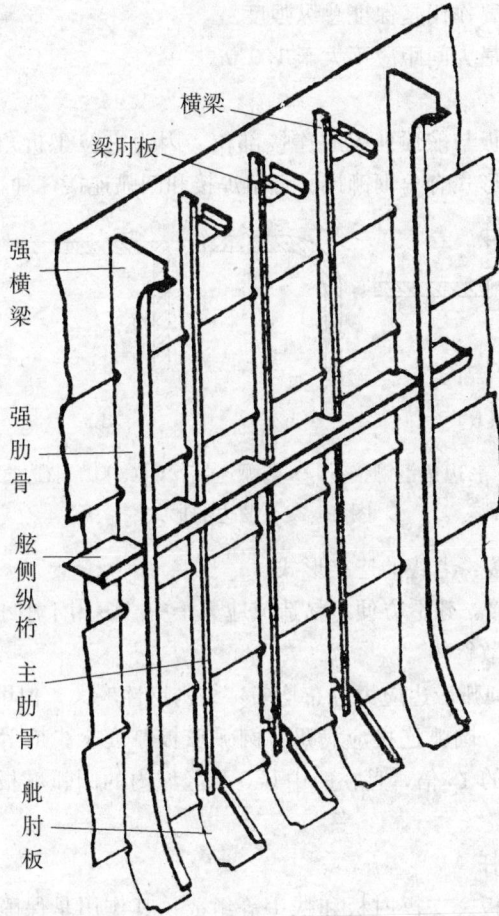

图 2—22 强肋骨与舷侧纵桁

（二）肋骨编号

在修造船中，为了指示肋骨位置，对肋骨进行编号，一种是以舵杆中心线处的为0号（无论有无舵柱），向首依次为1，2，3，…，向尾依次为−1，−2，…。另一种（有舵柱）是以舵柱后缘（尾垂线）为0号，向首取正，向尾取负。肋骨编号还用于海损事故报告中用以注明船体受损部位。

（三）纵向构件

1. 舷侧纵桁

舷侧纵桁是在横骨架式舷侧结构中设置的纵向构件，通常由 T 型组合材做成，与强肋骨高度相同。其作用是支持肋骨，见图2—22所示。

2. 舷侧纵骨

舷侧纵骨是纵骨架式舷侧结构中采用的纵向构件，穿过强肋骨，由尺寸较小的不等边角钢做成。主要作用是保证总纵强度。

肋骨和舷侧纵骨最大间距应不大于 1.0 m。

（四）舷边

舷边是指甲板边板与舷顶列板的连接部位。因为它位于折角处，所以内应力很大。常用的舷边连接形式有角钢铆接、直角焊接和圆弧连接三种，如图 2—23 所示。

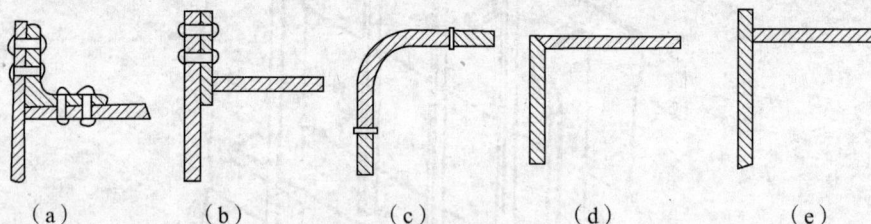

（a）　　　　　（b）　　　　　（c）　　　　　（d）　　　　　（e）

（a）、（b）舷边角钢铆接；（c）圆弧连接；（d）、（e）舷边直角焊接

图 2—23　舷边的形式

（1）舷边角钢铆接：老式的连接形式。

（2）舷边直角焊接：建造方便，易造成应力集中。多用于中小型船舶、舷边有加强措施的集装箱船和散货船。

（3）圆弧连接：圆弧舷边应力分布均匀，结构钢性较大。但甲板有效面积小，甲板排水易弄脏舷侧板。圆弧连接应满足：圆弧舷板厚度至少应等于甲板板厚度，圆弧半径应不小于板厚的 15 倍，且在船中 0.5 L 区域内的圆弧舷板上应尽量避免焊接甲板装置。

（五）舷墙与栏杆

舷墙主要由舷墙板、支撑肘板和扶手等组成。其作用是保障人员安全，减少甲板上浪，防止甲板上物品滚入海中。在船中部舷墙板不与舷顶列板相焊接，而是由支撑肘板支撑在甲板边板上，其下端与舷顶列板上端留有一定空隙以利于排水，如图 2—24 所示。舷墙不参与总纵弯曲。舷墙或栏杆高度不小于 1 m。栏杆的最低一横杆高度应不超过 230 mm，其它横杆的间距应不超过 380 mm。

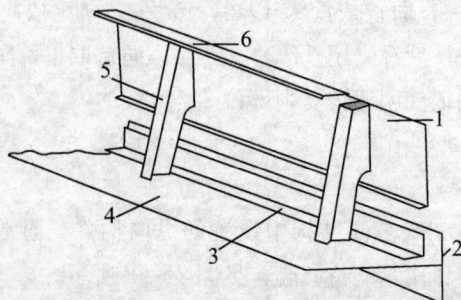

1. 舷墙板；2. 舷顶列板；3. 舷边角钢；4. 甲板边板；5. 扶强材；6. 扶手

图 2—24　舷墙结构

五、甲板结构

甲板结构承受总纵弯曲的拉、压作用，货物、设备重力，波浪冲击等外力作用，是保证船体总纵强度和船体上部水密的重要结构。其主要构件如图 2—25 所示。

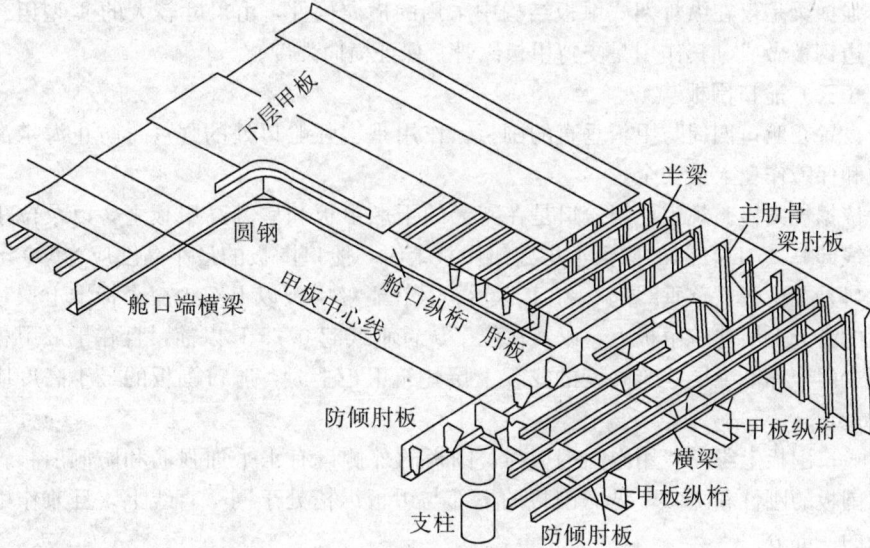

图 2—25　横骨架式甲板结构

（一）纵向构件

1. 甲板纵桁

甲板纵桁是甲板结构中，沿舱口两边和甲板中心线布置的纵向构件，由尺寸较大的 T 型组合材做成。其作用是承受总纵弯矩作用，增加舱口处的强度。

2. 甲板纵骨

甲板纵骨是仅在纵骨架式结构中采用的纵向构件，由尺寸较小的不等边角钢做成。其主要作用是保证船舶总纵强度和甲板的稳定性。

（二）横向构件

甲板结构中的横向构件统称为横梁。按其位置和尺寸大小分为：

1. 普通横梁

普通横梁是仅在横骨架式甲板结构中采用的横向构件，由尺寸较小的不等边角钢做成，两舷端通过梁肘板与肋骨相连，并与肋板构成横向框架，保证船体横向强度。

2. 半梁

半梁是横骨架式甲板结构中被舱口截断了的横梁，一端与肋骨相连，另一端焊在舱口围板上。

3. 舱口端梁

舱口端梁是指位于舱口前后两端的横梁，由尺寸较大的 T 型组合材做成。其主要作用是加强舱口处的强度。

4. 强横梁

强横梁是仅在纵骨架式甲板结构中采用的横向构件，由尺寸较大的 T 型组合材或折边钢板做成。其作用是支持甲板纵骨，保证横向强度。

（三）舱口围板

设置在舱口四周与甲板垂直的围板。作用是增强舱口处的强度，防止海水灌入舱内和保障作业人员安全。

依据规则检验规定，当舱口是在露天的干舷甲板和后升高甲板上，以及位于从首垂线起 0.25 L 以前的露天上层建筑甲板上时，舱口围板的最小高度应为600 mm；当舱口是在位于从首垂线起 0.25 L 以后，且在干舷甲板以上至少一个标准上层建筑高度的露天上层建筑甲板上，以及在位于从首垂线起 0.25 L 以前，且在干舷甲板以上至少两个标准上层建筑高度的露天上层建筑甲板上时，舱口围板的最小高度应为450 mm。

舱口围板上缘一般用半圆钢加强，围板的外侧设有水平加强筋和防倾肘板；以增加围板的刚性和防倾，纵向围板的下部与甲板纵桁处于同一直线上，且兼作甲板纵桁的一部分。

舱口角隅处的加强方法有两种：一种是将舱口围板下伸超过甲板，另一种是围板分成两部块，分别焊接在甲板开口边缘的上下面，并在下面用菱形面板加强，如图 2—26 所示。

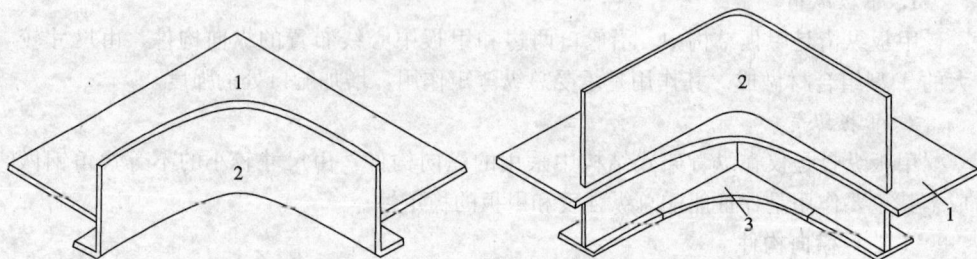

1. 甲板；2. 舱口围板；3. 菱形面板

图 2—26　舱口角隅处的加强方法

（四）支柱

船舱内的竖向构件，用以支持甲板骨架，保持船体竖向形状。支柱的上下端应位于船体骨架的交叉结点处，多层甲板船上下层甲板间的支柱一般应设置在同一垂直线上，对需载运大件货的货舱，可采用悬臂梁结构形式来代替支柱。

（五）梁拱与舷弧

（1）梁拱是甲板的横向曲度，如图 2—27（a）所示。其作用是增加甲板强度，便于甲板排水和增加保留浮力。梁拱的取值范围一般在船宽的 1/100～1/50 之间，干货

船通常取 $B/50$，客船取 $B/80$。

（2）舷弧是甲板的纵向曲度，如图 2—27（b）所示。其作用是增加储备浮力，便于甲板排水，减少甲板上浪和使船体外形更美观。位于首垂线处的舷弧叫首舷弧，尾垂线处的为尾舷弧，船中处的舷弧值为 0，首舷弧是尾舷弧的 2 倍。首舷弧值为：50（$L/3+10$）（mm）。

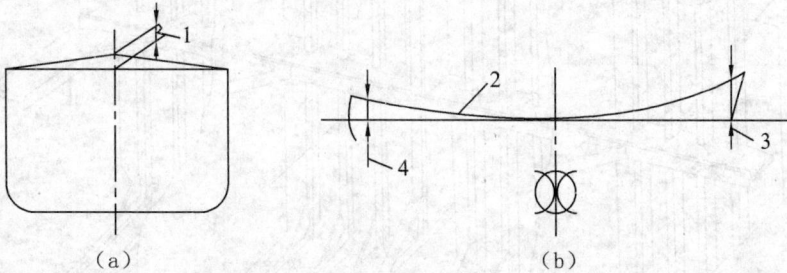

1. 梁拱；2. 舷弧线；3. 首舷弧；4. 尾舷弧

图 2—27 梁拱和舷弧

六、舱壁结构

（一）舱壁的作用

（1）提高船舶抗沉能力；

（2）防止、控制火灾、毒气蔓延；

（3）有利于不同货种的分隔积载；

（4）增加船体强度；

（5）液货船的纵向舱壁可以减少自由液面对稳性的影响，并参与纵总弯曲。

（二）舱壁的种类

1. 按用途分

（1）水密舱壁：自船底（船底板或内底板）至舱壁甲板的主舱壁，将船体分隔成若干个水密舱室。

水密横舱壁：提高船舶的抗沉性。位于首尖舱与货舱之间的首尖舱舱壁，即船舶最前边的一道水密横舱壁又称防撞舱壁，也是最重要的一道水密横舱壁，其上不应有任何开口，并通至干舷甲板。

水密纵舱壁一般仅见于液货船。

（2）液体舱壁：规定压力下能保持不渗透油水的舱壁，并需保证水密或油密。

（3）防火舱壁：是分隔防火的主竖区，在一定测试和一定时间内能限制火灾蔓延的舱壁。机舱和客船起居处所应采用防火舱壁。

（4）制荡舱壁：设置在液货舱内，用于减少自由液面影响的纵向舱壁，上面开有气孔、油水孔和减轻孔。

2. 按结构分

（1）平面舱壁：由舱壁板和其上的垂直（扶强材）与水平（水平桁）骨架组成，

舱壁板长边沿水平方向布置，厚度由下向上逐渐减薄，如图2—28所示。

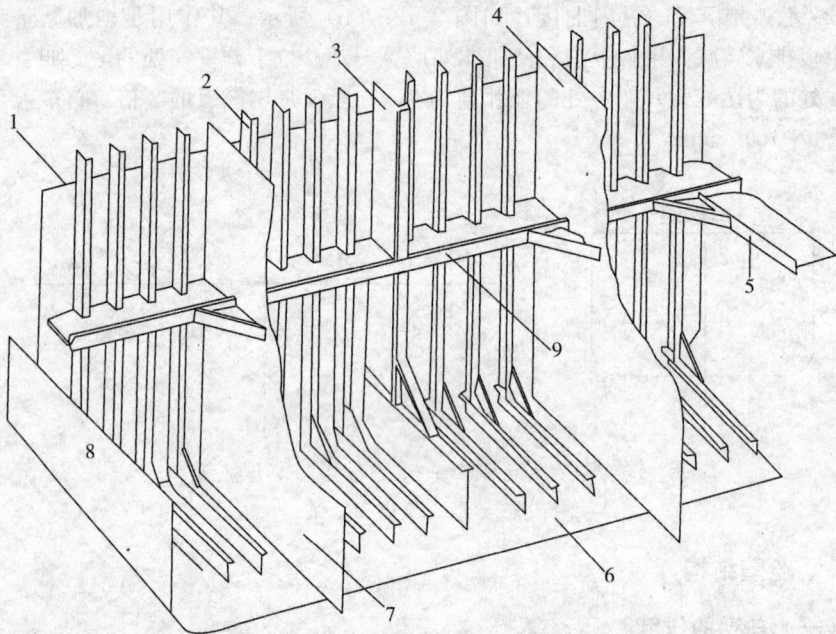

1. 横舱壁板；2. 垂直扶强材；3. 垂直桁；4. 纵舱壁；5. 舷侧纵桁；6. 船底板；7. 纵舱壁；8. 舷侧列板；9. 水平桁

图2—28 平面舱壁结构

（2）槽形舱壁：是将舱壁板压成三角形、矩形、梯形和弧形等形状来代替扶强材的一种舱壁，后两种较常见。散装货船及矿砂船采用有底登的槽形舱壁，油船为无底登的槽形舱壁，如图2—29所示。

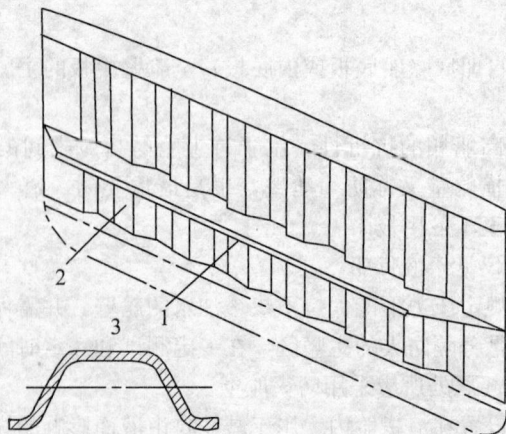

1. 水平桁；2. 槽形舱壁板；3. 梯形剖面

图2—29 平面舱壁结构

槽形舱壁与平面舱壁相比，槽形舱壁具有以下优缺点：

① 在同等强度下，结构重量轻；

② 减少装配和焊接工作量，便于清舱，建造工艺简单；

③ 占据舱容较大，不利于装载包装货；

④ 由于竖向布置，故抵抗水平方向压力的能力较弱。

七、首尾结构

船舶的首部和尾部受纵总弯曲作用较小，而受局部作用力较大。首尾部多采用横骨架式结构，并作特别加强。

（一）首部结构

首部结构通常是指防撞舱壁以前的区域。首部承受波浪、冰块的冲击和水阻力作用，一旦发生碰撞，还要有抗碰撞能力。应有足够的强度保证船舶的安全。同时船壳外板在首部会拢，其外形应尽可能减小水阻力。因此，应对首部进行特别加强，其加强的措施主要有：

1. 首柱

首柱是船首结构中的重要强力构件，位于船体最前端。其作用是汇拢首部外板，保持船首形状和保证船首局部强度。首柱下端与中内龙骨牢固相连。首柱按其制作方式分为钢板首柱、铸钢首柱和混合首柱三种。

（1）钢板首柱：由厚钢板弯曲焊接而成。其内侧设有水平和竖向的扶强材，以增加刚性。其特点是：制造方便，修理容易，重量轻，成本低，碰撞时仅局部变形，韧性好，刚性差。

（2）铸钢首柱：为钢水浇铸而成。它的刚性大，但韧性差些。

（3）混合首柱：现代大中型船舶常采用铸钢与钢板混合式首柱，即在夏季载重线之上 0.5 m 处以下区域采用铸钢式，在该处以上区域采用钢板焊接式，如图 2—30 所示。

2. 首尖舱的加强措施

（1）首尖舱底部每一个肋位上均设实肋板，并向船首方向逐渐升高，故又称升高肋板。中内龙骨延伸至首柱并与之牢固相连，其高度与升高肋板高度相同。

（2）当首部舷侧为横骨架式时，在每一个肋位处应设置上下间距不大于 2 m 的强胸横梁。沿每列强胸横梁必须设置舷侧纵桁。

（3）当用开孔平台代替强胸横梁和甲板纵桁时，其上下间距应不大于 2.5 m。当舱深超过 10 m 时，在舱深中点处必须设置开孔平台。

（4）当首尖舱被用作液舱且其最宽处的宽度超过 0.5B 时，应在中纵剖面处设置有效的支撑构件或制荡舱壁。

首楼甲板

上甲板

钢板首柱

下甲板

铸钢首柱

外板

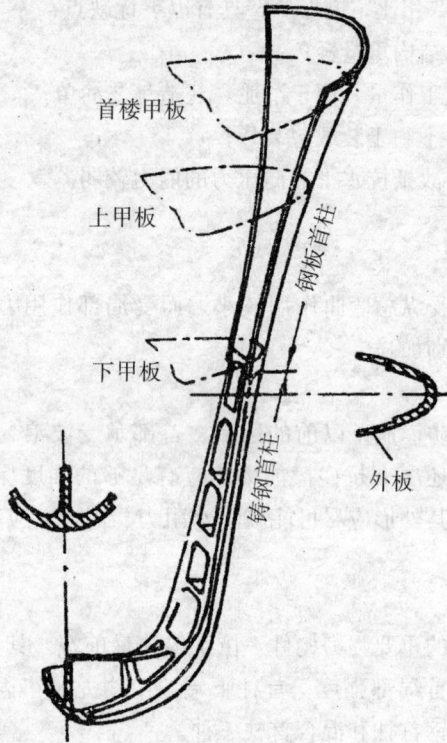

图2—30　首柱结构

3. 首尖舱外舷侧的加强

当舷侧为横骨架式时，距首垂线0.15 L区域内的舷侧骨架也应予以加强，加强的措施是设置间断的舷侧纵桁。

4. 船首底部的加强

（1）对横骨架式双层底结构，应在每档肋位处设置实肋板，并应设置间距不大于三位纵骨间距的旁桁材，并尽量向船首延伸。

（2）对纵骨架式双层底结构，应在每隔一个肋位处设置实肋板，并应设置间距不大于三位纵骨间距并尽量向船首延伸的旁桁材。船底纵骨剖面模数应比中部大10%。

（3）对单底结构，应设置间距不大于3档肋骨间距的旁内龙骨。

（4）船底板适当加厚。

（二）尾部结构

尾部结构是指尾尖舱舱壁以后的域内。该区域需承受水压力、车叶转动时的震动力和水动力、舵的水动力及车叶与舵叶的荷重等作用力，因此必须对组成船尾结构的各部分进行加强。

1. 尾柱

尾柱是设置在船尾结构中的强力构件，它位于船尾结构下部的最后端，其作用是连接两侧外板和龙骨，加强尾部结构，并支持与保护螺旋桨与舵，承受桨、舵工作时的振动力和水动力。

对尾柱的要求是：尾柱的上部应与尾肋板或舱壁牢固连接，尾柱的底骨应从螺旋桨轴毂前端向船首延伸至少三个肋距，并与平板龙骨牢固连接。尾柱的形状比较复杂，一般采用铸造件，如图2—31所示。

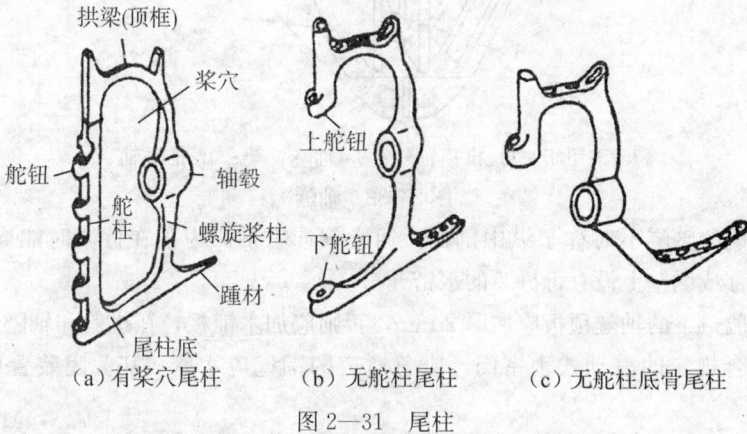

（a）有桨穴尾柱　　　（b）无舵柱尾柱　　　（c）无舵柱底骨尾柱

图2—31　尾柱

2. 尾尖舱的加强措施

（1）每一肋位处设置升高肋板，其设厚度比首尖舱肋板厚1.5 mm，对单桨船，肋板应升至尾轴管以上足够的高度。

（2）当舷侧为横骨架式时，肋板以上应设置间距不大于2.5 m的强胸横梁和舷侧纵桁，或以开孔平台代替，当舷侧为纵骨架式时，舱顶应设置适当数量的强横梁。

（3）尾尖舱上部和尾突出体的纵中剖面处应设置制荡舱壁。

3. 尾突出体

尾突出体是指尾尖舱以上向后突出的部分。其作用是扩大甲板面积，安装舵机，保护螺旋桨和舵，并改善航行性能。尾突出体内设有舵机舱，作为加强措施，每隔一定间距设置强肋骨。在尾突出体后端，肋骨和横梁呈放射状布置，称为斜肋骨和斜横梁。

（三）轴隧

轴隧是指设置于机舱和船尾之间的水密通道，其作用是保护尾轴，同时也可作为机舱至尾室的通道，便于工作人员对轴系进行检查、维修。在尾室后端近尾尖舱舱壁处设有向上直通露天甲板的应急通道，其出口盖不能加锁，俗称逃生孔，故轴隧既可作应急时逃生之用，平时也可用于通风，如图2—32所示。

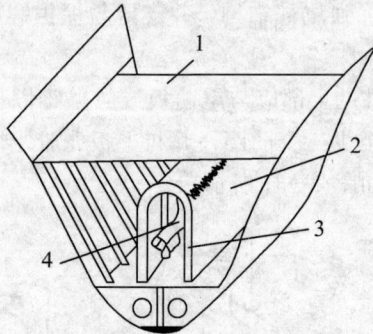

1. 下甲板；2. 拱顶轴隧；3. 轴隧骨架；4. 推进轴。

图 2—32　轴隧

　　单桨船的轴隧不对称于纵中剖面，通常偏向右舷。为了在检修时能取出主轴，轴隧的顶部或侧壁上设有可拆装的水密开口。

　　在货舱口下的轴隧顶板应加厚 2 mm，否则应加木铺板，在机舱和轴隧间舱壁上应设置符合规定的滑动式水密门，应急通道的围壁应水密，其关闭装置应能两面操纵。

第三章　渔船积配载知识

第一节　船舶静水力资料

船舶配积载时，经常需根据具体装载情况计算和校核船舶的稳性、吃水、吃水差和强度等若干性能，在计算和校核时需要按装载情况查阅船舶性能的某些参数，因此船舶设计部门根据船舶型线图计算并绘制成船舶静水力资料，供使用时查阅。船舶静水力资料包括静水力曲线图、载重表尺和静水力参数表。

一、静水力曲线图

静水力曲线表示船舶在静止正浮时的浮性参数、稳性参数和船型系数与吃水关系的一组曲线。

（一）浮性参数曲线

1. 排水体积曲线

排水体积曲线是表示船舶排水体积随吃水变化而变化的关系曲线。由于在静水力曲线图中排水体积是根据船体型线图计算所得，并未包括水线以下部分船壳及附属体（螺旋桨、舵、舭龙骨等）的体积，因此称为型排水体积，而实际排水体积应为型排水体积与水线下船壳及附属体体积之和。为方便计算，一般将型排水体积乘以一个大于1的系数，该系数称为船壳系数。

设船壳系数为 k，型排水体积为 ∇_M，则实际排水体积 ∇ 为：

$$\nabla = k \, \nabla_M$$

通常 k 值约在 $1.006\sim1.030$ 范围内。对于不同船舶，小船 k 值较大。

2. 排水量曲线

排水量曲线是表示船舶排水量随吃水变化而变化的关系曲线，通常包括标准海水排水量和标准淡水排水量两条曲线。

3. 浮心距基线高度曲线，简称 Z_b 或 KB 曲线

浮心距基线高度曲线是表示浮心的垂向坐标随吃水变化而变化的关系曲线。

4. 浮心距中距离曲线，简称 x_b 曲线

浮心距中距离曲线是表示浮心纵坐标随吃水变化而变化的关系曲线。浮心在船中前，x_b 为正值，浮心在船中后，x_b 为负值。

5. 漂心距船中距离曲线，简称 x_f 曲线

漂心距中距离曲线是表示漂心纵坐标随吃水变化而变化的关系曲线。漂心在船

中前，x_f 为正值，浮心在船中后，x_f 为负值。

船舶浮于水面上，水面与船体相交所得的平面即为水线面。船舶水线面的几何中心称为漂心 F。

船舶正浮时，其漂心位置与水线面的大小和几何形状有关，对于给定的船舶，水线面形状和大小取决于船舶的吃水状态，漂心的位置随吃水的不同而变化。

6. 水线面面积曲线，简称 A_w 曲线

反映未包括船壳板在内的水线面面积随吃水变化而变化的关系曲线。由水线面面积可计算出船舶在不同水密度中每厘米吃水吨数 TPC 值。

7. 每厘米吃水吨数曲线，简称 TPC 曲线

表示船舶每厘米吃水吨数随吃水变化而变化的关系曲线。静水力曲线图中 TPC 的值一般为船舶在海水中的数值。对于普通船舶，由于吃水不同时水线面面积也不同，且通常随吃水增大而增大，因此，每厘米吃水吨数 TPC 和水线面面积随吃水变化的趋势是一致的。

每厘米吃水吨数是指船舶平均吃水变化 1 cm 时对应排水量的改变量。

设船舶平均吃水变化 1 cm 时排水体积改变 $\delta\nabla$，其大小为：

$$\delta\nabla = 0.01 A_w$$

则排水量的改变量 $\delta\Delta$ 为：

$$\delta\Delta = \rho\delta\nabla$$

因此，可得每厘米吃水吨数的表达式为：

$$TPC = 0.01 \rho A_w$$

（二）稳性参数曲线

1. 横稳心距基线高度曲线，简称 KM 曲线

表示船舶不同吃水时横稳心距基线高度变化规律的曲线。

2. 纵稳心距基线高度曲线，简称 KM_L 曲线

表示船舶不同吃水时纵稳心距基线高度变化规律的曲线。

3. 每厘米纵倾力矩曲线，简称 MTC 曲线

反映吃水差每变化 1 cm 所需要的纵倾力矩随吃水变化而变化的关系曲线。

（三）静水力曲线图的查取方法

静水力曲线图的垂向坐标代表船舶平均吃水，横坐标代表船舶不同参数，以厘米数表示，各参数与厘米数的比例标于图中。各曲线厘米的起算点分为三种情况。

（1）坐标系原点，适用于除 x_b 曲线和 x_f 曲线以外的其他浮性参数和稳性参数曲线；

（2）适用于以船中为起算点的是 x_b 曲线和 x_f 曲线；

（3）在不同厘米数处直接标出小于 1 的小数，适用于船型系数曲线。

图 3—1 为某轮的静水力曲线图。其查取方法是：作船舶装载状态下平均型吃水的水平线，与所查曲线相交，读取交点对应横坐标上的厘米数，并按所查参数与厘米数换算成实际参数值。

二、载重表尺

载重表尺是指船舶在静止、正浮状态时常用浮性和稳性参数随吃水变化而变化

的关系图表。载重表尺中给出了不同吃水时的海水中和淡水中的排水量 Δ、总载重量 DW、每厘米吃水吨数 TPC、每厘米纵倾力矩 MTC、横稳心距基线高度 KM、浮心距船中距 x_f 等值。

　　载重表尺比静水力曲线图更方便、实用，其查取方法为：根据装载状态下的实际平均吃水作一水平线，该线与所查参数栏刻度相交，直接读出刻度对应的数值即为所查参数值。

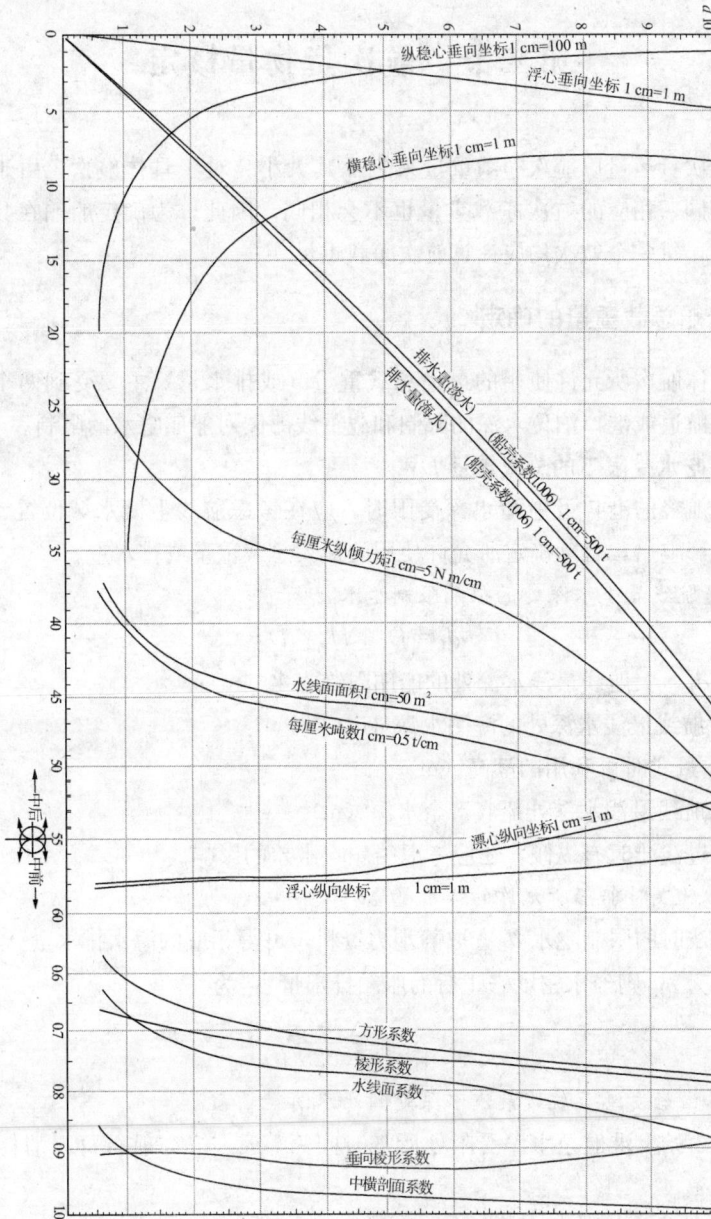

图 3—1　静水力曲线图

三、静水力参数表

静水力参数表是以数值表的形式给出了船舶各性能参数与吃水的数值关系。与上两种形式的图表比较，静水力参数表具有简便、可靠的特点，它根据船舶平均型吃水或船中平均吃水直接读出所查参数值而无需进行辅助线和比例转换。

第二节 航次货物量核定

船舶航次货运量以航次净载重量来表征其大小。对于具体航次，由于航线上的若干条件不同，相应的航次净载重量也不会相同，因此，为确定船舶在具体航次中的载货重量，每一个航次均应计算航次净载重量。

一、船舶总载重量的确定

船舶具体航次所允许使用的最大总载重量（或排水量）主要受到两个方面的影响，即航经航道或港口泊位水深的限制和载重线海图对船舶吃水的限制。

（一）吃水受限下的总载重量 DW_1

当船舶航经的港口及航道水深受限时，应在考虑航线上浅水域位置、水深、水密度等因素影响后，合理确定所允许使用的最大总载重量或排水量。

1. 确定航线最小水深处的船舶限制吃水 d_L

$$d_L = D_d + H_w - D_a$$

式中：d_L——航线最浅水深处的船舶限制吃水（m）；

D_d——航线最浅水深处的海图水深（m）；

H_w——过浅时可利用的潮高（m）；

D_a——航线最浅水深处船底富余水深（m）。

若船舶过浅滩时有纵倾，还应考虑船舶吃水差的影响。

2. 计算过浅时船舶所允许的排水量 Δ_{11}

根据过浅时的限制吃水 d_L 查取静水力资料，可得相应的海水排水量 Δ_{12}。若过浅水域水密度为 ρ，则经水密度修正后的船舶排水量 Δ_{11} 为：

$$\Delta_{11} = \frac{\Delta_{12} \cdot \rho}{1.025}$$

3. 计算由始发港至航线最浅水深处的油水消耗量 δG

设船舶由始发港航至水深受限处所需时间为 t 天（d），航行每天消耗油水为 g_s（t/d），则：

$$\delta G = t \cdot g_s$$

4. 计算船舶在始发港所允许的最大总载重量（或排水量）

$$\begin{cases} \Delta_1 = \Delta_{11} = \delta G \\ DW_1 = \Delta_1 - \Delta_L \end{cases}$$

式中：Δ_L——出厂时船舶空船排水量（t）

（二）载重线海图限制下的总载重量 DW_2

根据本航次船舶航经的海区及所处的季节期，从载重线海图中确定本船应使用的载重线，据此可以求得载重线限制下的总载重量 DW_2。

（1）船舶整个航次在使用同一载重线的海区航行，按相应的载重线确定总载重量。

（2）船舶由使用较低载重线海区航行至使用较高载重线海区，按较低载重线确定总载重量。

（3）船舶由使用较高载重线海区航行至使用较低载重线海区，应视其高载重线海区段油水消耗量情况来确定船舶总载重量，此时总载重量应按下列方式进行确定。

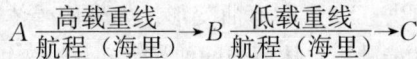

$$A \xrightarrow{\genfrac{}{}{0pt}{}{高载重线}{航程（海里）}} B \xrightarrow{\genfrac{}{}{0pt}{}{低载重线}{航程（海里）}} C$$

（1）当 $\delta G_{A \to B} \geqslant \delta \Delta_{H \to L}$ 时，$DW_2 = DW_H$。若船舶在高载重线海区航行中油水等储备品消耗量 $\delta G_{A \to B}$ 大于船舶高载重线与低载重线对应的排水量之差 $\delta \Delta_{H \to L}$ 时，则在始发港允许使用高载重线对应的总载重量 DW_H。

（2）当 $\delta G_{A \to B} < \delta \Delta_{H \to L}$ 时，$DW_2 = DW_L + \delta G_{A \to B}$。船舶在高载重线海区航行中油水等储备品消耗量 $\delta G_{A \to B}$ 小于船舶高低载重线对应的排水量之差时 $\delta \Delta_{H \to L}$，则在始发港允许使用的总载重量 DW_2 为低载重线对应的总载重量与高载重线航段油水等储备品消耗量之和。

二、船舶航次储备量的计算

船舶航次储备量 $\sum G$ 由固定储备量 G_1 和可变储备量 G_2 构成，即

$$\sum G = G_1 + G_2$$

1. 固定储备量 G_1

固定储备量包括船员和行李、粮食和供应品及船舶备品等，可视为定值。

2. 可变储备量 G_2

可变储备量 G_2 包括燃油、润滑油、淡水，其大小按航行时间、补给方案及航次储备天数确定。可变储备量 G_2 中还应包括压载水的重量。

（1）在始发港装满油水。

由于航线较长、始发港油价较低及途中无挂靠港口等原因，船舶在始发港加满油水，此值为一定值，从船舶资料中查取。

（2）按航次需要及补给方案确定。

$$G_2 = (t_s + t_r) \cdot g_s = t_b \cdot g_b$$

式中：t_s——船舶航行天数；

t_r——航次储备天数；

g_s——航行油水每天消耗定额；

t_b——停泊天数；

g_b——停泊油水每天消耗定额。

第三节　货物积配载

一、按舱容比例分配货物

船体上所受的重力和浮力沿船长方向上各段分布的不一致导致了剪切力和纵向弯矩的产生，使船体出现剪切变形和弯曲变形。如果使船体沿船长方向各段所受的重力和浮力基本一致，就能减小船体所受的剪切力和总纵弯矩。

船体所受的浮力纵向的分布是由水线下排水体积沿纵向的分布决定的。而排水体积的纵向分布规律是与船体内部容积沿纵向的变化规律基本一致的。因此，控制船体总纵弯曲变形不致过大的经验配货方法就是按照各货舱容积的大小成正比地分配各货舱的货物重量。即在中部较大的货舱内多装货，在首尾较小的货舱内少装货。各舱装货 P_i 的计算公式为：

$$P_i = \frac{V_{dhi}}{\sum V_{dh}} \cdot \sum P$$

式中：P_i——第 i 舱应分配的货物重量（t）；

V_{dhi}——第 i 舱的舱容（m³）；

$\sum V_{dh}$——全船各货舱的总容积（m³）；

$\sum P$——航次载货总重量，如满载则为 NDW（t）。

在实际配载中，船舶各货舱的装货重量还受到各种其他因素的影响，无法将其指定为一个唯一的数值。因此，允许对按舱容比例分配的各舱装货重量作少量的调整。调整值可取夏季满载时最大续航条件下全船载货重量按舱容比例在该舱分配值的 10%，也可取本船次全船载货重量按舱容比例在该舱的分配值的 10%。前者调整范围较宽，便于操作；后者调整范围较小，较为安全。

二、正确选择渔货舱位

为确保渔货运输的质量和提高效益，应当掌握渔货舱位选配的原则，妥善处理渔货的堆码、衬垫与隔票，正确确定不同到港货物的配货顺序，合理选配位，以保证渔货质量，方便装卸，缩短停港时间。

（一）渔货舱位选配的原则

（1）冷藏渔货应配于冷藏舱，保鲜渔货应远离热源或温度较高的舱室；

（2）大票渔货应选配于中部的大舱，小票渔货应配于首尾小舱；

（3）当所载渔货的体积接近舱容时，应注意各货舱的容积性能；

（4）先卸港的渔货应选配于二层舱、底舱的舱口或上层，并应避免堆码过高，以至于造成中途港卸货后，留下的后卸港渔货容易倒塌。

（二）渔货的堆码、衬垫与隔票

1. 渔货的堆码

（1）渔货在舱内堆码时垛形应符合稳固、有利于通风、便于装卸、有利于充分利用舱容的要求；

（2）底舱大票货物应尽量平铺；

（3）各类包装的渔货的堆码高度不能超过其限高。

2. 渔货的衬垫

为防止渔货水湿、污染、移动等，不同包装的渔货之间、渔货与船体之间应进行衬垫，以保护渔货完好。

3. 货物的隔票

为提高理货工作效率，减少和防止货差，加快装卸速度，在货物装舱时，对不同卸货港、不同货主、不同提单号的货物应做好隔票工作。隔票的方法有自然隔票和材料隔票两种。自然隔奈是指用不同包装的货物进行隔票；材料隔票是指用专门的隔票材料进行隔票。

三、满足船舶稳性、强度、吃水差的要求

初配方案完成并进行全面核查调整，没有差错后，应按初配的结果，对船舶稳性、纵强度和吃水差进行核算，以判明其是否符合要求，如有不符，则应进行调整。

（一）船舶稳性的核算

$GM = KM - KG$

（1）计算船舶排水量 Δ

$$\Delta = \Delta_L + \sum P + \sum G + C$$

式中：Δ——船舶装载排水量（t）；

Δ_L——空船排水量（t）；

$\sum P$——航次载货量（t）；

$\sum G$——船舶航次储备量（t）；

C——船舶常数（t）。

（2）根据排水量 Δ 查静水力曲线图、静水力参数表，即可得到相应的平均吃水和初稳心高度 KM 值。

（3）计算船舶的重心高度 KG

$$KG = \frac{\sum P_i Z_i}{\Delta}$$

式中：P_i——包括空船重量、各舱所载货物的重量、各油、水舱所载油水的重量、船员及供应品的重量和船舶常数（t）；

Z_i——第 i 项载荷的重心高度（m）；

$\sum P_i Z_i$——全船垂向重量力矩（9.81 kN·m）。

空船重量和空船重心高度可在船舶稳性资料中查得。货物的重心高度取堆高的 1/2，如满舱则取舱高的 1/2，再加上舱底至船底板的高度（双底船则为双层底的高度）。

（二）船舶总纵强度的核算

对中小型船舶，可以利用船舶静水弯矩计算法核算船舶总纵强度。首先，查取船体中横剖面允许承受的最大静水弯矩 M_s，以此作为校核船舶总纵弯矩的衡准。然后，根据船舶具体装载状态，求出船舶在该航次实际装载时作用于船体的静水弯矩 M_s'。将两者进行比较，可以确定船舶所受总纵弯矩是否在允许范围内。

1. 船中剖面实际静水弯矩 M_s' 计算

$$M_S = 9.81 \times \frac{1}{2} \left[\left(\sum |W_{Li} \cdot X_i| + \sum |P_i \cdot X_i| \right) - \sum |B_i \cdot X_i| \right] \text{（kN·m）}$$

式中：$\sum |W_{Li} \cdot X_i|$——空船各部分重量 W_{Li} 对船中力矩绝对值的和；

$\sum |P_i \cdot X_i|$——除空船重量外的船上各种载荷 P_i 对船中力矩绝对值的和；

$\sum |B_i \cdot X_i|$——船中每一段浮力 B_i 对船中力矩绝对值的代数和，可根据船舶平均吃水 d_m 在船舶资料中查得。

2. 比较 M_s' 与 M_s

（1）当 $|M_s| \leqslant M_s$ 时，总纵强度不受损伤；当 $|M_s| > M_s$ 时，总纵强度不满足要求。

（2）当 $|M_s| > 0$ 时，船舶呈中拱状态；当 $|M_s| < 0$ 时，船舶呈中垂状态。

（三）吃水差的核算

1. 吃水差产生的原因

若船舶装载后船舶重心纵向位置与船舶正浮时的浮心位置在同一垂直线上，则船舶首、尾吃水相等，吃水差为零，即船舶处于平吃水状态。若重心与浮心不在同一垂线上，则船舶将产生一纵倾力矩，使船舶纵倾。浮心也随之向倾斜方向移动。当倾斜至某一水线时，重心与倾斜后的浮心又处于同一垂线上，则船舶达到平衡，此时船舶首、尾吃水不同，从而产生吃水差。

2. 吃水差 t 的计算原理

船舶装载后由于重心与浮心在纵向上不在同一垂线上，浮力与重力形成一力偶，

产生一纵倾力矩 M_{RL}，该力矩可表示为：

$$M_{RL} = \Delta \cdot (x_g - x_b)$$

式中：x_g——船舶重心纵坐标，即船舶重心距船中的距离（m）；

x_b——船舶浮心纵坐标，即船舶浮心距船中的距离（m）；

则吃水差可表示为：

$$t = \frac{\Delta \cdot (x_g - x_b)}{100 \ MTC}$$

式中：MTC——每厘米纵倾力矩（$9.81 \times$ kN·m）。

3. 吃水差及首、尾吃水的计算

（1）计算船舶排水量 Δ 和重心纵坐标 x_g：

$$\Delta = \sum P_i$$

$$x_g = \frac{\sum p_i x_i}{\Delta}$$

式中：P_i——构成排水量的各项载荷重量（t），包括空船重量 Δ_L、船舶常数 C、各货舱所载货物的重量、航次储备量等；

x_i——各项载荷重心距船中的距离（m），重心在船中前为正，在船中后为负；

$\sum P_i x_i$——全船纵向重量力矩（$9.81 \times$ kN·m）。

空船重心纵向坐标 x_L 可在船舶资料中查得；货物、油水等重心纵坐标 x_i 取各舱容的中心。

（2）根据 Δ 查船舶静水力资料，获取有关计算参数。

根据装载后的排水量 Δ，从静水力图表中查取平均吃水 d_m、浮心距船中的距离 x_b、漂心距船中的距离 x_f 和每厘米纵倾力矩 MTC，浮心、漂心在船中前，x_b、x_f 为正，浮心、漂心在船中后，x_b、x_f 为负。

（3）吃水差的计算：

$$t = \frac{\Delta \cdot (x_g - x_b)}{100 MTC}$$

（4）计算船舶首吃水 d_F 和尾吃水 d_A。

将吃水差 t 在首、尾吃水处的分配量 δd_F、δd_A 与平均吃水 d_m 叠加，即可求得 d_F 和 d_A，计算公式为：

$$\begin{cases} d_F = d_m + \dfrac{L_{bp}/2 - x_f}{L_{bp}} \cdot t \\ d_A = d_m - \dfrac{L_{bp}/2 + x_f}{L_{bp}} \cdot t \end{cases}$$

当漂心 x_f 在船中时，上式可简化为：

$$\begin{cases} d_F = d_m + \dfrac{t}{2} \\ d_A = d_m - \dfrac{t}{2} \end{cases}$$

第四节　渔货装舱注意事项

一、渔货（易腐货物）的承运要求

装运易腐货物时，要对货物质量包括热状态进行检查。若货物质量不符合标准，包装不适宜或有破损，货物温度过高，应拒绝装船。还应检查渔货的允许运送期限是否小于运到期限，小于时货物质量在运输途中就难以得到保证。

承运冻鱼时，要检查鱼体应完全坚硬，鱼鳞应明亮或稍微暗淡，眼睛应凸出或稍微凹陷，鱼鳃应鲜红。冻鱼肌肉深处的温度应不高于－18℃。

二、渔货舱注意事项

冷藏货物运输船在装运冷藏货物前应具备"冷藏设备入级证书"，并应核实该证书是否在有效期内。并应熟知有关货物的冷藏温度、湿度、装载等方面的要求。

（一）冷藏货物装舱前的准备

冷藏货物装舱前的准备工作包括：冷藏舱的清洁、除味和舱内设备的检查，接受冷藏舱检验以及对冷藏舱进行预冷。

要做好冷藏舱的清洁工作，以保持舱内清洁、干燥、无残留货物、无异味。舱内污染严重时，必须对护舷板、舱底板、木格栅和管道槽沟等处先用加清洁剂的高压水冲洗，再用淡水冲干净，最后进行通风换气使其干燥。舱内存有异味时，还要进行脱臭消毒。常用的脱臭方法是用臭氧发生器在舱内产生臭氧，用粗茶熏蒸，或用醋酸水喷洒等。

装货前认真检查冷藏舱内的隔热材料是否完好，查看舱内排水孔、管道等是否有漏水现象，对舱内制冷装置和通风设备应进行试运行。如发现舱内隔热材料或设备需要进行大修时，需在验船师监督下进行。

当确认冷藏舱状态满足所运货物各项要求时，可以请求商检局进行检验，以获取冷藏舱检验合格证书。

装货前，对货舱及舱内衬垫应按要求进行预冷。预冷温度随冷藏货物的品种不同而不同，一般宜采用大体上与所运货物要求的冷藏温度稍低2～3℃进行预冷。预冷在装货开始前48小时开始，到距装货前24小时将舱温降到装卸人员能接受的温度。

（二）冷藏货物的装载

装货过程中为避免结霜应停止制冷装置运行。高温季节货物装卸应选在气温较低的早晚并快速装卸。应避免雨天作业。装货时应仔细检查渔货质量，如发现渔货有渗水（血）、疲软、变色、发霉等应拒装或加以批注。

货物在舱内应排列整齐，货物与舱壁、货物与舱顶之间需留出适当的空隙供冷风流通，货物之间也应留出通风道。装毕封舱后应立即启动制冷装置直到达到货物所要求的冷藏温度。

三、运输途中渔获物的保管

对冷藏货物运输途中的保管工作主要是控制舱内温度和湿度，按要求记好冷藏舱日志。

保持冷藏舱内的冷藏温度达到货物所要求的温度值，并使温度波动范围不超过允许范围是冷藏货物途中保管工作的重要环节。

为保持冷藏舱内各处温度均匀，应注意适当进行舱内空气的循环流通，但要避免发生从冷却器中吹出的冷气不流经货物而从货舱空位返回到冷却器中的所谓"短路"现象。

渔获物为易腐货物，在常温条件下经过较长时间的保管和运输就要发生腐败变质，为了保证在渔获物运输保管过程中不变质腐烂，需要了解下述相关知识。

（一）易腐货物变质的原因

引起易腐货物变质的原因主要有三点，即微生物作用、呼吸作用和化学作用。

1. 微生物作用

微生物包括霉菌、酵母菌等细菌。这些微生物在$+25℃\sim+35℃$时最易繁殖，在$-8℃\sim-12℃$时基本停止繁殖，到$-18℃$以下才完全停止繁殖，但并未死亡，一旦温度回升，活着的细菌又能繁殖。

2. 呼吸作用

水果和蔬菜等在收摘储藏后，虽不再生长，但仍有新陈代谢的呼吸作用。其呼吸作用的本质是在酶的催化下进行一种缓慢的氧化过程。它使复杂的有机物质分解为比较简单的物质，从而消耗了果、菜内部的养分，并且放出能量，致使食品腐败变质。

呼吸作用有消耗果、菜中营养的一面，但也有抵抗细菌侵入的积极作用。呼吸过程中的氧化作用，能把微生物分泌的水解酶氧化变成无害物质，使果、菜的细胞不受损害，从而阻止微生物侵入；同时还能使受到机械损伤的组织形成木栓层，保护内层的健康组织。因此，在储运果、菜时，既要降低呼吸作用，但又不能使呼吸作用过小。

3. 化学作用

果、菜等食品，在其受伤后，使内部组织暴露在空气中，这时由于呼吸作用的增强，致使其中的某些成分被氧化，从而导致其本身变质、变味和腐败。另外，食物在酶的化学催化作用下，也发生化学反应。

在储运过程中，对于动物性食品如渔获物，只要保持低温以抑制细菌的繁殖，便可达到防腐的目的，因为动物性食品腐败的主要原因是微生物作用；而对于植物性食品，既要降低其呼吸作用，又不能使呼吸作用停止，必须维持正常的生态，使之不致过熟或变质腐烂。

（二）易腐货物的保存条件

采取冷藏方法保管易腐货物时，温度是主要条件。除温度外，保管环境湿度的高低，通风情况和卫生条件的好坏，也都对货运质量有直接的影响。

1. 温度

从控制微生物繁殖角度考虑，冷藏温度越低越好。但是，有些食品，冷冻后会使其细胞膜遭到破坏，并且不能恢复原状，因此，对各种不同性质的货物要采取不同的适宜低温。按性质不同，可分别采取冷却、冷冻和速冻的冷藏方法。

（1）冷却储运。所谓冷却，就是把食物的温度降到尚不致细胞膜结冰的程度，通常在0℃～5℃之间。鲜蛋、水果、蔬菜和乳品等常采用冷却储运。冷却储运虽不影响食品的内部组织，但微生物仍有一定的繁殖能力，所以冷却食品不能久藏。

（2）冷冻储运。冷冻储运就是把食品的温度降到0℃以下使之冻结。肉类、鱼、鸡等常采用冷冻储运。但当冻结速度很慢时，会使细胞膜内层形成较大冰晶，致使细胞破裂，细胞质遭受损失。这样会使食品失去或减少原有的鲜味和营养价值。

（3）速冻储运。速冻就是在很短时间内使食品冻结。速冻过程所形成的冰晶颗粒细小、均匀，不致造成细胞膜破裂，因而可保持食品原有鲜味和营养价值。

为了保存好易腐货物，除要求低温外，如一般冷冻食品的温度不低于−20℃，还要求保持温度的稳定；否则，由于温度的波动，不但微生物有机可乘，还会引起冻结食品内部重新结晶，冰晶进一步扩大，导致食品失去原有的鲜味和营养价值。

2. 湿度

空气湿度对食品影响也很大。湿度过小会加速舱内食品干耗和破坏果、菜的正常呼吸，影响其营养价值，消减食品的抗病能力。湿度过大，又有利于微生物的迅速繁殖。因此，控制货舱适度的湿度是很重要的。

在冷藏技术上通常用相对湿度，这是指空气的绝对湿度（即每立方米湿空气中所含水蒸气的重量）与同温同压时饱和蒸汽的绝对湿度之比值。

3. 通风

对于储运的冷却食品，特别是水果、蔬菜，由于呼吸作用不断呼出二氧化碳和水分，为了保持舱内适宜的湿度和二氧化碳的含量（果、菜的CO_2最高含量为2%），需要用通风机对货舱进行循环通风和换气通风。

为了控制舱内适宜的温湿度，通风时间的长短要适当，通风换气量以24小时内通风换气次数来表示，一般冷却储运的食品昼夜换气次数在2～4次。对于冷冻储运的货物，因温度很低，微生物活动已受到很大抑制，不必换气。

4. 环境卫生

卫生条件差，微生物就多，即使温、湿度及通风条件都好，食物也会腐烂，而且环境卫生条件对食品的外观和其他质量也会产生影响。因此，冷藏舱、装卸工具和机械、装卸工人的劳动服装等都应保持清洁卫生。

（三）冷藏货物运输中的管理

1. 舱温控制

冷藏货物运输管理中最重要的问题是严格保持规定的冷藏温度，并使温度波动不超过允许的范围。对于冷却货物，如水果、蔬菜、蛋类及冷却肉类尤其如此。

当运输水果等怕冻货物的船舶进入冬季季节区域时，即使停止打冷，舱温仍可能继续下降，此时应开启加热器，加热舱内循环空气，以防货物冻坏。此外，装载冷却货物时应停止使用舱顶棚上的蒸发盘管，以防止舱顶的冷凝水滴到货物上造成货损。为了保持舱内各处温度均匀，必须加强舱内空气的循环流动。通风次数影响舱温和货物水分的散失，为避免货表风干，在货温高于舱内气温时，应增加舱内空气的循环量，尽量缩短降温时间；而当货温接近舱温时，则应减少空气循环量。

2. 控制舱内二氧化碳含量

空气中含有较多的二氧化碳和较少的氧气能抑制果、菜的呼吸作用而使其成熟期延长。但是，二氧化碳含量过大则会引起果、菜中毒，还会使苹果和梨等果核变色，以致腐烂变质。

装有二氧化碳测试仪的船舶，可据测试结果控制通风换气，以保持舱内空气的二氧化碳含量适中。

无测试仪的船舶，可据经验进行换风。通常将换风量等于一个舱容称为换风一次。苹果每24小时换风2～4次，柑橘为5次左右，香蕉为10～40次。采用水平通风方式的冷藏舱，换风次数要比垂直通风次数多些。

3. 空气湿度的控制

空气的相对湿度过高时，货物容易滋生细菌，过低时，货物中水分损失又多。在运输中需要保持的相对湿度与冷藏温度有关。冷藏货物因温度较低，主要应防止风干，空气中相对湿度可高一些。冷却货物温度在0℃以上，相对湿度应适当低些。

4. 做好记录工作

冷藏日记、冷冻机日志的记录工作必须认真进行，因为这些记录是监督冷藏工作的依据，是以后发生货损，判明责任和今后运输冷藏货时的主要参考资料。

第四章 锚设备

锚设备是船舶重要的甲板设备之一。船舶在进行检疫、等候泊位、候潮、避风、驳卸货物时，要在锚地抛锚停泊；在锚地、港内、狭水道内常常抛锚协助船舶掉头、减速、靠离码头、避让等。

锚设备由锚、锚链、锚链筒、制链器、锚机、锚链管、锚链舱和弃链器等组成，其布置如图4—1所示。

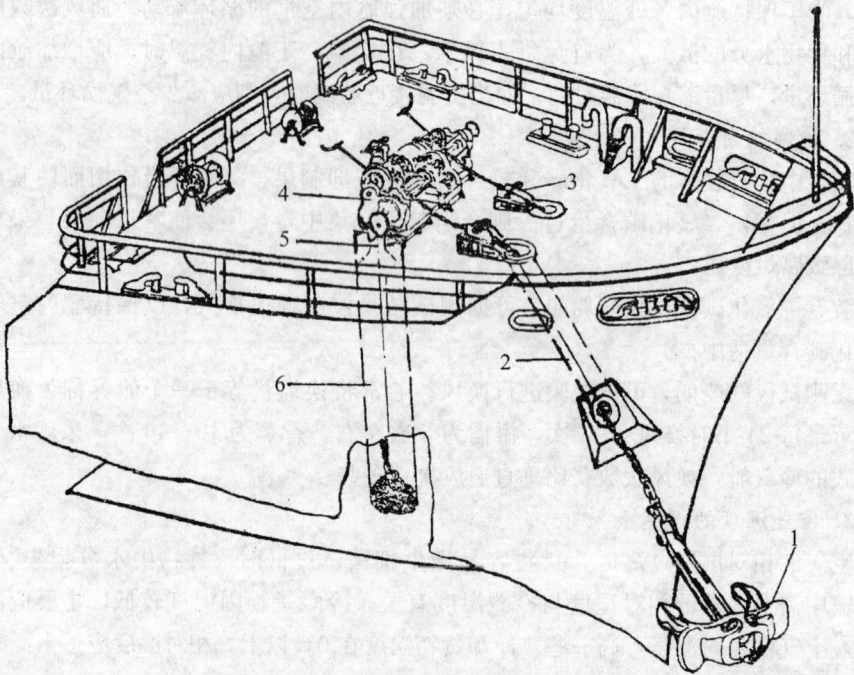

1. 锚；2. 锚链筒；3. 制链器；4. 起锚机；5. 锚链管；6. 锚链舱

图 4—1 锚设备的组成

第一节 锚的种类与特点

渔船上的锚可分为有杆锚、无杆锚、大抓力锚和特种锚等。

一、有杆锚

（一）结构

有杆锚也称海军锚。其锚干和锚爪为一整体，锚爪不能转动。在锚干上有一可折的横杆，该横杆在锚泊中起稳定作用，以保证锚爪能顺利抓入土中。其结构见图4—2所示。

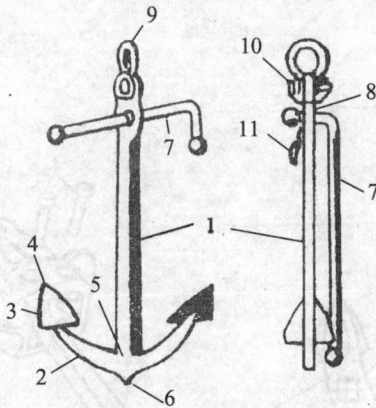

1. 锚干；2. 锚臂；3. 锚掌；4. 锚爪尖；5. 锚冠；6. 锚冠尖；7. 锚杆；8. 横杆孔；9. 锚卸扣；10. 螺栓；11. 固定销。

图4—2 有杆锚结构

（二）抓底过程

当锚刚着底时，力的支点在锚冠，然后锚体以该支点为轴心倒下。当锚杆一端着地后，力的支点移到锚杆端部，在锚链拉力作用下，锚体翻转90°，使一只锚爪向下啮入底土中。无杆锚的抓底过程如图4—3所示。

（三）特点

锚泊中稳定性好，抓力较大，一般为锚重的4～8倍。但有一爪露出海底，易和锚链绞缠，浅水中还有划破船底的危险，且因有横杆，收藏不便，抛起锚操作也比较麻烦。多用于小型渔船上。

图4—3 有杆锚的抓底过程

二、无杆锚

无杆锚又称山字锚、转爪锚。常见的有霍尔锚、斯贝克锚和尾翼式锚等。

（一）结构

（1）霍尔锚：锚干与锚头是活动的，用锚销连接在一起。以锚干为中心线，锚爪可以向左右各转约45°。锚冠两侧设有助抓突角，抛锚时，它能促使锚爪啮土，如图4—4所示。

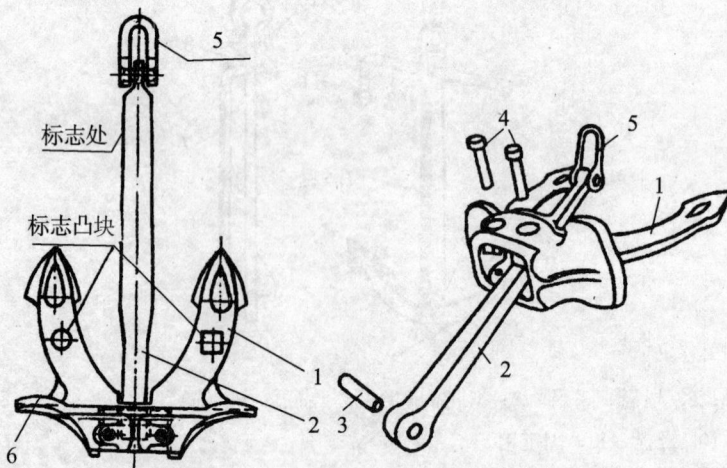

1. 锚臂；2. 锚干；3. 销轴；4. 横销；5. 锚卸扣；6. 助抓突角。

图4—4　霍尔锚

（2）斯贝克锚：是霍尔锚的改良型。其锚头的重心位于轴销中心线之下方。收锚时，锚爪自然朝上，并且一接触船壳即翻转，不会损伤船壳板，如图4—5所示。

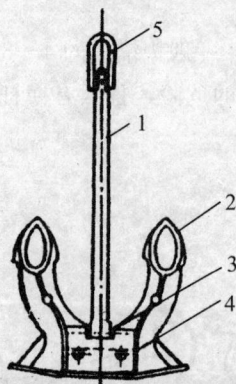

1. 锚干；2. 锚爪；3. 销轴；4. 横销；5. 锚卸扣

图4—5　斯贝克锚

（3）尾翼式锚：是我国研制出的一种新锚型。其锚头重心低，助抓突角宽厚，各方面性能优于霍尔锚和斯贝克锚，如图4—6所示。

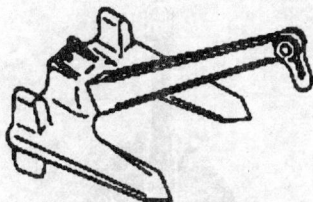

图4—6　尾翼式锚结构

（二）抓底过程

当锚着底后，随着船身后退和锚链松出，锚干倒地，在锚链拉力和助抓突角阻力作用下，在锚爪上产生一个向下翻转的力矩，迫使锚爪啮土，直到抓牢。

（三）特点

无杆锚的特点：由于无杆锚能将锚干收入锚链筒，并配以专用的锚机，抛起锚作业方便。两爪同时抓底，不会与锚链绞缠。但由于没有横杆，锚泊中稳定性差，风流外力较大时，锚在海底被拖动时容易翻转、走锚。另外，有杆锚抓力小，一船为锚重的3～5倍，需通过增加锚重来弥补。绝大多数船舶的首锚均采用无杆锚。

三、大抓力锚

分为有杆大抓力锚和无杆大抓力锚。特点是锚爪宽而长、啮土深、稳定性好，抓重比大，但有杆大抓力锚收藏不便。

（一）有杆大抓力锚

有杆大抓力锚结合了有杆锚和无杆锚的优点，横杆在锚头处，锚爪能转动，典型的有：

（1）丹福斯锚（也称燕尾锚）：锚爪可前后转动各约30°，抓重比一般大于10，多用于工程船。如图4—7所示。

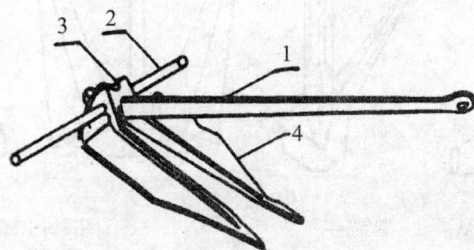

1. 锚干；2. 锚杆；3. 锚冠；4. 锚爪

图4—7　丹福斯锚

（2）史蒂文锚：锚爪短而面积大，锚干上装有可移动契块，能改变锚爪的最大转角，以适应多种底质，抓重比可达 17～34。多用于石油平台的定位锚。如图 4—8 所示。

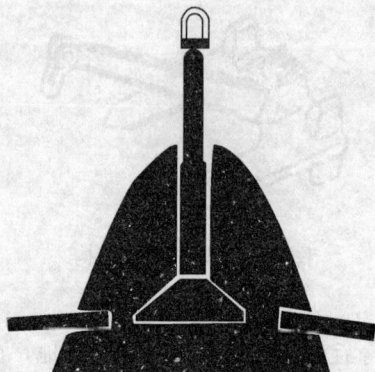

图 4—8　史蒂文锚

（二）无杆大抓力锚

（1）AC—14 型锚：设有极其宽大的稳定鳍，具有很好的稳定性；能迅速啮土，对各种底质的适应性较强，抓重比 12～14，锚爪转角约 30°。常用做超大型船和水线以上面积较大的滚装船的首锚。如图 4—9 所示。

（2）波尔锚：锚爪平滑而锋利，转角约 42°，适应各种底质，稳定性好，抛收方便，抓重比为 6 左右，用于大型船首锚和工程船的定位锚（挖泥船），如图 4—10 所示。

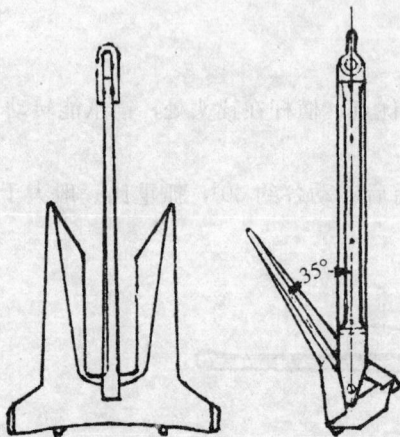

图 4—9　AC—14 型锚　　　　　　　图 4—10　波尔锚

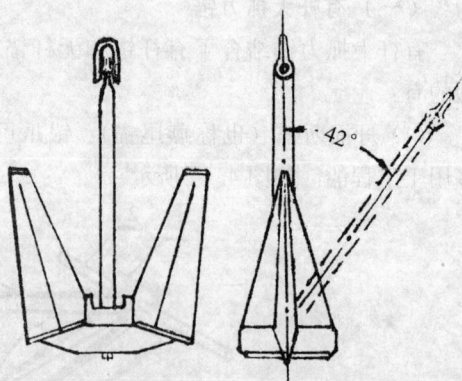

四、特种锚

特种锚是指有特殊用途的锚。常用于固定浮筒、浮标、灯船、浮船坞和浮码头等永久性系泊。有单爪锚、螺旋锚、伞形锚等,如图4—11所示。

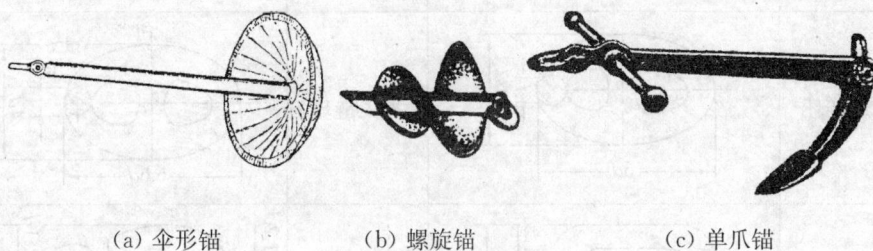

(a) 伞形锚　　　　　(b) 螺旋锚　　　　　(c) 单爪锚

图4—11　特种锚

第二节　锚链

一、锚链的分类与组成

(一)锚链的分类与特点

(1)按链环结构:分为有档锚链和无档锚链。有档比无档的强度大20%,且变形小、堆放时不易扭缠。

(2)按链环的制造方法。

① 焊接锚链:工艺先进简单、成本低,质量超过其他种类锚链。海船广泛使用。

② 铸钢锚链:强度较高、刚性好,撑档不会松动,使用年限长;制造工艺复杂,成本较高,耐冲击负荷差。

③ 锻造锚链:韧性好,工艺复杂,成本高,质量不稳定。目前商船上已基本上不再使用。

(3)按锚链抗拉强度(钢材级别):分为AM1、AM2、AM3,AM3级强度最大。

(二)锚链的组成

1. 链环

锚链的大小以链环的直径d表示,有档普通链环的长度应是链环直径d的6倍,宽度应是d的3.6倍。普通链环的直径是衡量锚链强度的标准。链环按其作用分为普通链环($1.0d$)、加大链环($1.1d$)、末端链环(无档,$1.2d$)、转环($1.2d$)、U形连接卸扣($1.3d$)、末端卸扣($1.4d$)和连接链环($1.0d$)等。如图4—12所示。

零部件名称	简图和近似尺寸比例	零部件名称	简图和近似尺寸比例
普通链环	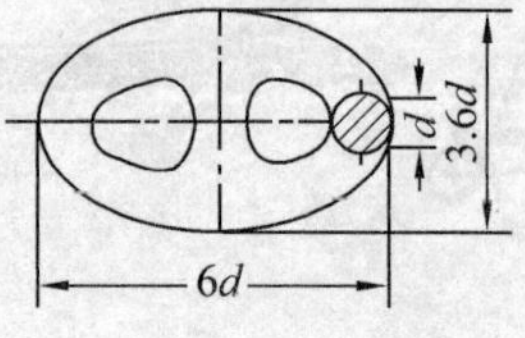 3.6d 6d d	加大链环	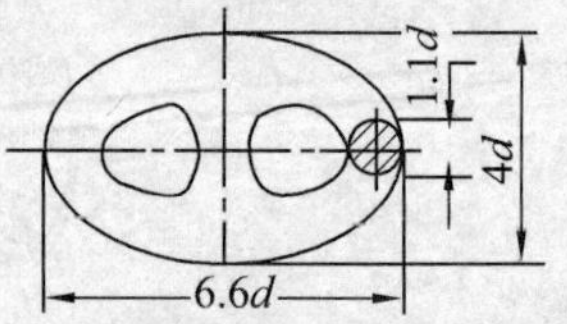 1.1d 4d 6.6d
末端链环	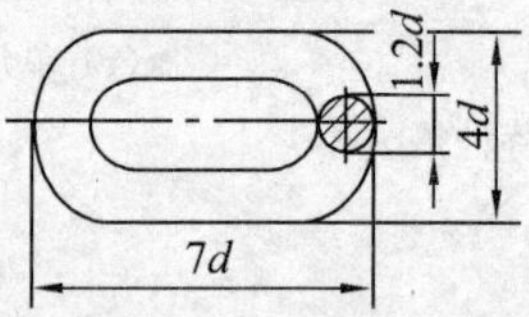 1.2d 4d 7d	转环	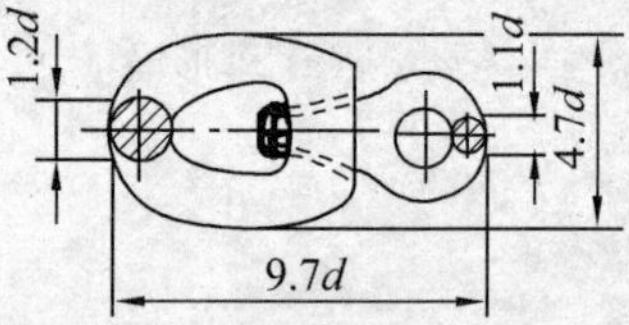 1.2d 1.1d 4.7d 9.7d
末端卸扣	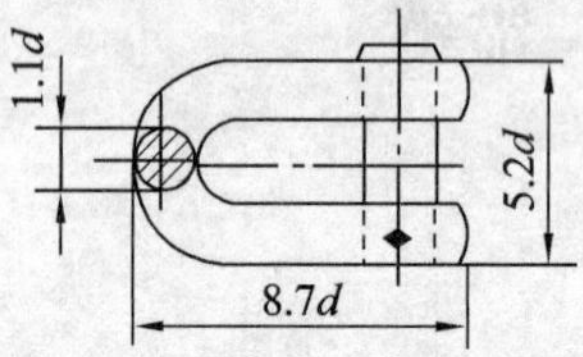 1.1d 5.2d 8.7d	连接卸扣	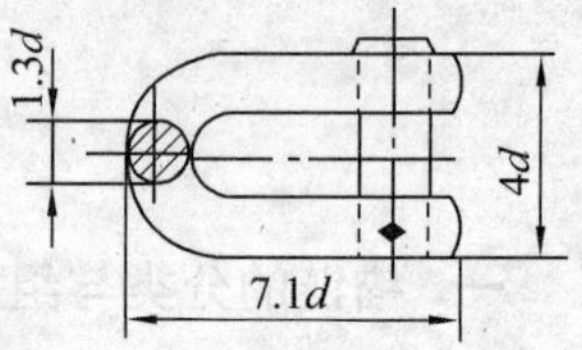 1.3d 4d 7.1d
散合式连接链环	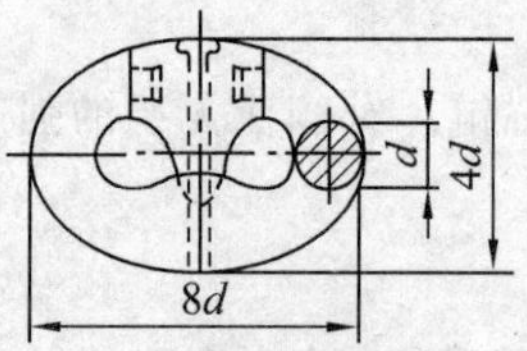 d 4d 8d	双半式连接链环	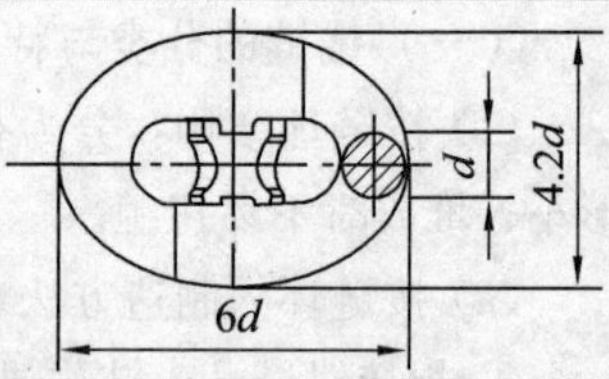 d 4.2d 6d
脱钩	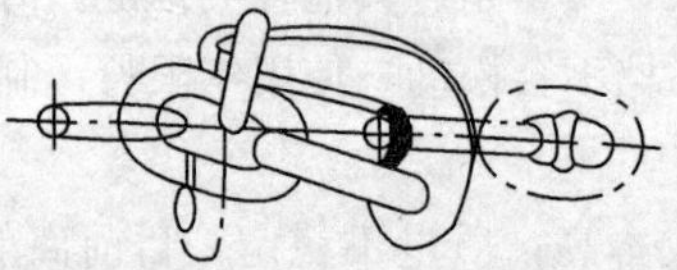		注：d 普通链环链径

图 4-12　各种链环

2. 链节

锚链的长度以节为单位，每节锚链的标准长度为 27.5 m，链环数应为奇数。整根锚链又可分为锚端链节、中间链节和末端链节。

（1）锚端链节：是指与锚相连的一段链节。从末端卸扣开始依次为末端链环、（加大链环）、转环、加大链环和普通链环（末端链环）。末端卸扣弧端应朝向锚，以减少起锚时磨损及卡在锚链筒的唇缘处。转环的环栓应朝向中间链节，便于锚翻转正位。

（2）末端链节：是指与弃链器相连的一段链节。从末端链环开始，依次为加大链环、转环、加大链环和链环（末端链环）。转环的环栓朝向中间链节，以防止锚链扭绞。

（3）中间链节：如节与节之间用连接链环连接时，均为普通链环。当用连接卸扣连接时，则连接卸扣两端的链环依次为末端链环、加大链环、普通链环。卸扣的弧端均应朝向锚，以免抛锚时卸扣通过链轮时产生跳动、冲击和卡住。

二、锚链的标记

（一）作用

抛锚时能迅速识别松出锚链的长度，起锚时掌握锚链在水中的长度。

（二）标记方法

抛起锚操作中，为了迅速、准确地掌握锚链在水中的节数，在每节锚链的连接链环处作上明显的标记。具体做法是：

在第一节与第二节之间的连接链环（或卸扣）的前后各第一个有档链环的撑档上绕金属丝，并将该链环标志以内至连接链环涂以白漆，连接链环涂红漆；在第二节与第三节锚链之间的连接链环的前后各第二个有档链环的撑档上绕金属丝，并将该标志处以内的所有链环涂以白漆，连接链环涂红漆。以此类推，直至第五节与第六节之间。从第六节往后开始重复前五节的标法，如图4—13所示。

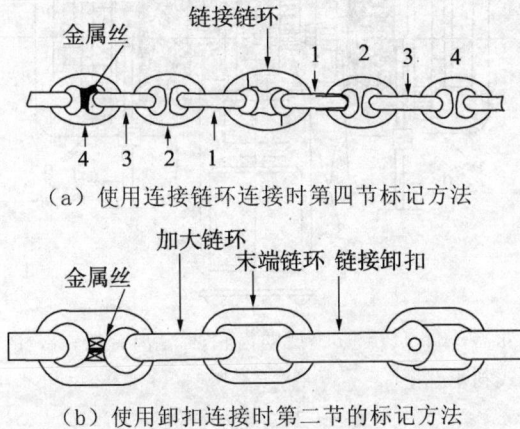

（a）使用连接链环连接时第四节标记方法

（b）使用卸扣连接时第二节的标记方法

图4—13 锚链标记

在锚端链节自锚机持链轮至锚链筒甲板开口处，全部涂以白漆，作为起锚时锚链即将出水及锚干将进入锚链筒的标记，以便放慢绞锚速度，防止锚撞坏船壳板或锚链筒。在锚链的最后一节，可全部涂以红色或红白相间的油漆，作为危险警告和警惕丢锚的标记。

三、锚链的强度与重量估算

（1）强度估算：$Q=548.8\ d^2$（破断强度，单位 kN）。

（2）重量估算：$Wc=0.021\ 9\ d^2$（kg/m）。

（3）锚重与链重的关系：$Wa\approx60\ Wc$，即每只锚的重量约等于 60 m 长锚链的重量。

63

第三节　锚机与附属设备

锚机设在船首部，是抛起锚的机械装置，其主轴两端的滚筒可用作收绞缆绳。

一、电动锚机的结构

锚机按其链轮轴线的布置方向可分为卧式锚机和立式锚机两种，渔船、商船一般均采用卧式锚机，其结构如图4—14所示。

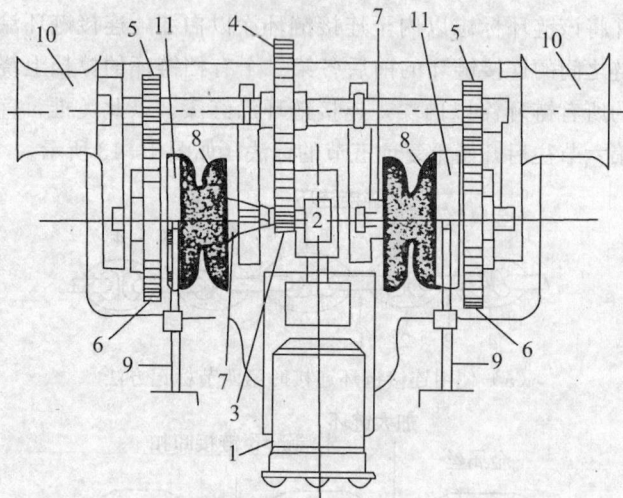

1. 电动机；2. 减速器；3、4、5、6. 传动齿轮；7. 离合器；8. 链轮；9. 刹车操纵杆；10. 带缆卷筒；11. 带式刹车。

图4—14　电动锚机

当电动机接通电源后，经蜗杆、蜗轮、小齿轮、大齿轮两级减速后，带动链轮轴使卷筒转动。卷筒可作绞缆用。链轮空套在主轴上，虽然齿轮带动主轴转动，但是持链轮不转动。起锚时，借助人力合上牙嵌式离合器使之与主轴连接，这样链轮利用主轴的动力便可将锚绞起。抛锚时脱开离合器，利用锚和链的重力持链轮在主轴上自由转动。带式制动器是用来刹住持链轮、控制锚链松出的速度及刹住锚链的。如果合上离合器，打开刹车，反转锚机，还可将锚慢慢松出。

二、锚机的主要技术要求

按我国规范规定，锚机应符合下列要求：

（1）应由独立的原动机或电动机驱动。原动机和传动装置应设有防止超力矩和冲击的保护。

（2）能连续运转30 min，且将单锚从水深82.5 m处绞至水深27.5 m处，平均速

64

度不小于 9 m/min；应能在过载拉力作用下（不要求速度）连续工作 2 min，过载拉力应不小于工作负荷的 1.5 倍。

（3）所有动力操纵的锚机均应能倒转，且运转平稳。

（4）锚机离合器应有可靠的锁紧装置，应操纵方便可靠。

（5）锚机的链轮或卷筒应装有可靠的制动器（刹车）。刹车刹紧后，应能承受锚链断裂负荷 45% 的静拉力，或承受锚链上的最大静负荷，当自由抛锚速度达 57.5 m/s 时仍能有效刹住。

三、锚链筒

锚链筒是锚链进出以及收藏锚干的孔道，其直径约为链径的 10 倍。它由甲板链孔、舷边链孔和筒体三部分组成。筒内设有喷水装置，起锚时用于冲洗锚链和锚。锚链筒轴线与铅垂线成 30°～40° 角，和中线面成 5°～15° 角。为了防止海水从锚链筒涌上甲板，保证工作人员安全，在甲板链孔处设有防浪盖。有的船在锚链筒上口设有导链滚轮，以减轻锚链与甲板链孔的摩擦。

一些低干舷船或快速船，为了减轻因锚引起的水和空气阻力及锚爪击水引起的水花飞溅，在舷侧板上做成能包藏锚头的锚穴，其形状有方形、圆形和伞形等。

四、制链器

制链器设置在锚机和锚链筒之间，用来夹住锚链。航行时，承受锚的重力和惯性力；锚泊时，承受锚链张力以保护锚机。锚机安装应能保证锚链引出的链轮，制链器、锚链筒上口成一直线。常见的有螺旋制链器、链式制链器和闸刀制链器三种。如图 4—14 所示。

（1）螺旋制链器：结构简单，动作缓慢，操作方便，工作可靠，广泛用于大中型船上，图 4—15（a）。

（2）闸刀制链器：结构简单，操作迅速，尺寸大时显得笨重。中小型船上采用，图 4—15（b）。

（3）链式制链器：一般与螺旋制链器配套使用，作为螺旋制链器的辅助设备，图 4—15（c）。

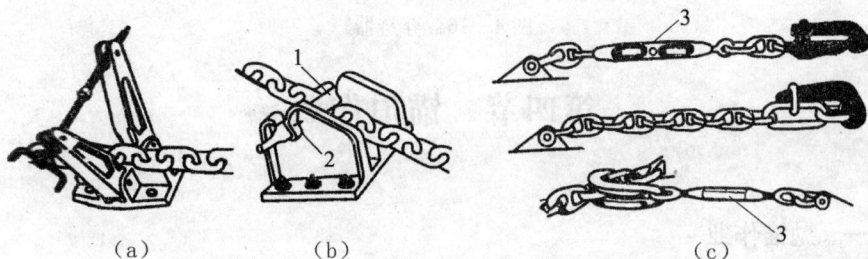

（a） （b） （c）

1. 闸刀；2. 保险销；3. 松紧螺丝扣
图 4—15 制链器

五、锚链舱与锚链管

锚链舱是存放锚链的舱室。设在防撞舱壁之前，锚机下面，首尖舱上面或后面，形状为圆形或方形。新型船舶锚链舱一般是圆筒状，当其直径是锚链的 30 倍，可不必排链。左右锚链舱是分升的，舱底为花钢板，上铺木衬板。舱内设有污水井和排水管系以排除积水，防止锚链锈蚀。

锚链管是锚链进出锚链舱的通道。位于链轮下方，正对锚链舱中央，其直径约为链径的 7～8 倍。它的上口设有防水盖，开航后应关闭，以防海水进入锚链舱。

六、弃链器

弃链器是使锚链末端与船体相连并且在紧急情况下弃锚时能迅速解脱锚链的一种专用装置。其主要形式有横闩式弃链器和螺旋式弃链器两种。如图 4—16 所示。

（1）横闩式弃链器：结构简单，使用方便，有安装在甲板上和锚链舱舱壁上两种方式，图 4—16（a）。

（2）螺旋式弃链器：结构较复杂，使用安全可靠，锚链绷紧时也容易松脱，动作缓慢，一般装设于锚链舱舱壁上，操作手轮设在锚链舱外部易于到达的地方（锚链舱外侧的舱壁上），图 4—16（b）。

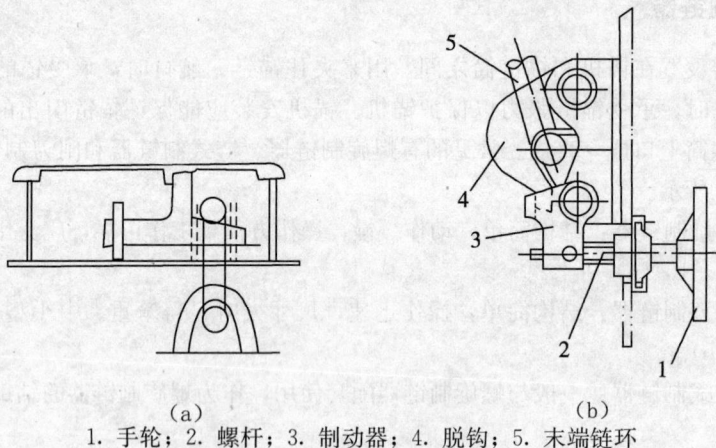

（a）　　　　　　　　（b）
1. 手轮；2. 螺杆；3. 制动器；4. 脱钩；5. 末端链环
图 4—16　弃链器

第四节　锚泊作业

一、抛锚作业

（一）准备工作

（1）通知机舱供电。

（2）解开锚机罩，察看有无异常情况。

（3）将刹车带刹牢，脱开离合器，加油润滑锚机并空车运转，逐级变速查看正反转是否正常。

（4）将锚送出：移开防浪盖，打开制链器，合上离合器，松开刹车带，开动锚机将锚送出锚链筒，垂挂在水面之上，刹紧刹车带，再脱开离合器。

（5）准备好锚球或锚灯。

（6）准备工作做好后，立即报告驾驶台。

（二）抛锚操作

（1）当得到驾驶台抛锚口令后，大副立即指示渔捞长松开刹车带，让锚凭自重落下。

（2）锚着底后应将锚链刹住，同时悬挂锚球或点亮锚灯（关闭航行灯）。

（3）为保证锚链顺利松出，船舶应保持适当的退速。若船无退速，松出的锚链会堆积在锚上引起绞缠。若退速过快，就会刹不住松出的锚链。因此，如果船的退速过快，应报告驾驶台用车舵给予配合。

（4）当松链长度为 2.5 倍水深时，应将锚链刹住，利用船后退的拉力使锚爪啮入土中。在锚链还未被拉直的瞬间及时松出约半节锚链，再刹一下。这样反复几次，能使锚很好地抓底。

（5）在抛锚过程中大副应随时用口头或手势向船长报告锚链伸出的方向及受力情况。渔捞长用钟声报告锚链松出的节数。

（三）如何判断锚已抓牢

按计划松出锚链后，将锚链刹住，观察锚链的状态。如果锚链向前拉紧，平稳而有节奏地在水面上下抬动，然后略有松弛，说明锚已抓牢。如果锚链拉直后，不在水面抬动而是不断抖动，且无松弛现象，说明锚在水底拖动，应立即报告船长，采取措施。

（四）深水抛锚操作

水深超过 25 m 时，应将锚用锚机送出至接近海底（约 5～10 m），再利用刹车抛锚。水深大于 50 m 时，应利用锚机将锚送至海底，并慢慢松链。

锚抛好后，合上制链器，稍松刹车，切断锚机电源，抛锚作业结束。

二、起锚作业

（一）准备工作

（1）通知机舱送电、供锚链水。

（2）空车试运转锚机，合上离合器，打开制链器，松开刹车，让锚机受力。

（二）绞锚操作

（1）接到驾驶台起锚口令后，大副根据锚链受力情况指示木匠以适当的速度绞锚。

（2）开启锚链水冲洗锚链上的污泥。

（3）绞锚过程中，大副应随时将锚链的方向报告给船长，以便驾驶台用车舵进行配合绞锚。木匠用钟声报告锚链在甲板以下的节数。

（4）绞锚时若风大流急，锚链绷得很紧，此时不能硬绞，而要报告驾驶台，进车配合，等船身向前移动锚链松弛后再绞，以防损伤锚链和锚机。若锚链横越船首，应利用车、舵领直船身后再绞。

（三）锚离底的判断

首先，锚爪出土的瞬间锚机负荷最大，锚离底后锚机负荷突然下降，此时锚机转速由慢变快，声音由"吭吭"的闷声变为"哗哗"的轻快声。其次，锚离底的瞬间，水面上的锚链将向船边荡来，并随即处于垂直状态。

（四）锚离底

应敲乱钟报告，同时降下锚球或关闭锚灯。锚出水后，要观察锚爪上是否挂有杂物，若有应及时清理，然后根据需要将锚悬于舷外待用或收妥。

（五）结束工作

（1）若锚不再使用需收进锚链筒时，应慢慢绞进直到锚爪与船舷紧贴为止。

（2）合上制链器，用锚机倒出一点锚链，使制链器受力，然后上紧刹车，脱开离合器。

（3）关闭锚链水，盖上锚链筒防浪盖，罩好锚机，用链式制链器加固锚链，封好锚链管口，通知机舱关闭锚机电源。

三、值锚更

船舶在锚地抛锚，驾驶员要值锚更班。值班人员应坚守岗位并做到：

（1）密切注意周围环境和天气的变化。

（2）注意过往船只及其它锚泊船动态。

（3）注意本船的号灯、号型是否正常。

（4）勤测锚位，勤查锚链。

（5）若天气恶劣，风力增大，必要时应备妥主机。

（6）若偏荡剧烈或走锚时，应立即报告船长，采取措施。

（7）如发现他船走锚向我船而来，应马上报告船长并设法与走锚船取得联系并采取行动，避免碰撞。

第五节　锚设备的检查保养

一、日常检查保养

（一）锚

（1）检查锚卸扣的磨损与变形情况，并注意横销是否松动。

（2）注意锚头横销是否松动，锚爪是否弯曲和有裂纹，转动是否灵活，角度是否正常。

（3）起锚时，锚出水后查看锚爪上是否挂有杂物，并放慢绞进速度，以利锚爪最后平衡贴紧船舷。

（二）锚链

（1）平时轮流使用左、右锚。

（2）注意锚链标记是否清晰，如有脱落应及时补做。

（3）检查链环、卸扣是否有裂纹、变形和结构松动情况及磨损程度。

（4）检查转环是否灵活，并适时加油润滑。

（三）锚机

（1）按操作程序进行操作。

（2）经常检查刹车是否良好。

（3）每次使用前加油、试车。蒸汽锚机使用前应排出气缸积水，直到放水孔喷出蒸汽再试车。

（4）离合器经常加油，保证操作轻便灵活。

（5）注意链轮的轮齿、蜗杆的螺纹等的磨损情况。

（四）制链器

（1）摩擦表面经常涂油，其余部分应涂防锈漆。

（2）经常检查基座与甲板连接的牢固性。

（五）弃链器

（1）检查手轮保护罩的完好程度。

（2）转动部分经常加油。

二、定期检查保养

锚设备的定期检查保养至少半年一次。

（一）锚

（1）按日常检查保养方法进行外观检查。

（2）检查锚爪转动最大角度的灵活性及与船舷的贴合紧密性。

（3）修船检查时，锚的失重不超过原锚重的20%。

（4）当发现锚损坏时，应送厂修理，换备用锚。

（二）锚链

（1）将全部锚链从锚链舱倒出排列在甲板上，清除污泥、铁锈和油漆。

（2）裂纹检查：用手锤敲击每个链环和卸扣，听其声音是否清脆。

（3）变形检查：测量链环和卸扣的长度。有档链环长度超过原长7%，无档链环或卸扣超过原长8%就不能再使用。

（4）磨损检查：检查环与环的接触处和锚链与锚链筒的摩擦处，用卡尺量其同一截面的最大、最小直径，取平均值。Ⅰ类航区，若发现链环直径小于原规定直径的88%就应换新。Ⅱ、Ⅲ类航区85%就应换新。

（5）结构松动检查：检查横销是否松动，连接链环和卸扣的销子是否松动，铅封是否脱落。

（6）修船检查时，将全部的连接链环（卸扣）拆开，更换销钉和铅封。锚端链节和末端链节对调，并做好记录。检修时锚链煨火以消除细小伤痕和内应力。

（7）锚链检查后，应涂沥青漆两度，并做好标记。

（三）锚机

（1）链轮、制链器、导链滚轮和锚链筒应成一直线。

（2）各传动齿轮轮齿的磨损应不超过原来厚度的10%。

（四）锚链舱

（1）利用锚链全部倒出的机会，进行清洁工作，并检查排水设备是否正常。

（2）更换损坏的衬垫。必要时，舱底重抹水泥或重涂油漆。

（3）检查锚链管的磨损情况。

第五章　系泊设备

船舶停靠码头、系留浮筒、傍靠他船或顶推作业时，用于带缆、绞缆的设备统称为系泊设备。系泊设备由系船缆、导缆装置、挽缆装置、绞缆装置、卷缆车及属具组成。

第一节　系缆的名称、作用与配备

一、系船缆的种类和特点

（一）纤维缆

用于系船和拖带的缆绳（需经中国船级社 CCS 认可），分化学纤维绳和植物纤维绳。

1. 船用合成纤维绳的种类与基本特点

（1）尼龙绳：又称锦纶绳，化纤缆中强度最大。

（2）涤纶绳：强度仅次于绵纶绳，最耐高温和气候变化。

（3）丙纶绳和乙纶绳：特性较为相似，密度小，能浮于水面，吸水性不大，低温时仍具有足够的强度，并且柔软便于操作。是目前船上配备最多的一种缆绳，经改良的丙纶缆其破断强度已达到尼龙缆的 90%。

（4）维尼龙绳：强度是化纤绳中最小的一种，价格也比较便宜。

2. 相应规定

（1）化纤缆绳主要由聚酰胺、聚酯和聚丙烯制成；

（2）绳索内不应加入任何填料和增加其质量的物质；

（3）经验收合格的每卷（或每捆）成品纤维绳，均应在显明易见处贴上纤维绳号、材料、结构、规格和厂名等标签，并应打上 CCS 标志。

（二）钢丝缆

1. 钢丝缆的种类

经 CCS 认可的钢厂制造，用作系船缆、拖缆及尾锚缆的钢丝绳结构形式应满足规范的有关规定。

（1）硬钢丝绳：7 股钢丝捻成，强度最大，但硬度也最大，不便于操作，在船上主要用于大桅和烟囱的支索（静索），还可用于与绞车配合的拖索和系船索。

（2）半硬钢丝绳：中间一股为油麻芯，外包 6 股钢丝。强度较大，较柔软，操作使用比较方便。一般用作拖缆、保险缆和系船缆，也可用作起重设备的吊货索。

（3）软钢丝绳：中间一股为油麻芯，外面 6 股每股中间也是油麻芯，如图 5—1 所示。典型的结构形式有 6×24 和 6×30。最柔软，便于操作，强度也最小，一般用于系船缆、拖缆、吊货索和吊艇索等。

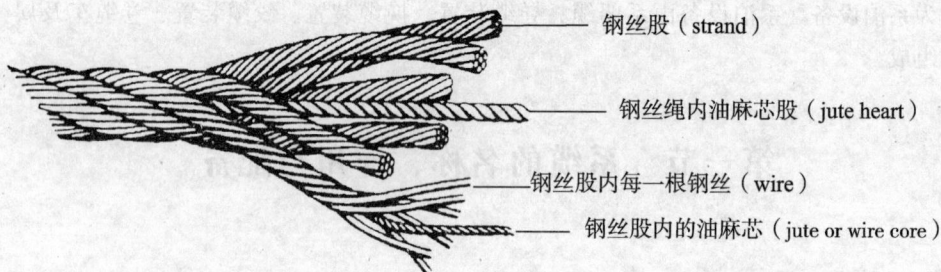

钢丝股（strand）

钢丝绳内油麻芯股（jute heart）

钢丝股内每一根钢丝（wire）

钢丝股内的油麻芯（jute or wire core）

图 5—1　软钢丝绳结构

钢丝绳中油麻芯的作用：

① 可减少钢丝绳内部摩擦，即在钢丝绳受力拉紧时，绳芯可起软垫作用；

② 增加钢丝绳的柔软度，便于操作；

③ 可防止钢丝绳内部生锈；

④ 可起润滑作用；

⑤ 判断钢丝绳的种类。

2. 相应规定

制造钢丝绳用的钢丝，应采用优质碳素结构钢，其含硫、磷量应不大于 0.035%，其它元素的含量应符合 CCS 接受的有关标准。

（三）复合缆

是一种用金属丝和纤维复合制成的缆绳。其特点是每股均含有金属丝核心，外覆纤维护套，有 3、4 或 6 股，可用于系船缆和拖缆。

二、缆绳的规格、长度与重量估算

（一）缆绳的规格与长度

（1）缆绳的规格：用缆绳外接圆直径 d（mm）来衡量，如用周长 C（in）表示，则 $C/d = 1/8$。如图 5—2 所示。

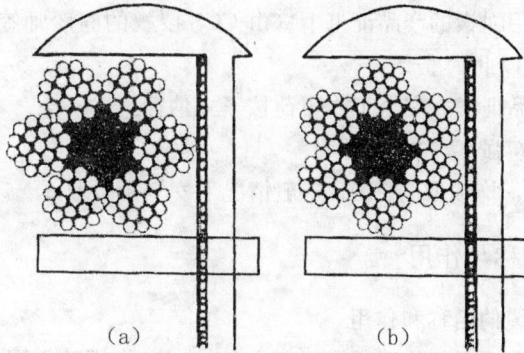

（a）错误　（b）正确

图5—2　钢丝绳直径量法

（2）缆绳的长度：钢丝缆与拧绞纤维缆每捆标准长度一般为220 m，编结的每捆长100 m（很少使用）。少数的也有500 m一捆的（钢丝绳）。

（二）钢丝绳的重量估算

$W \approx kd^2$ （kg/100m）

式中：K—系数，硬钢丝绳、半硬钢丝绳取0.35，软钢丝绳取0.30；d—钢丝绳直径，单位：mm。

不论是纤维绳或钢丝绳的拧后绳，一般多用右搓绳，当盘绕成圈时，应向顺时针方向盘绕。

三、缆绳的强度

缆绳的强度主要有三大类，即破断强度、试验强度和安全强度，其中安全强度是允许使用的最大强度。

（1）缆绳的破断强度：是指将绳索拉断时所需的拉力，亦称破断力，一般用B表示。

破断力：$B = kd^2$ （N）

K——系数，6×24取420，6×30取350，6×37取450。

质量证书或国家标准中所查得的钢丝绳破断负荷为单破断负荷之和，制成绳后，6×24取0.87，6×37取0.825。

化纤缆破断强度：$T = 98kd^2$ （N）

K——系数，尼龙取1.19～1.33，丙纶取0.75～0.85，改良丙纶取1.10～1.21，复合缆取2.0。

（2）绳索的试验强度：在CCS验船师主持下进行拉力试验，试验负荷一般取破断强度的3/4。

（3）绳索的安全强度：为保证安全，一般都规定绳索允许使用的最大负荷，即安全工作负荷。在船用绳索的产品证书上（由 CCS 授权的验船师签发）均有明确规定的 SWL，使用时应以此为准。

如无相应的产品证书，安全工作负荷按下式估算：

安全强度＝破断强度/安全系数

系船缆取 6～8，拖缆取 8～10。一般情况下安全系数取 6。

四、系缆的名称与作用

（一）系泊用缆的名称和作用

船舶的系泊用缆根据其位置、缆绳引出的方向和作用的不同，分为首缆、尾缆、前倒缆、后倒缆、前横缆和后横缆，如图 5—3 所示。

（1）首缆：由船首向前方伸出的缆绳。主要用来承受来自前方的风、流等外力的推压，防止船身后移和船首外张。

（2）尾缆：由船尾向后方伸出的缆绳。其主要作用是承受来自后方的风、流等外力的推压，防止船身前移和船尾外张。

（3）前倒缆：由船首向后方伸出的缆绳。其主要作用是承受来自船尾方向的风、流推力和进车产生的推力，防止船身向前移动和船首外张。

（4）后倒缆：由船尾向前方伸出的缆绳。其作用主要是用来承受来自船首方向的风、流推力和倒车的拉力，防止船身向后移动及船尾外张。

（5）前、后横缆：分别由船首、船尾横向（与船舶纵中剖面垂直）伸出的缆绳。其作用是防止船体向外横移。同时带上首缆和前倒缆并收紧可起到首横缆的作用，同时带上尾缆和后倒缆并收紧可起到尾横缆的作用。

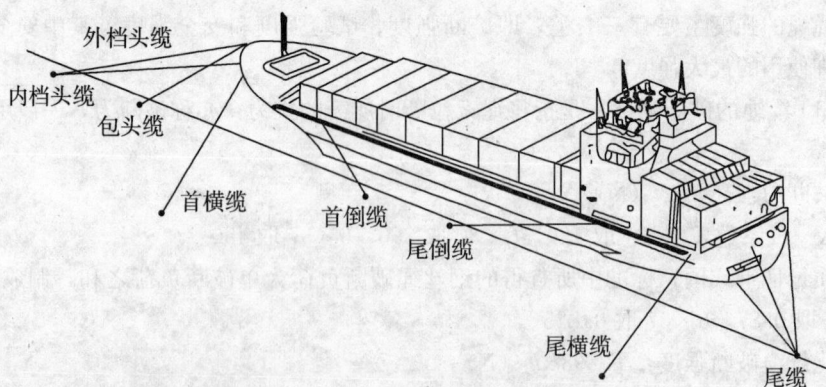

图 5—3　系泊用缆的名称

（二）系浮筒用缆的名称和作用

（1）单头缆：单头缆从首尾方向送至浮筒，首尾至少各两根。

（2）回头缆：其作用是在船舶离浮筒时，可自行迅速解脱，首尾各一根。单头缆应先带、先解，回头缆平时松弛不受力。见图5—4。

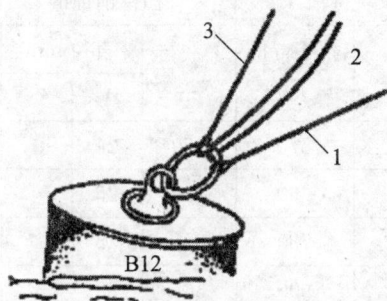

1、3. 单头缆；2. 回头缆

图5—4　浮筒系缆名称

五、缆绳的配备

渔船的锚、锚链、拖索和系船索的配备，根据船舶的舾装数 N，按《钢质海洋渔船建造规范》中所列的表来确定。见表5—1。

表格5—1　渔船的锚泊和系泊设备

序号	舾装数 N		首锚		有档首锚锚链				系船索		
	超过	不超过	数量	每个重量 kg	总长度 m	直径 mm		数量	每根长度 m	破断负荷 kN
						A_n	A_{m2}			
1		50	2	120	165	12.5		2	60	32.4
2	50	60	2	180	192.5	14		2	60	32.4
3	60	70	2	180	192.5	14		2	80	34.3
4	70	80	2	240	220	16		2	100	36.8
5	80	90	2	240	220	16		2	100	36.8
6	90	100	2	300	247.5	17.5		2	110	39.2
7	100	110	2	300	247.5	17.5		2	110	39.2
8	110	120	2	360	275	19		2	110	44.1
9	120	130	2	360	275	19		2	110	44.1
10	130	140	2	420	302.5	20.5		2	120	49
11	140	150	2	420	302.5	20.5		2	120	49
12	150	175	2	480	302.5	22		2	120	54

序号	舾装数 N		首锚		有挡首锚锚链			系船索		
	超过	不超过	数量	每个重量 kg	总长度 m	直径 mm		数量	每根 长度 m	破断负 荷 kN
						A_n	A_{m2}			
13	175	205	2	570	330	24		2	120	58.8
14	205	240	2	660	330	26		2	120	64.2
15	240	280	2	780	385	28		3	120	71.1
16	280	320	2	900	385	30	24	3	140	78.5
17	320	360	2	1 020	385	32	26	3	140	85.8
18	360	400	2	1 140	440	34	28	3	140	93.2
19	400	450	2	1 290	440	36	30	3	140	100.1
20	450	500	2	1 440	467.5	38	32	3	140	107.9
21	500	550	2	1 590	467.5	40	34	4	160	122.6
22	550	600	2	1 740	495	42	36	4	160	132.4
23	600	660	2	1 920	495	44	38	4	160	147.1
24	660	720	2	2 100	495	46	40	4	160	156.9

舾装数 N 与船舶的排水量及受风面积的大小有关。其计算公式如下：

$$N = \Delta^{\frac{2}{3}} + 2Bh + \frac{A}{10}$$

式中：Δ——夏季载重线下的型排水量（t）；

B——船宽（m）；

h——从夏季载重线到最上层舱室顶部的有效高度（m）；

A——船长 L 范围内夏季载重水线以上的船体部分和上层建筑以及各层宽度大于 $B/4$ 的甲板室的侧投影面积的总和（m^2）。

计算 h 和 A 时，不必计及舷弧和纵倾。凡是超过 1.5 m 高度的挡风板和舷墙，均应视为上层建筑或甲板室的一部分。

如果 A/N 大于 0.9，规范建议系缆数量按表 5—2 的要求增加。

表 5—2　需增加系缆数量的情况

A/N	0.9～1.1	1.1～1.2	>1.2
系缆增加根数	1	2	3

第二节 系泊设备的组成

一、导缆装置

（一）作用

导缆装置的作用是船舶系泊时导引缆绳由舷内通向舷外，改变缆绳伸出的方向，限制其导出的位置，减少缆绳磨损。

（二）种类

（1）导缆孔：一般为圆形或椭圆形，嵌在舷墙上，多见于船中，周边做成唇形，避免割伤缆绳，减少应力，如图5—5所示。

（2）导向滚柱（滚柱导缆器）：设置于甲板端部及上、下层甲板之间。如图5—6所示。

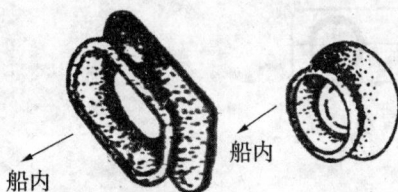

图5—5 导缆孔

图5—6 滚柱导缆器

（3）导缆钳：一般设置于舷边，多见于首尾部。形式有开式、闭式、单柱、单滚式、双滚和三滚式。如图5—7所示。

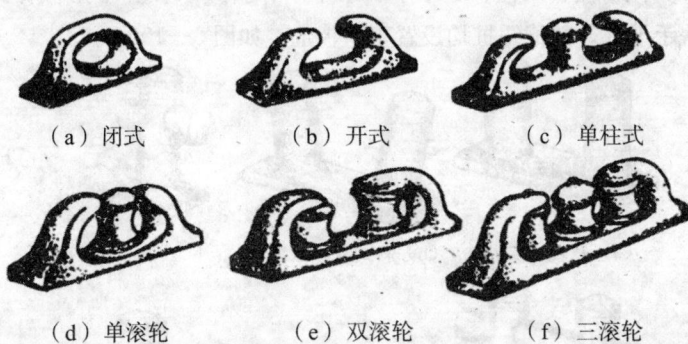

（a）闭式　　　（b）开式　　　（c）单柱式

（d）单滚轮　　　（e）双滚轮　　　（f）三滚轮

图5—7 导缆钳

（4）导向滚轮：设置于舷边导缆器与绞缆机（锚机）之间，改变缆绳方向，将其引至卷筒。滚轮上的羊角可防止缆绳松弛时滚落到甲板上和临时挽缆之用。如图5—8所示。

1. 滚轮；2. 羊角

图5—8　导向滚轮

（5）滚轮导缆器：设置于舷边栏杆处。如图5—9所示。

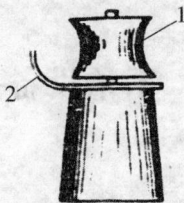

图5—9　滚轮导缆器

二、挽缆装置

挽缆装置也称缆桩，船舶靠泊或拖带作业时固定船上缆绳的一端，设置于首、尾楼和中部甲板等部位。

缆桩的种类：单柱、双柱、单十字、双十字、斜式双柱和羊角桩等。除羊角桩设置于舷墙扶手上外，其他缆桩均设置于甲板上，如图5—10所示。

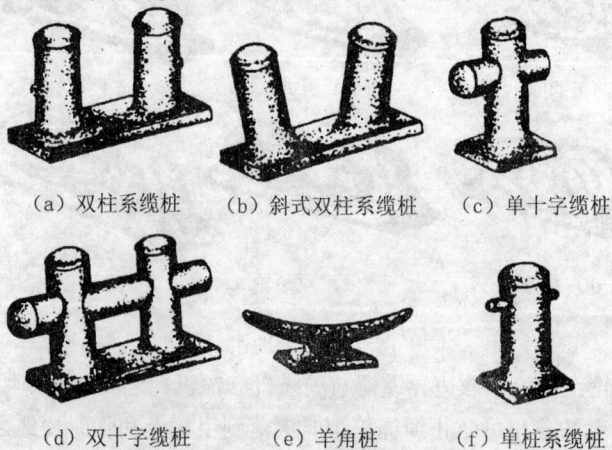

（a）双柱系缆桩　　　（b）斜式双柱系缆桩　　　（c）单十字缆桩

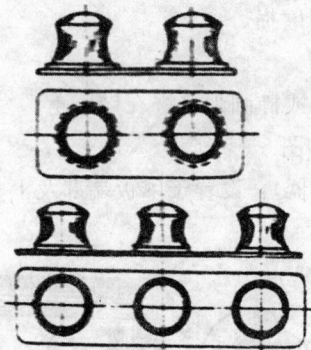

（d）双十字缆桩　　　（e）羊角桩　　　（f）单桩系缆桩

图5—10　挽缆装置

三、绞缆机

绞缆机又称系缆绞车，用于绞收缆绳。船首的绞缆机由锚机兼，船尾部的单独设置，渔船也可用绞盘代替。如图 5—11 所示。

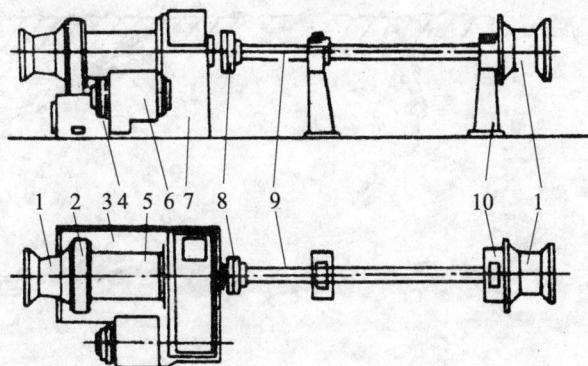

1. 滚筒；2. 墙架；3. 底座；4. 圆盘刹车；5. 主滚筒；6. 电动机；7. 减速箱；8. 联轴节；9. 主轴；10. 轴承座

图 5—11　锚机与绞缆机组合

绞缆机拉力应能达到所配置的系缆断裂力的 75%，绞缆速度应能达到 15 米/分。

四、附属装置

（一）系缆卷车

系缆卷车卷存缆绳的装置，如图 5—12 所示。摇动手柄或转动扶手即可将缆绳松出或卷上，脚踏刹车用于控制转速。

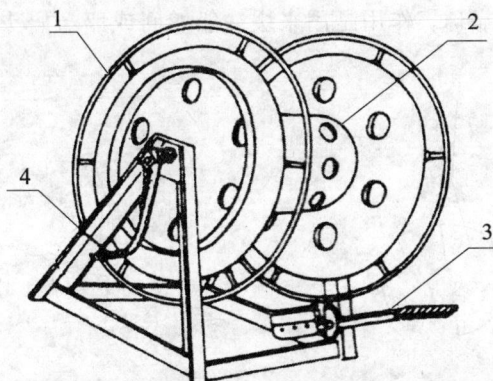

1. 扶手；2. 圆筒；3. 脚踏刹车；4. 手摇柄

图 5—12　系缆卷车

（二）制缆索

制缆索有制索绳和制索链两种，制缆索固定在缆桩附近的眼环（板）上。船舶系缆时，缆绳绞紧后，要用制缆索在缆绳上打个止索结将缆绳暂时拦住，以便将缆绳从卷筒上取下挽在缆桩上，或将其从缆桩上取下后挽在卷筒上继续收绞。制索绳用于纤维缆，制索链用于钢丝缆。使用方法如图5—13所示。

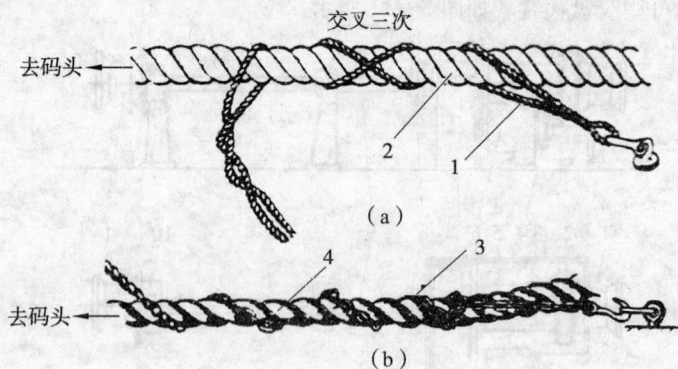

交叉三次

去码头 ←

2 1

（a）

4 3

去码头 ←

（b）

1. 制索绳；2. 化纤绳；3. 制索链；4. 钢丝缆

图5—13 制索绳与链

（三）撇缆绳

撇缆绳是将缆绳引到码头的牵引绳。长度不少于30 m，直径为6 mm，前端配有一个一定重量的撇缆头，以便抛投。

（四）挡鼠板（防鼠板）

由薄钢或塑料制成，船靠码头后，要挂上挡鼠板，防止鼠沿缆绳进出。如图5—14所示。

（五）碰垫

碰垫亦称靠把或靠球。作用是用来缓冲船舶间或船与码头间的碰撞，以保护船舷。

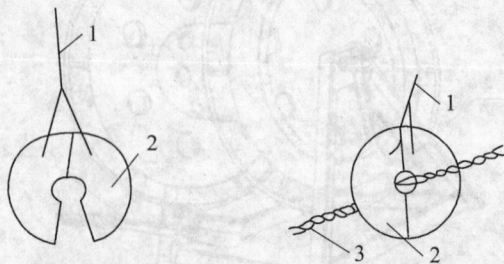

1 2

1 3 2

1. 细绳；2. 挡鼠板；3. 缆绳

图5—14 挡鼠板

第三节 系泊设备的检查保养和使用注意事项

一、检查保养

（一）航次检查保养

检查制索装置，包括甲板眼环（板）是否锈蚀、磨损及制索链是否变形、腐蚀和磨损等，并及时除锈油漆，对磨损变形严重者就予换新。检查制索绳有无磨损老化等情况，强度不足换新；检查撇缆、靠把和防鼠板是否齐全，如有损坏或丢失，应及时换新补充。

（二）季度检查保养

检查化纤缆绳的磨损与粗细（目测）、老化等情况；植物纤维缆绳磨损与粗细（目测）及股内有无霉点等情况，股内发黑者应换新；钢丝缆绳的锈蚀、断丝及纤维芯有无外露和含油量情况，并除锈上油，断丝超过规定应换新或插接；绞缆机刹车是否可靠、离合器是否灵活、转动部分是否轻便灵活、自动张力绞缆机是否有效及卷筒的损坏、磨损、锈蚀和操纵器的水密情况等，对失灵者应换新修理，活络处应加油润滑，自动装置失效者应及时修复。绞车基底及周围构件的腐蚀极限为原尺寸的 25%。

（三）半年检查保养

检查缆车包括其外壳、底脚螺栓和支架的锈蚀情况，卷筒轴是否活络，卷筒子的损坏、磨损与锈蚀情况等，并及时除锈油漆，加油润滑；缆桩与导缆孔的锈蚀、磨损情况，及时除锈油漆，做好磨损记录；导缆钳与导向滚轮的本体锈蚀、磨损情况，滚轮是否活络，销轴有无弯曲现象，及时除锈油漆，做好磨损记录，加油润滑，对销轴弯曲的应及时修复。

（四）修理后绞缆机的试验

修理后的绞缆机应进行 12 h 的运行试验，并测定其转速与拉力负荷。绞缆速度应能达到 15 m/min，拉力应能达到所配缆绳破断力的 75% 左右，还应进行制动和过载保护装置的试验。

二、使用注意事项

（一）化纤缆使用注意事项

（1）化纤缆具有较大的伸缩性，受力拉长后有很大的弹力，所以在上滚筒受力时易突然跳动，操作时应离滚筒远一些，以防弹出伤人。

（2）在用绞车收绞化纤缆绳时，应避免缆绳在绞车滚筒上打滑，以免摩擦产生高温使化纤绳变质或黏合，存放时应避开蒸汽管路、高温处；其头部等易摩擦处，可用帆布包好。

（3）不可与钢丝缆交错使用于同一个导缆孔和缆桩。

（4）避免接触酸、碱等化学品，以免变质，经常用淡水冲洗，但存放时应保持干燥。

（二）钢丝缆使用注意事项

（1）在10倍直径长度范围内发现断丝超过5%或有显著变形、磨损和锈蚀时应换新。

（2）带缆作业中不应有扭结、急折现象，通过弯曲处弯曲半径应不小于6倍钢丝缆的直径。

（3）锈蚀时使用强度应降低30%，过度拉伸受伤使用强度降低50%，短插接、扭结消除后、眼环接及由钢丝绳搓成钢丝缆使用强度降低到原来的90%以下。插接和编结时多余绳头应割去，为了避免滑脱留下绳头1～2 cm。

（4）一根钢丝缆不能同时出两个头使用，并应防止受顿力。

（5）用完后，钢丝缆应在系缆卷车卷好，并盖上帆布罩，平时应对转动部分检查和加油。使用系缆卷车时，应特别注意用脚踏刹车控制卷车的速度，不可用手制止卷车转动，以免发生危险。

（三）其他注意事项

（1）在系缆作业时至少应提前5 min通知船员上岗做准备工作。

（2）提前将要用的缆绳倒出一部分排在甲板上，并把琵琶头穿过导缆孔（钳）送至舷外，再回搭在舷墙或栏杆上，以便迅速将缆送到码头的缆桩上，防止在松缆过程中，缆绳在缆车中被卡住，可提高带缆的效率。如图5—15所示。

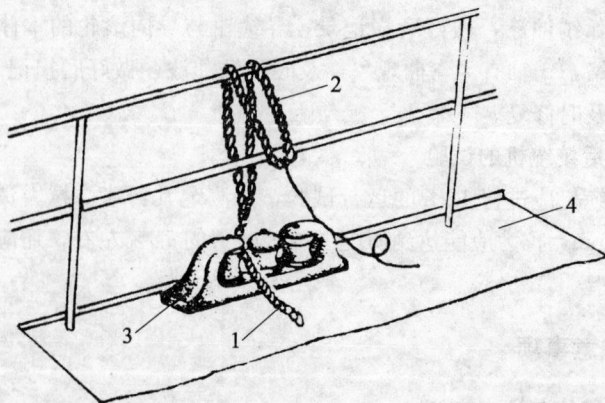

1. 缆绳；2. 琵琶头；3. 导缆钳；4. 甲板。

图5—15 带缆前的准备

（3）操作绞缆机的人员应控制绞缆速度。绞不动时不要硬绞或突然加大绞缆机功率。

(4) 缆绳上卷筒，钢丝绳在卷筒上绕 5 卷以上，化纤缆通常绕 4 卷，绞缆时，手持缆绳活端的水手应站在卷筒后方 1 m 以上距离。

(5) 应使用与缆绳同质的制缆索，并朝出缆方向在缆绳上打制索结。打制索结者应面向缆绳和缆桩，并站在缆桩的异侧。

(6) 挽双柱桩时（大挽），应将缆绳先绕过前面一根缆桩，然后再以"8"字形挽牢，以使双桩均匀受力。如图 5—16 所示。纤维缆上桩时也可仅挽一根缆桩（小挽）。

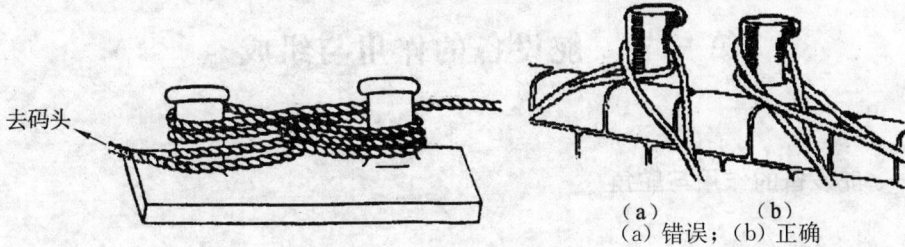

图 5—16　挽双柱桩

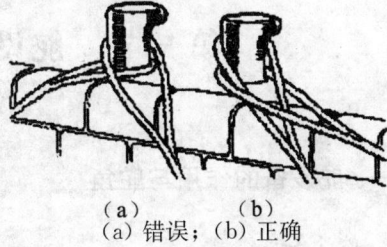

(a) 错误；(b) 正确

图 5—17　套桩方法

挽双柱桩时，钢丝绳至少挽 5 道"8"字形，化纤缆至少 4 道，植物缆至少 3 道，且最后一道均应打一反半结，钢丝绳还应在"8"字当腰处最上 3 道用小绳打系缆活结，以防弹出松脱。小挽时一般应挽 6～7 道。

(7) 当两根或以上缆绳的琵琶头同上一个缆桩时，应先从原有的缆绳琵琶头下面穿出，再套在缆桩上，如图 5—17 所示。

第六章 舵设备

第一节 舵设备的作用与组成

一、舵设备的作用与舵角

1. 舵设备的作用

舵设备是船舶在航行中保持和改变航向及作旋回运动的重要设备。舵通常安装在船尾螺旋桨之后，当转一舵角后，流经舵叶两面的水流不对称，在舵叶两面产生了垂直于舵叶的压力差 P_δ，此时水流对舵叶产生的摩擦阻力为 r。P_δ 与 r 的合力，即构成为舵力 R。由于 r 相对压力 P_δ 过小，故 R 与 P_δ 相差无几。R 的大小与舵角 δ、舵叶面积 S_R、舵速 V_R 和舵的形状等因素有关。R 的横向分力使船首向转舵一侧偏转，纵向分力使船速降低。

2. 舵角

舵角是指舵叶偏离船舶纵中剖面的角度，偏左为左舵，偏右则为右舵，偏左和偏右的最大位置称为左满舵和右满舵。当舵角为 35°左右时，舵力转船力矩最大，若继续增大舵角，舵力转船力矩反而下降。实践证明，船舶的最大满舵舵角一般在 32°～35°之间，并把 35°称为极限舵角。

二、舵设备的组成

舵设备主要由舵、操舵装置（舵机和转舵装置）、操舵装置控制系统及其他附属装置等组成。

（1）舵：装于船尾螺旋桨之后，承受水动力以产生转船力矩使船回转。

（2）舵机及转舵装置：舵机及其转舵装置统称为操舵装置，安装于舵机间（舱）内的平台甲板上。舵机为转舵的动力源，通过转舵装置（传动机构）将力矩传到舵杆，转动舵叶。

（3）操舵装置控制系统：主要部件设置于驾驶台，将操舵指令由驾驶台传递给舵机，控制舵机动作。

第二节 舵的种类与结构

一、舵的种类

（一）按舵叶剖面形状分类

（1）平板舵：也称单板舵，如图6—1所示。这种舵阻力大，舵效随舵角的增大而变差，失速现象发生得早。仅用于小船上。

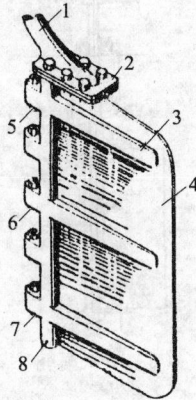

1. 上舵杆；2. 连接法兰；3. 舵臂；4. 舵板；5. 上舵销；6. 中间舵销；7. 下舵销；8. 下舵杆

图6—1 平板舵

（2）流线型舵：又称复板舵。由水平垂直隔板和流线型外板组成的中空结构，强度高，能产生一定浮力，以减少舵承受的压力。如图6—2所示。具有水动力性能好、升力系数大、阻力系数小和舵效高等优点。虽结构较复杂，但广泛采用。

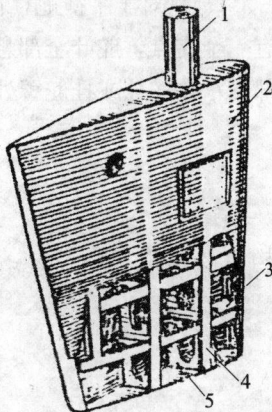

1. 舵杆；2. 舵板；3. 水平加强筋；4. 焊接衬板；5. 垂直加强盘

图6—2 流线型舵

85

（二）按舵杆轴线位置分类

（1）不平衡舵：又称普通舵。舵叶面积全部在舵杆轴线的后方，有许多舵钮（支点），舵杆强度易于保证，但转舵所需力矩大，只适用于小船。见图6—3（c）。

（2）平衡舵：舵叶面积部分位于舵杆轴线前方，平衡比度（平衡系数）0.2～0.3。压力中心靠近舵轴，所需转舵力矩小，能节省舵机功率。海船上广泛使用。见图6—3（b）（d）（e）。平衡舵的平衡比度是指舵轴前的舵叶面积与舵叶总面积之比。

（3）半平衡舵：舵叶的上半部分为不平衡舵，下半部分为平衡舵，平衡比度0.2以下，适用于尾部形状较复杂的船舶。见图6—3（a）。

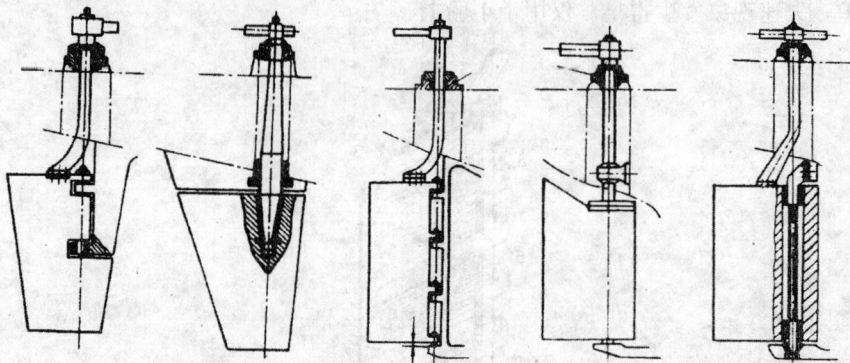

（a）半平衡舵　（b）平衡舵　（c）不平衡舵　（d）悬挂舵　（e）穿心舵轴平衡舵

图6—3　舵的种类

（三）按舵的支承方式分类

（1）支承舵。

① 多支承舵：在船尾柱上有三个以上支点的舵，支点为舵承（主要）、舵钮和舵托。图6—3（c）。② 双支承舵：上支点位于船体内舵机间甲板上；下支点：对平衡舵在舵叶下端的舵托处，图6—3（e）。对半平衡舵，在舵叶的半高处，图6—3（a）。

（2）悬挂舵：仅在船体内有一个支点，舵叶全部悬挂在舵杆上。图6—3（b）。

（3）半悬挂舵：舵的上半部支承在舵柱或挂舵臂处的舵钮上，下半部支承在舵叶半高处。图6—3（a）。

二、舵的结构

一般流线型平衡舵的结构主要由舵叶、舵杆、舵承三部分组成，如图6—4所示。

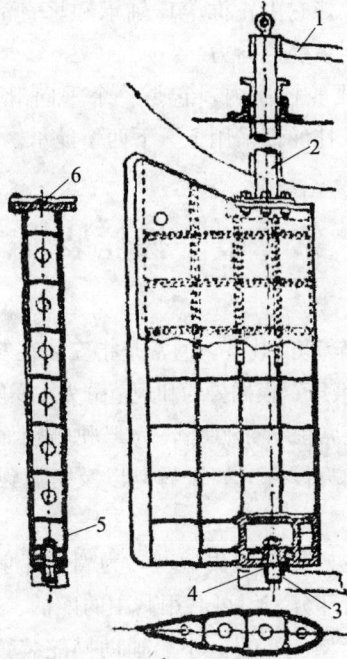

1. 舵柄；2. 舵杆；3. 舵针脚；4. 止推环；5. 可拆小门；6. 键

图 6—4 舵的结构

（一）舵叶

现代船舶都采用流线型舵叶以减少阻力，提高推进效率。流线型舵叶通常用水平隔板和垂直隔板按流线型做成框架，外面焊上外壳板，构成密封空心的舵叶。

舵叶焊成后，每个密封部分应按《规范》要求进行密性试验。密性试验合格后，通常在舵叶内灌沥青，以防止舵叶内部锈蚀。为了灌放水（做密性试验）和防腐沥青，在舵叶上部和下部开有小孔，并配有黄铜制的栓塞。为了便于舵叶装卸，在舵叶上开有绳孔（或在尾端上开有凹槽）。此外，在舵叶上还有舵叶限位器用以限制最大舵角。舵叶上限位器舵角比甲板上舵角限位器的所限舵角大 $1.5°$。

（二）舵杆

舵杆是连接舵叶和转舵装置的传动杆，应有足够的强度，在船舶以最大后退速度后退时不致损坏。

舵杆的上端用键和紧套的方法与舵柄相连接，下端用水平法兰与舵叶相连接。为防止法兰螺母脱落，安装时螺母朝下，并用水泥包搪妥。法兰间还开有前后方向的键槽，嵌有键块作为补充手段。

（三）舵承

舵承是用来支持舵和舵杆的重量或保证船体水密的。按安装的位置可分为上舵承和下舵承两种。

上舵承在舵机间甲板上，它由止推滚珠轴承和垂直滑动轴承所组成。滚珠轴承承受舵的重量，垂直轴承则承受侧向力。

下轴承装在舵杆筒口或舵杆筒内，它是一个垂向滑动轴承，用以承受侧向力，并设有填料以保证水密。悬挂舵都采用上、下两个舵承。

第三节　操舵装置

操舵装置就是使舵能够转动的装置，通常是指安装在舵机舱内的舵机和传动机构。根据动力源不同分为电动和液压；根据公约和规范分为主操舵装置和辅助操舵装置。

主操舵装置：系指在正常航行条件下，为驾驶船舶而使舵产生动作所必需的机械、转舵机构、舵机装置动力设备（如设有）以及附属设备和向舵杆施加转矩的设施（如舵柄和舵扇）。

辅助操舵装置：系指主操舵装置失效时，为驾驶船舶所必需的设备。这些设备不应属于主操舵装置的任何部分，但可共用其中的舵柄、舵扇或同样用途的部件。

船舶应设有主、辅两套操舵装置。小船辅助操舵装置可是人力操纵的，大船必须是动力操纵的。现代较大的船的主操舵装置，一般设有两套或以上相同的动力，可不设辅助操舵装置。

一、电动操舵装置

主要是指电动舵机，如图6—5所示。

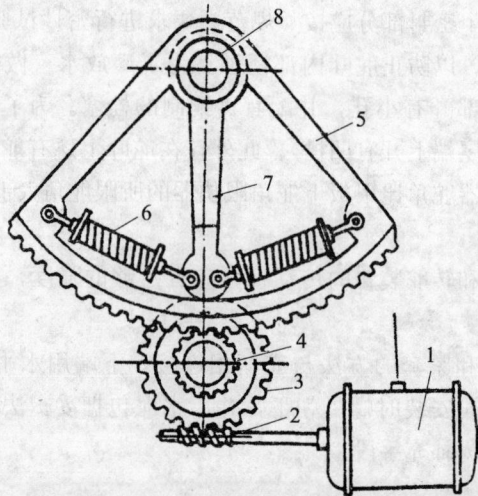

1. 电动机；2. 蜗杆；3. 蜗轮；4. 小齿轮；5. 舵扇；6. 缓冲弹簧；7. 舵柄；8. 舵杆

图6—5　电动舵机

电动舵机主要由电动机、蜗杆、蜗轮、小齿轮、舵扇、缓冲弹簧和舵柄等组成。

工作原理：由操舵装置控制系统控制的电动机，带动蜗杆2、蜗轮3。因为齿轮4和蜗轮是同轴的，所以能带动舵扇5。舵扇是松套在舵杆8上的，它的转动通过缓冲弹簧推动舵柄7，而舵柄用键套在舵杆上，所以舵柄转动就使舵偏转。缓冲弹簧用以吸收波浪对舵的冲击力。

这种用舵扇、缓冲弹簧、舵柄来转动舵的装置，称为齿扇式转舵装置。舵扇下面通常装设有楔形块，停泊时打上楔形块可刹住舵扇，防止舵受波浪冲击而损坏舵机。

电动舵机具有结构简单、操作方便、传动可靠、维修方便等优点，但噪声大、占用甲板面积大，故仅中小型船舶使用。

二、液压操舵装置

液压操舵装置主要是指液压舵机，也可称为电动液压舵机。

（一）往复式液压舵机

工作原理：如图6—6所示。由操舵装置控制系统启动电动机带动变量泵。变量泵向一对油缸中输入液压油的同时从另一对油缸中吸出液压油，使柱塞2在油压的作用下移动，通过球窝关节3带动舵柄4，舵杆设在舵柄的中间，从而转动舵叶。如果油泵改变输油方向，舵就作反向转动。

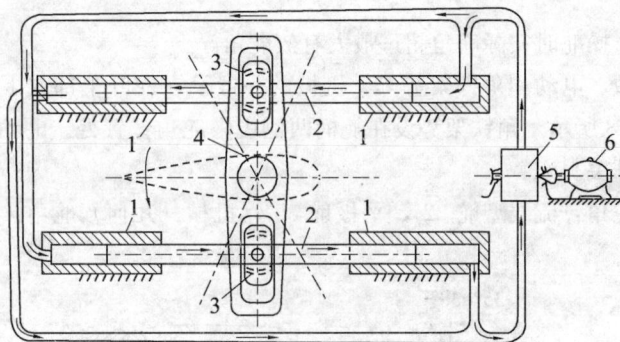

1. 油缸；2. 活塞；3. 球窝关节；4. 舵柄；5. 泵；6. 电机

图6—6 往复式四缸液压舵机

（二）转叶式液压舵机

如图6—7所示，转叶式液压舵机由转舵机构和动力源两大部分组成。

转舵机构由油缸和回转体组成。油缸内有三个互成120°角的定叶，回转体键套在舵杆上，其上有三片互成120°角的转叶，相互间隔的三个小腔室分别与油管相连，当二条油管进行吸排油时，动叶带动回转体转舵。

电动液压舵机具有噪声小、体积小、重量轻、转矩大、传动平稳、能实现无级调速、易于遥控和容易管理、操作方便和在操舵次数频繁时仍有较高可靠性等优点，为现代船舶广泛采用。

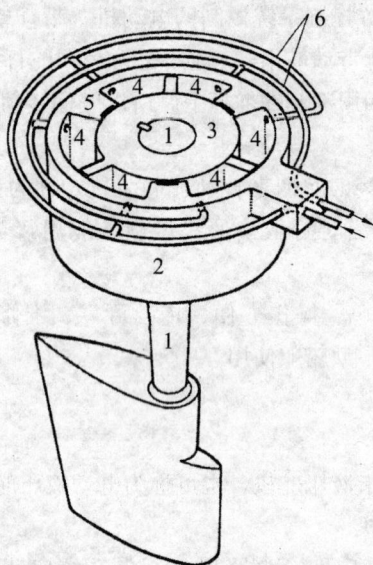

1. 舵杆；2. 固定体（油缸）；3. 回转体（转叶）；4. 压力腔室；5. 定叶；6. 油管

图 6—7　转叶式液压舵机（位置移动）

三、舵角限位器

作用：防止操舵时实际舵角超过最大有效舵角。

种类：机械、电动和角铁架势等。机械的一般设在舵叶上部或下舵杆与舵柱的上部，如图 6—8 所示。角铁架势设在舵柄两侧极限舵角位置处。电动的装在舵柄两侧极限位置的开关。

最大有效舵角：流线型舵 32°，平板舵 35°；机械（几何）舵角：流线型舵 35°，平板舵 38°。

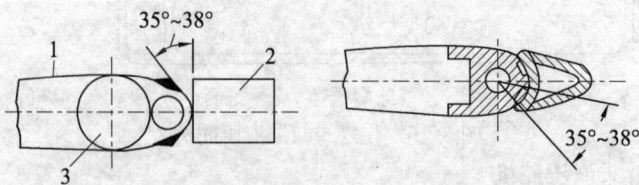

1. 舵；2. 尾柱；3. 舵杆

图 6—8　舵角限位器

四、操舵装置的基本性能和要求

SOLAS 公约与我国《钢质海船入级与建造规范》对操舵装置的基本要求。

（一）基本性能

（1）每艘船舶均应设置一套主操舵装置和一套辅助操舵装置。主操舵装置和辅助操舵装置的布置，应满足当其中一套发生故障时不致引起另一套也失效。

（2）主操舵装置和舵杆应：具有足够的强度并能在船舶最大航海吃水和最大营运前进航速时进行操舵，使舵自一舷35°转至另一舷35°，并在相同的条件下自一舷35°转至另一舷30°所需时间不超过28 s；为满足上款要求，当舵柄处的舵杆直径（不包括冰区加强）大于120 mm时，该操舵装置应为动力操作；设计成船舶最大后退速度时不致损坏，不要求试航验证。

（3）辅助操舵装置：具有足够的强度和足以在可驾驶的航速下操纵船舶，并能在应急情况下迅速投入工作；应能在船舶最大航海吃水和以最大营运前进航速的一半但不小于7节时进行操舵，使舵自一舷15°转至另一舷15°，且所需时间不超过60 s；为满足上款要求，在任何情况下当舵柄处的舵杆直径（不包括冰区加强）大于230 mm时，该操舵装置应为动力操作。

（4）人力操舵装置只有当其操作力在正常情况下不超过160 N时方允许装船使用。

（5）主、辅操舵装置动力设备布置应满足：当动力源发生故障失效后又恢复输送时，能自动再启动；能从驾驶室使其投入工作；任一台操舵装置动力设备的动力源发生故障时，应在驾驶室发出视听报警；主辅操舵装置间的转换，任何舵位的转换时间不应超过2 min。

（6）如主操舵装置具有两台或两台以上相同的动力设备，则可不设辅助操舵装置。

（7）操舵装置应设有有效的舵角限位器和保持舵位不动的制动装置。

（二）基本要求

（1）主操舵装置，应在驾驶室和舵机室两处都设有控制器。

（2）当主操舵装置具有2台或2台以上相同的动力设备时，应设置两套独立的控制系统，且均应能在驾驶室控制。

（3）对辅助操舵装置应在舵机室进行控制，如辅助操舵装置是动力操纵的，则也应能在驾驶室进行控制，并应独立于主操舵装置的控制系统。

（4）舵角位置信号应在驾驶室和舵机室均有显示。舵角指示器应与操舵装置控制系统独立。

（5）操舵装置及动力设备发生故障、电路及电动机短路及过载、电源供应发生故障，均应在驾驶室发出视听报警。

第四节　操舵装置控制系统

操舵装置控制系统是指将操舵指令由驾驶台传至舵机装置动力设备之间的一系列设备。

一、液压控制系统

液压操舵装置控制系统由发送器、接收器（受动器）、液压控制泵、电动机和管路等组成。

发送器：设在驾驶台，通过一组充满甘油和水混合液的铜管，将驾驶台的操舵信息（动作）传至受动器，受动器设在舵机间，用以接收发送器的操舵信息，并通过曲折杠杆控制液压舵机变量泵工作。如图6—9所示。

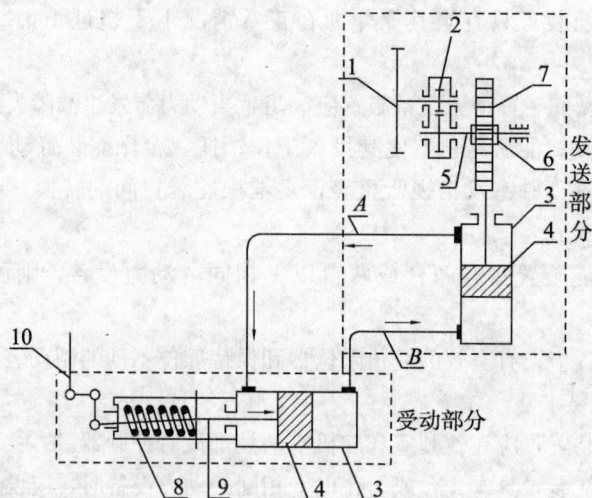

1. 舵轮；2. 传动齿轮；3. 液缸；4. 活塞；5. 轴；6. 小齿轮；7. 齿条；8. 弹簧；9. 活塞杆；10. 杠杆；A、B. 液压管路

图6—9　液压控制系统

发送器上装旁通阀和补给阀。旁通阀用于对舵和保护舵机，船停靠后应打开旁通阀；补给阀用于向系统内补充油液。若发送器液压管系中混入空气，将会导致舵轮、舵机和舵的位置不一致。排出空气的方法是打开发送器顶部的螺旋塞，将发送器活塞置于中央，打开充液管上的补给阀，用手摇泵向系统注油，直至孔口开始溢油为止，盖上螺旋塞，将压力泵至$3.43\sim3.92\times10^5$ Pa。

工作原理：变量泵连续运转，当舵轮在零位时，偏心距为零，变量泵不吸排油，舵处于正舵位置不动；转动舵轮，由受动器控制的操纵杆拉动浮动杆，使变量泵产生偏心，油泵开始吸排油，推动舵柄使舵叶偏转，舵叶转动的同时经追随杆拉动浮动杆复位，消除变量泵的偏心距，停止供油，舵叶便停在指令的舵角上。改变舵轮方向，舵转向另一侧。如图 6—10 所示。

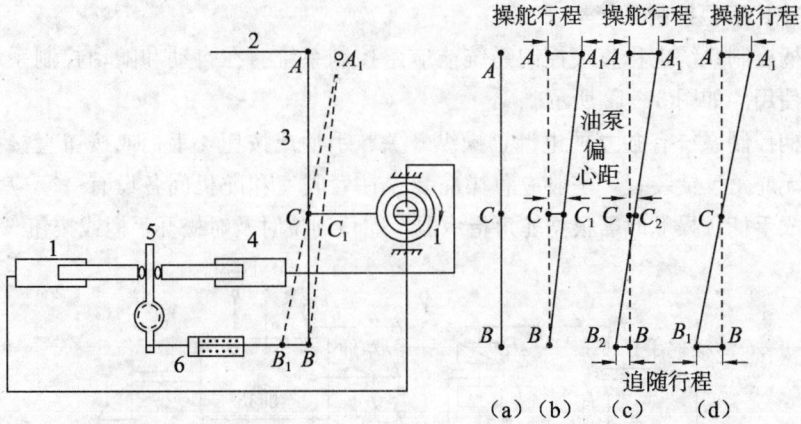

1. 变量泵；2. 操纵杆；3. 浮动杆；4. 柱塞；5. 舵柄；6. 追随杆

图 6—10　三点杠杆式追随机构

二、电动控制系统

优点：轻便灵敏，便于遥控和操舵自动化，线路易于布置，不受温度变化和船体变形的影响，工作可靠，维修方便。目前海船普遍采用。

（一）随动操舵系统

随动控制系统主要由电阻 r_1、r_2 组成的电桥、放大器、继电器和舵角反馈等装置组成。如图 6—11 所示。

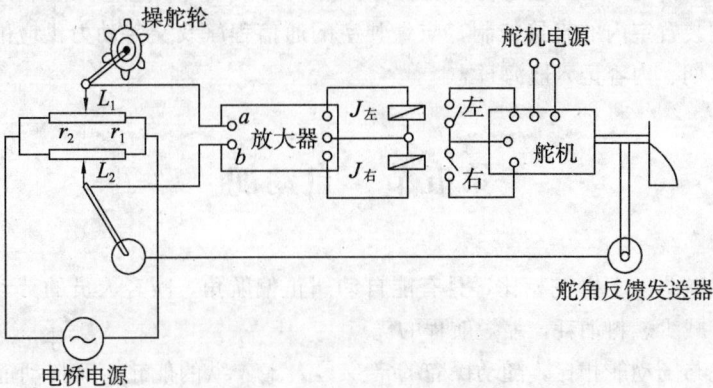

图 6—11　随动控制系统工作原理

工作原理：转动舵轮，电阻滑动触臂 L_1 在 r_1 上移动，电桥失去平衡，a、b 两点产生电位差，输出操舵信号电压，经放大整流输出直流控制电压至继电器，启动舵机，转出舵角，通过舵角反馈装置带动电阻滑臂 L_2 在 r_2 上移动，电桥恢复平衡，舵机停止工作，舵叶便停在指令的舵角上。改变舵轮转动方向，即改变舵叶偏转方向。舵轮转动的角度与舵叶偏转角度相当，操舵时比较直观。

（二）手柄控制系统

手柄控制系统也称直接控制系统或应急控制系统。在自动和随动控制系统发生故障时使用。如图6—12所示。

手柄控制系统有独立的电源，操纵开关、手柄或按钮，手柄或按钮直接控制继电器。无舵角反馈装置，一般应急操舵装置在驾驶室和舵机间各设有一套应急操舵的开关或手柄。操舵时需根据舵角指示器，舵角到位时及时松开手柄或按钮。

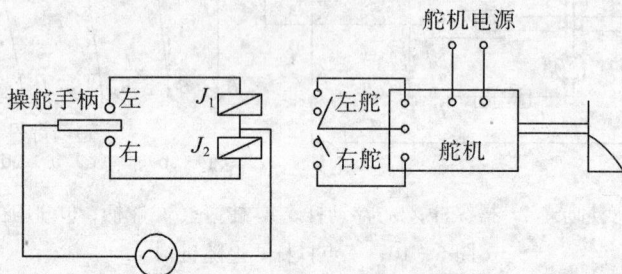

图6—12　手柄控制系统工作原理

三、应急操舵

当操舵装置控制系统或主操舵装置发生故障而又不能在驾驶室进行辅助操舵装置的控制时，则应脱开驾驶室的控制系统，改由在舵机室进行操舵。这时应利用驾驶室与舵机室的通信设备进行应急操舵。

按规定至少每三个月应进行一次应急操舵演习，以练习应急操舵程序。操演应包括在操舵装置室内的直接控制，与驾驶室的通信程序及交替动力供应的程序。并将演习的日期、内容记入航海日志。

第五节　自动舵

自动操舵与人工操舵相比，具有能自动纠正偏航角，减轻人员的劳动强度，航向精度高，减少燃料消耗，缩短航程的优点。

自动舵与随动舵相比，随动操舵的指令是人工操纵的舵轮，而自动舵是在随动舵的基础上，又增加了一个外部航向反馈系统，即自动舵的操舵指令是船舶的偏航信息（由电罗经输出）。

一、自动舵的种类

1. 比例自动舵

按偏航角 φ 来调节偏舵角 β 的自动舵，φ 与 β 之间的关系为：

$$\beta = -k_1\varphi$$

k_1——比例系数可根据船舶类型、海况和装载情况进行调节。负号表示 φ 与 β 方向相反。

特点：比较直观，没有考虑偏航角速度、船舶惯性和风流等原因产生的恒值干扰等影响，航向稳定的过程较慢，航迹呈"S"形，目前船上已不再采用这种老式的自动舵。

2. 比例—微分自动舵

根据偏航角和偏航角速度 $\dfrac{d\varphi}{dt}$ 的大小来调节偏舵角，φ 与 β 之间的关系为：

$$\beta = -(k_1\varphi + k_2 d_\varphi/d_t)$$

k_2——微分系数，根据船舶的偏航惯性来调节。

特点：加快了给舵的速度，减少偏摆，航向稳定的过程比较快，提高了灵敏度和精度，能减少舵机频繁工作。

3. 比例—微分—积分自动舵

根据偏航角、偏航角速度和偏航角的积分来操舵的自动舵。其表达式为：

$$\beta = -(k_1\varphi + k_2 d_\varphi/d_t + k_3 \int \varphi dt)$$

k_3——积分系数，根据风流或螺旋桨横向力不对称产生的恒值干扰进行调节。

特点：既能加快给舵速度，又能自动压舵消除船舶的单侧偏航角，是比较完善的自动舵。

二、自动舵的操作使用

（一）自动舵的操舵方式

1. 随动操舵

用于进出港口、锚地、靠离码头、航行于狭水道、岛礁区、船只密集区、渔区，遇能见度不良、大风浪天气及避让等航向改变较频繁时。

2. 自动操舵

用于船舶在海上长距离航行不必经常转向时。从随动操舵转为自动操舵，如图6—13所示。

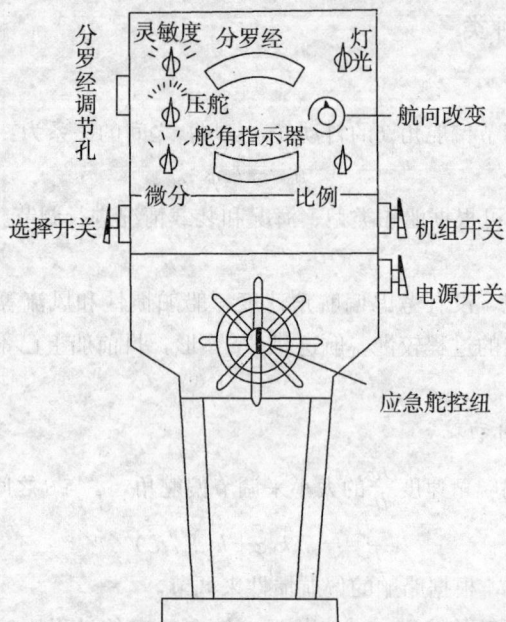

图6—13 操舵仪

（1）注意先把压舵和自动改向调节旋钮归零位，分罗经与主罗经一致；

（2）将灵敏度旋钮调高些；

（3）将船舶稳定在指定的航向上，并处于正舵位置，将操舵方式选择开关从"随动"转至"自动"；

（4）根据船舶载重、当时天气海况调节主操舵台面板上的有关旋钮。

3. 应急操舵

当自动操舵和随动操舵系统发生故障时，应立即改用应急操舵。

（1）先将操舵仪上的操舵方式选择开关转入"手柄"位置，然后用手柄开关操舵；

（2）有的操舵仪面板上没有手柄开关，需将手轮轴销拔出，旋转90度后置于凹槽内固定，便可操舵。

（二）自动舵调节旋钮的使用

（1）比例旋钮：又称舵角旋钮，一般有0.5、1、2、3、4五档。用于调节自动舵偏航角与偏舵角的比例，比例系数大，偏航角也大。船舶重载或空载舵叶露出水面或海况恶劣时应调大些。

（2）微分旋钮：微分旋钮也称反舵角调节旋钮或速率调节，一般分0、1、2、3四档，数值大微分作用强，用以消除船舶回航时的惯性。大船重载，船舶转动惯性大时，调大些，海况恶劣，要调小或调至"0"。

（3）灵敏度旋钮：也称天气调节旋钮或航摆角调节，用以调节放大器的放大倍数，即调节自动舵系统开始动作的最小偏航角（或死区）的大小。良好海况下，灵敏度调高些，死区或航摆角小，航迹更直；海况恶劣，灵敏度应调低些，以减少舵机启动的次数。

（4）压舵调节：用以调节压舵角的大小，当船舶受到风流等外力恒值干扰而发生单侧偏航时，通过向反向压舵，以抵消单侧偏航。

（5）自动改向旋钮：使用该旋钮改向时，应将比例旋钮放在最小位置。每次只能改向不超过10°，若大角度改向，应分数次进行。操作方法通常为：先按下旋钮，然后转动指针至改向度数，船舶转到给定航向时指针自动回零，不必人工复位。

此外，还有用于修正自动舵分罗经与主罗经同步误差的零位修正调节旋钮。

（三）使用自动操舵仪（自动舵）的注意事项

（1）在大风浪海区航行时，为保护自动舵应改为人工操舵。

（2）在运输繁忙区域，如当船舶避让、改向、过转向点，航行于狭水道、渔区、礁区、航道复杂水域、进出港和靠离泊位，在能见度受限制的情况下以及在所有其他航行危险的情况下，应改为人工操舵。

（3）从自动转换为随动或相反，应由一位负责的驾驶员操作或在其监督下进行操作。

（4）使用自动舵航行时，每个班次（4小时）至少应检查一次随动操舵装置是否正常。

三、自动驾驶仪（航迹舵）

航迹舵主要功能是通过人工输入相关的航路数据后，能使船舶自动沿着计划航线航行，并能在预定的转向点上自动转向，从而实现船舶驾驶的高度自动化。

（一）基本原理

通过微机处理器，将人工输入的航路点与定位传感器得到的实时船位等数据进行计算、比较分析和处理，得到一个可供自动舵执行的航向（指标航向 Cs）。当船舶偏离计划航线时，航迹舵立即给出一个新的指标航向，因此指标航向是随风、流影响的一连串变化的航向。而船舶也只能自动航行在所规定的航迹带内，并按指标航向自动转向。

1. 计划航向的确定

确定计划航线后，即可向航迹舵输入各转向点的经纬度，微机处理器便能计算出各转身点之间的恒向线航法（RL）或大圆航法的计划航向。

2. 实时船位的获取

获得连续精确的船位是航迹舵正常工作的关键。目前较理想的定位传感器是GPS。为得到更精确的船位，航迹舵组件还应对GPS船位进行处理，包括坐标系统误差的修正、船位数据的滤波处理和粗大误差的剔除。

3. 航迹带宽度的设置

当得到计划航向和实时船位数据后，微机处理器将二者进行比较，并计算出船舶到下一转向点应驶的航向。

然而，由于受罗经精度和自动舵保持航向的误差等因素的影响，如果采用实时船位连续不断地去修正或改变航向并保持在计算航线上是难以实现的。因此，驾驶员需根据海况等因素，设定一个允许位置偏移量 d_0 和一个偏移量限制值 d_{max}。如图 6—14 所示。

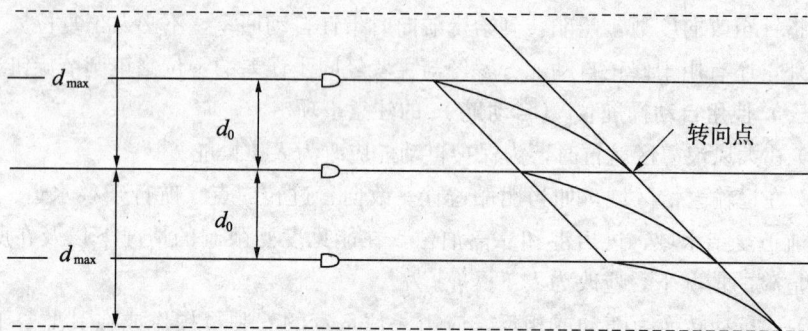

图 6—14　航变带宽度的确定与自动转向原理

位置偏移量 d_0 是以计划航向为准，$\pm d_{max}$ 称为航迹带宽度。如船舶航行在 $\pm d_0$ 范围内，就认为船舶基本保持在计划航线上，当船舶偏移到 $\pm (d_{max} - d_0)$ 区域时，微机处理器计算风、流压差，操舵装置开始工作，修正 Cs，使船回到 $\pm d_0$ 范围内。每次修正 Cs 后，过 15～30 min 再进行风、流压计算修正。修正量小数点处理。0.1～0.5 取 0.5，0.6～0.9 取 1.0。若船舶在计划航线的 $\pm d_{max}$ 之外，就认为航迹舵不能自动保持航迹，需驾驶员处理。

4. 自动转向原理

航迹舵组件在自动转向中的主要功能是根据转向点的位置、当时航速、航向改变量和转向允许的数率，自动确定提前开始转向的距离或时间，均匀地转到下一个计划航向上。

（二）使用注意事项

（1）在规定不能使用自动舵的场合，同样不能作用航迹舵。

（2）在进行避让操纵时应终止使用航迹舵。待驶过让清后，重新启动航迹舵时，必须提醒驾驶员确认下一个转向点的正确性，还应指示下一个计划航向的数值，要求驾驶员调整船舶航向使其基本对准下一个转向点。当驾驶员对这两点都认可后，方可重新启动航迹舵。

（3）当定位传感器长时间无船位时，航迹舵应指示提醒驾驶员转到其他的操舵方式。

（4）在利用航迹舵自动转向时，驾驶员必须对周围的海域、舱位与所采用的航迹带宽度、对转向前后的海面状况均了解清楚。若在转向点附近有岛屿或浅滩时，一定要借助于雷达、陆标定位来确认，保持安全的正横距离，才可自动转向，否则不要用自动转向。

（5）航迹带宽度应根据航行区域与海况确定。

（6）当在自动校正风、流压差影响及航向修正量过大（10°）时，应同时发出报警指示。

第六节　舵设备的检查保养和试验

一、检查保养

（一）日常检查保养

（1）平时：舵机间不准放置杂物，应保持清洁、干燥；卸货后利用干舷高的条件查看舵叶、舵杆和连接法兰的情况；对其和各个部位要经常保持清洁，除锈油漆，活动部分要加油润滑。

（2）船舶开航前 12 h 之内，应由船员对操舵装置进行核查和试验。试验程序（如适用时），应包括下列操作：主操舵装置；辅助操舵装置；操舵装置遥控系统；驾驶室内的操舵位置；应急电力供应；相对于舵的实际位置的舵角指示器；操舵装置遥控系统动力故障报警器；操舵装置动力设备故障报警器；自动隔断装置及其他动力设备。

每次开航前驾驶员应会同轮机员试验舵机，查看转舵装置是否运转正常。试舵前应派人察看船尾舵叶周围是否有障碍物；核对各种舵角与舵角指示器和主罗经与分罗经的误差情况。

（3）对舵：开航前 1 h 驾驶员应会同轮机长和电机员（或负责的轮机员）对操舵装置的工作情况进行核对。

对舵步骤：

① 操舵人员在驾驶室内转动舵轮或扳动手柄，先使舵角指示器的指针指"0"刻度，看舵机室的舵角是否为正舵。② 再慢慢将舵轮往左（右）转到满舵后，校对舵轮座上的舵角指示器与船尾舵杆上的指示刻度是否一致。③ 用同样方法向右（左）操满舵快速活舵一次，回至正舵。④ 分别连续操左（右）5°，15°，25°，满舵和回舵，其间观察遥控机构、追随机构、舵角指示器和其他工作系统的运作情况是否正常。其中电动舵角指示器在正舵位置应无误差，在其他位置不应超过±1°。

（4）航行中值班驾驶员应经常检查油压、电源和操舵情况是否正常；停泊后关闭电源或打开油压操舵器的旁通阀。

（二）定期检查保养

每三个月应对舵设备进行一次全面的检查保养，具体内容有：

（1）查看舵杆、舵叶各部分磨损及损坏情况，做好记录。舵杆（销）一般在下舵承处（或舵销处）的轴颈应大于非工作部分的轴颈，否则应修理或换新。工作轴颈表面允许存在少量分散的锈蚀斑点，但深度不超过舵杆（销）直径的1%。舵杆非工作轴颈允许减少量为原设计直径的7%。

（2）检查电操舵装置的绝缘和触点情况，用不带毛头的细布揩拭清洁。自动部分检查其灵敏度。液压舵机要查管路有否泄漏及液压油的质量。

（3）检查转舵装置电动机的运转及损耗情况，加以清洁，并做好记录。液压式舵机要检查泄漏情况及油的质量，以及时修复并充液。

每半年应检查备用（应急）操舵装置的活络部位，除锈、涂油，加以润滑，并作转换操作试验，使之保持性能良好。

液压操舵系统每年或检修时应将整个系统彻底清洗一次，清除锈垢等，以免影响使用。

船舶坞内检验修理时，将舵轴或舵销原地顶高或把舵杆拆下，检查舵轴、舵销及舵承的磨损、腐蚀情况，测量舵承间隙及舵的下沉量；检查舵杆、舵轴法兰盘及连接螺栓与螺母；检查舵销螺母的止动装置。

二、试验

当船舶的舵设备安装或修理后，应按《规范》要求进行试验，以求达到标准。

（一）系泊试验

试验前应查阅舵设备的有关图纸，各零部件材料检查报告，舵叶密性试验报告，舵机整体装配验收报告等。然后进行下列各项试验：

（1）对液压动力装置进行1.25倍设计压力的液压密性试验；

（2）操舵装置各动力单元间进行转换试验；

（3）切断一个动力执行系统，以确定重新获得操舵能力需要的时间；

（4）试验操舵室（驾驶室）、机舱和舵机舱之间通信设施的磁性；

（5）试验规定的报警和指示器的磁性；

（6）确认液压操舵装置避免液压阻塞的可靠性。

（7）对电动或电动液压舵机的每套电动舵机组至少进行30分钟的操舵试验，以检查舵设备的可靠性；

（8）检查主操舵装置和辅操舵装置转换是否迅速简便，在任何舵位转换时间应不超过2分钟；

（9）舵角指示器指示舵角位置误差不应大于±1°，且在正舵时应无误差；

（10）舵角极限位置应安装正确，舵机上限位器应能转舵至满舵时自动停止，舵角极限位置限制器应比舵机的限位器大1.5°；

（11）检查舵制动装置的工作可靠性。

（二）航行试验

系泊试验合格后才可进行航行试验。其试验内容如下：

（1）对操舵装置应具有的各项基本性能（包括转舵周期）进行试验；

（2）试验应急动力供送的可靠性，即对舵柄处舵杆直径大于230 mm（不包括冰区加强）的所有船舶，应能在45秒内向操舵装置自动提供应急电源或独立动力源；

（3）试验操舵装置各控制器，包括控制与就地控制之间转换的可靠性；

（4）记录在满载全速前进和后退时，向两舷转舵的速度和工作的可靠性；

（5）主、辅操舵装置之间的转换是否符合要求；

（6）检查保持舵位不动的制动装置是否有效；

（7）试验自动舵的性能；

（8）记录自动操舵装置灵敏度和航向超出允许偏差时自动报警的可靠性；

（9）记录"Z"字试验中舵角、旋回角速度、航向变化等曲线。

第七节　舵令及操舵基本方法

一、舵令

所有发出的舵令应由舵工复诵，并且，值班驾驶员应保证这些舵令被正确、立即执行，所有舵令应一直保持到被撤销。常用的舵令见下表。

标准舵令

口令 Order	复述	报告	说明
左（右）舵五	左（右）舵五	5度左（右）	数字系指舵角度数，舵工听到口令后操舵角到口令所需舵角
左（右）舵十	左（右）舵十	10度左（右）	
左（右）满舵	左（右）满舵	满舵左（右）	舵工听到口令后操舵角到左（右）满舵
正舵	正舵	舵正	操舵使舵角迅速回到0
回舵	回舵	舵正	操舵使舵角逐渐回到0
回到×	回到×	×度左（右）	操舵使舵角逐渐回到指定度数

口令 Order	复述	报告	说明
把定	把定	航向×××	发令后，舵工操舵将船稳定在发令时的航向（或物标）上
航向×××	航向×××	航向×××到	舵工自行调节航向到指定度数
向左（右）××度	向左（右）××度	航向×××到	在小舵角修正航向时，指罗经度数，不是指舵角
不要偏左（右）	不要偏左（右）		操舵时注意不要偏到航向的左（右）边
航向复原	航向复原	航向×××到	命令回到原来航向
完舵	完舵		用舵完毕，舵不用了
什么舵？		×度左（右）	询问当时舵角度数
稳舵	稳舵		要舵工注意力集中，不要偏离航向
舵灵吗？	舵灵吗？	正常，很慢，不灵，反转	询问当时舵效情况
航向多少？		航向×××度	舵工应报告当时罗经航向

二、操舵要领和基本方法

船舶在航行中，驾驶人员根据航行的需要，对舵工下达舵令，由舵工根据口令进行操舵，以控制船舶的航行方向。

驾驶人员在下达口令时，应考虑到船舶在各种不同情况下的应舵性能和舵工的操舵水平。所下达的口令应确切、明了和清楚。舵工在操舵时应有高度的责任感，思想集中、动作准确。当听到驾驶人员下达舵令后，应立即复诵并执行以防听错。如舵工复诵舵令错误或操作不当，驾驶人员应立即加以纠正。舵工在未听清口令或不理解驾驶人员下达的口令时，可要求重复一遍。操舵的基本方法分为：

（一）按舵角操舵

船舶在进出港和靠离码头时通常采用按舵角操舵。

舵工在听到驾驶员下达操舵口令后，应立即复诵并迅速、准确地把舵转到所命令的位置上，注意查看舵角指示器所指示的舵叶实际偏转情况和角度，当舵叶到达所要求的角度时，应及时报告。在驾驶员下达新的舵令前，不得任意变动舵的位置。

（二）按罗经操舵

船舶在海上航行时，大多按罗经操舵，使其保持在所需的航向上。

当船舶需要改变航向时，驾驶员可直接下达新航向的口令，舵工复诵并将新航向与原航向作比较，从罗经刻度上可清楚地判断出新航向在原航向的哪一边，从而决定采取左舵或右舵。舵工应根据转向角的大小、本船的旋回性能和当时的海况等情况，决定所用舵角的大小。在一般情况下，如转向角超过 30°，可用 10°～15° 舵角；如转向角小于 30°，则宜用 5°～10° 舵角。用舵后船舶开始转向，此时可根据罗经基线和刻度盘的相对转动情况，掌握船舶回转时的角速度。当船舶逐渐接近新航向时，应根据船舶惯性和回转角速度的大小，依经验提前回舵并可向反向压一舵角，以防止船舶回转过头，以便使船舶能较快地进入并稳定在新航向上行驶。

在船舶按预定航线航行时，由于受到各种因素的影响，经常会发生偏离预定航向的现象。为此，舵工应注意罗经刻度盘的动向，发现偏离或有偏离的倾向时，应及时采用小舵角（一般为 2°～3°）进行纠正，以保持航向。例如，当罗经基线偏在原定航向刻度的左边时，这表示船首已偏到原航向的左边，应操相反方向的小舵角（右舵，2°～3°），使船首（罗经基线）返回原航向。

当发现船首总是向固定一侧偏转时，应采用一适当的反向舵角，来消除这种偏转，称为压舵。所压舵角大小，可通过实践的方法来确定，通常先操正舵，查看船首向哪一边偏转，然后操一反向舵角，如所用舵角太小，船首仍将偏向原来一侧；舵角太大，则反之。

（三）按导标操舵

有近岸航行时，特别是在狭水道或进出港时，经常利用船首对准某个导标航行。舵工根据驾驶员所指定的导标，操舵使船首对准该目标，并向驾驶员报告航向。如发现偏离，立即进行纠正，并注意检查航向有无变化，如有变化，舵工应及时提醒驾驶员是否存在风流压。

（四）大风浪中操舵

由于船舶在大风浪天气下左右前后摇摆颠簸剧烈，航向很难稳定。此时，应由有经验的人员操舵，应细心观察风浪影响的综合结果，要提前回舵或压舵。

为便于指挥或操舵，无论采用哪种操舵方法，驾驶员和舵工都应掌握船舶在不同受载、不同风浪水流和水深、不同车速等情况下的舵性，熟悉舵设备各开关和旋钮的作用。

第七章　船舶操纵性能

第一节　船舶操纵性分类

船舶操纵性是指船体、螺旋桨和舵在水中运动所产生的水动力，使船舶保持或改变其运动状态的性能，或者说船舶对驾驶人员实施操纵的响应能力。

船舶操纵性可分为固有操纵性和控制操纵性两种。固有操纵性包括追随性、定常旋回性和航向稳定性。控制操纵性包括改向性、旋回性和保向性。广义的固有操纵性还包括船舶的控速性。

一、船舶固有操纵性

船舶固有操纵性是指只考虑船型（方形系数 C_b）、桨（推力或拉力）、舵（舵面积 A_R）而不考虑外界环境条件、操舵装置性能、驾驶人员的技术水平等差异，船舶所表现出来的本身固有的操纵性。

（一）船舶追随性

船舶追随性是指当船舶施舵后，船首能否很快转头及回舵时是否能很快进入直航状态的性能。它表示船舶转头对操舵响应的快慢程度。

（二）船舶定常旋回性

船舶定常旋回性是指当船舶操左舵或右舵后，船舶进入定常旋回运动时，是否具有较小的旋回圈和是否具有较大的旋回角速度（旋回速度）的性能。它表示船舶在一定舵角下进行旋回的容易程度。

（三）船舶航向稳定性

船舶航向稳定性是指船舶受外力的干扰作用而发生偏转，当外力消失后，在保持正舵的条件下，船首能否很快地停止偏转而进入直航的性能。它表示船舶在正舵时，保持直航的容易程度。航向稳定性亦称方向稳定性。

这三个性能是随着船舶水线下形状、作用于船体的水动力及回转力矩的变化而变化的，三者不是一致的。总的说来，方形系数 C_b 小的船舶，如客船、集装箱船等高速船舶，其追随性和航向稳定性较好，而旋回性较差。方形系数 C_b 大的船，如散货船、大型、超大型油轮等低速船，其旋回性较好，但其追随性和航向稳定性则较差，渔船一般旋回性较好，而航向稳定性差些。

二、船舶控制操纵性

船舶控制操纵性是指在不同的外界环境条件下，根据实际操船需要所能表现出的操纵性能。它与船舶固有操纵性密切相关，但又不是完全相同的概念。

（一）船舶改向性

船舶改向性是指船舶由原航向改驶新航向时，能否尽快地驶入新航向的性能。它表示船舶改向的灵活程度。通常用新航向距离作为表示船舶改向性优劣的指标。

（二）船舶旋回性

船舶旋回性不仅包括前面所述的定常旋回性，而且也包括进入定常旋回前的加速旋回过程。

（三）船舶保向性

船舶保向性是指船舶在外力（如风、浪、流等）作用下，产生偏转或首摇，通过操（压）舵，抑制、纠正船舶的偏转或首摇，使其驶于预定航向上的能力。

船舶的保向性不仅决定于航向稳定性，同时也与舵工操舵的技术水平、操舵装置功能的优劣有着密切的关系。虽然船舶的保向性与航向稳定性不是同一个概念，但在一般情况下，由于舵工的技术水平、操舵装置功能无甚差异，因此航向稳定性将直接影响到保向性的好坏。

（四）船舶控速性能

船舶的控速性能从操船实用角度出发，包括船舶的加速性能、减速性能、停车性能、停船性能，以及倒车制动性能等。尤其以后两种最为重要，特称为停船性能，并分别以停车冲程和倒车冲程作为衡量其优劣的指标。

第二节　船舶旋回性

船舶的旋回性是最基本的、最重要的操纵性能之一，通常采用满舵时旋回初径 D_T 与船长 L 之比 D_T/L，即相对旋回初径来衡量。

一、船舶旋回运动的三个阶段

船舶以一定的航速直航时，操一舵角并保持之，船舶将进入旋回运动。根据船舶在旋回运动过程中所受外力的变化以及运动状态的不同，可将船舶旋回运动分为三个阶段。

（一）第一阶段——转舵阶段，也称横移内倾阶段

从开始转舵至舵转到指定舵角为止。在这一阶段中，由于惯性的影响，船舶重

心 G 基本上仍保持直线前进，并向操舵相反一侧小量横移，船尾向外横移明显；由于舵力作用点较低，船体出现少量的内倾（向操舵一侧倾斜）。

（二）第二阶段——过渡阶段，亦称为加速旋回阶段

随着船舶横移速度的逐渐增大，船舶运动方向将逐渐偏离首尾线，而产生向外的漂角 β，船舶进入斜航运动。此时，水动力 F_w 由初始来自正前方变为来自船首外舷方向，且其作用点位于重心 G 之前，产生了水动力转船力矩 M_w，它与舵力转船力矩 M_δ 方向一致，使船舶旋回角速度不断增加，船舶重心由原来的反向横移变为向操舵一侧横移。随着旋回角速度和漂角的增加，离心力不断增大，船舶由原来的内倾逐渐变为外倾。此外，由于船舶斜航时水阻力的增加、舵力和离心力的纵向分力等，使船速下降。

（三）第三阶段——定常旋回阶段，亦称为稳定圆周运动阶段

随着作用于船体回旋力矩和水的阻尼力矩的不断变化，最终两力矩达到平衡。在这一阶段中，船舶旋回的角加速度为零，旋回角速度达到最大值，船速降至最低，外倾角也不再变化，船舶围绕一个固定的回转中心作匀速的圆周运动。

二、船舶旋回圈及其要素

定速直航（一般是全速）中的船舶操一舵角（一般是满舵）并保持此舵角，船舶将作旋回运动。旋回运动时船舶重心 G 的轨迹，称为船舶旋回圈。旋回圈的各种数据在船舶操纵时有着重要的价值，一直为船长和引航员所重视，是了解舵效好坏的极为重要的尺度。旋回圈的大小与所操舵角、船型、水深、船速、螺旋桨转速等密切相关。旋回圈各要素尺度及名称如图 7—1 所示。

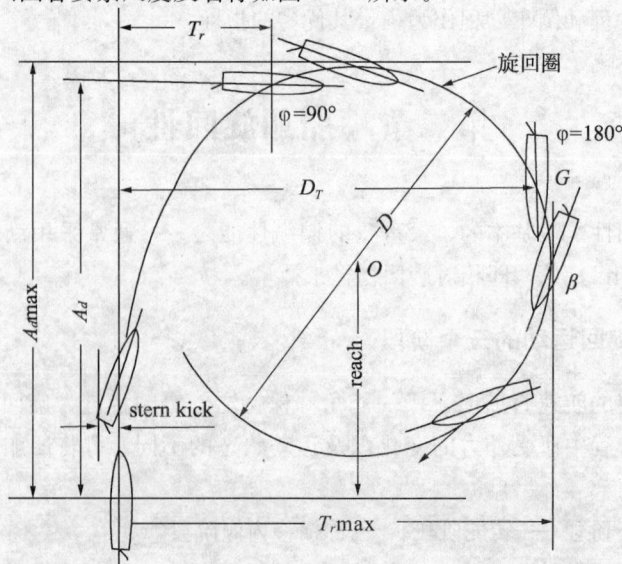

图 7—1　旋回圈及其要素

（一）反移量 L_k

在旋回初始阶段，船舶重心向转舵相反一舷横移的距离，称反移量。船舶全速满舵时，通常在船舶回旋一个罗经点左右时，反移量达到最大值，约为船长的 1%。但在实际操船中，更应注意船尾向操舵相反一舷横移的距离，即船尾反移量，其值约为船长的 15%。

（二）进距 A_d

进距是指自转舵时始到航向转过任意一个角度时船舶重心移动的纵向距离。通常，船舶旋回资料中所给出的进距，是指当航向转过 90°时的进距。船舶转过 90°后再转过相当于漂角的度数时，其重心移动的纵向距离最大，称为最大进距 A_d max。

（三）横距 T_r

横距是指自转舵始到航向转过任意角度时，船舶重心所移动的横向距离。通常，船舶旋回资料中所说的横距是指当航向转过 90°时的横距。

（四）旋回初径 D_T

旋回初径是指船舶自转舵始到航向转过 180°时重心所移动的横向距离。当船舶转过 180°再加上相当于漂角的度数时，其重心横移的距离最大，称为最大横距 D_T max。

（五）定常旋回直径 D，亦称为旋回终径

定常旋回直径是指当船舶作定常（稳定）旋回运动时，其旋回圈轨迹圆的直径。

（六）滞距 R_e

从转舵点起，船舶重心到旋回圈曲率中心 O 的纵向距离，称为滞距，亦称作心距。

（七）漂角 β

船舶旋回时，其首尾线上任意一点的切向速度 Vt 与船舶首尾线之间的夹角，称为漂角 β。因为沿船舶首尾线上各点的切向速度 Vt 均与该点和旋回圈曲率中心的连线 OP（该点的旋回半径 R）相垂直，所以在船舶首尾线上不同的点所取得的漂角值将因其位置不同而不同，如图 7—2 所示。船尾处的漂角 β_S 最大，通常以船舶重心处的漂角 β_G 来衡量漂角的大小。满舵旋回时，定常阶段 β_G 一般在 6°～10°之间。船舶重心 G 处的漂角 β_G 可用下式表示：

$$\beta_G = \tan^{-1}\frac{V_G}{V_t} = \tan^{-1}\left(\frac{GP}{OP}\right)$$

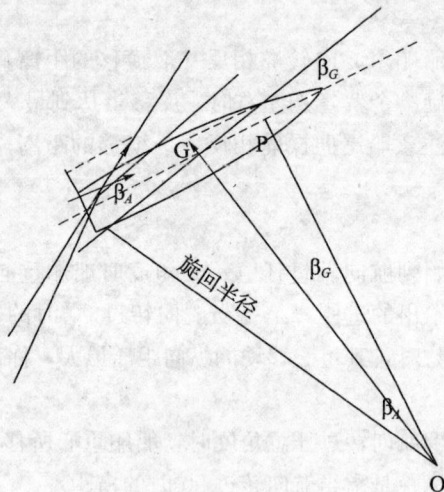

图 7—2 漂角与转心

漂角越大，水流对船体表面的冲角越大，所产生的向心力和水动力转船力矩也越大。因此，漂角越大的船舶，其旋回性越好，旋回角速度越大，旋回半径也越小。

（八）转心 P

船舶转舵后绕旋回圈曲率中心 O 的旋回运动，可以认为是两种运动的合成。一是船舶以切线速度 V_l 前进，另一是船舶绕通过其首尾线的竖轴自转，该竖轴与首尾线的交点就是转心 P。从几何上来看，转心 P 的位置是船舶旋回圈的曲率中心 O 到其船舶首尾线的垂线的垂足。转心处的横移速度为零，漂角也为零。

转心 P 的位置，在开始操舵时转心靠近船首，随着船舶旋回的加快，转心 P 的位置也逐渐向后移动。在定常旋回阶段，转心 P 到船首柱的距离一般为 1/3～1/5 的船长。

（九）旋回中的降速

船舶在旋回中，由于船体斜航时阻力的增加，舵力和离心力的纵向分力以及推进器推进效率的降低，船速将会不断地下降，至定常旋回时降速可达 40%～50%。旋回中船速下降与相对旋回初径 D_T/L 密切相关，相对旋回初径 D_T/L 越小，其旋回性越好，旋回中降速也越明显。

（十）旋回时间

船舶旋回 360° 所需的时间。它与旋回的初始船速、船舶排水量及所操舵角密切相关。船速越低、排水量越大，旋回时间越长。另外，所操舵角越大，旋回时间越短。

（十一）旋回中的横倾

旋回中船舶由转舵初期的内倾逐渐变为外倾，且外倾角随旋回角速度的增加而增大，满舵旋回时在定常阶段外倾角有时可达 10° 左右，如在大风浪天气掉头时再受到强烈横风浪作用，船舶有倾覆的危险。

如图 7—3 所示，船舶旋回中受到离心力、舵力和水动力横向分力的作用，由于舵力的横向分力较离心力小得多，可以忽略它所产生的内倾力矩的影响，这样做更偏于安全，当外倾力矩与恢复力矩平衡时，外倾角 θ 的大小可用下式估算：

$$\mathrm{tag}\theta \approx \frac{V_t^2(BM-GM)}{g \cdot R \cdot GM} \approx \frac{V_t \cdot r \cdot GB}{g \cdot GM}$$

式中：V_t——定常旋回时切线速度（m/s）；

　　　R——定常旋回半径（m）；

　　　g——重力加速度（m/s²）；

　　　BM——浮心至稳心的高度，亦称为稳心半径（m）；

　　　GM——初稳性高度（m）；

　　　GB——重心至浮心的距离（m）。

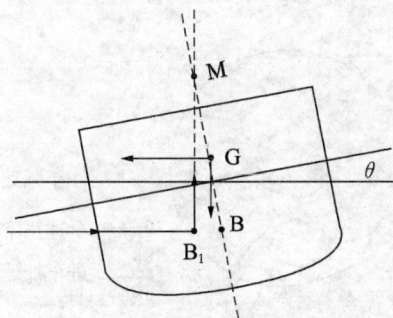

图 7—3　船舶旋回时的横倾

船舶旋回时外倾角 θ 的大小与船舶旋回时的切线速度 V_t、旋回角速度 r、重心至浮心的距离 GB 成正比，与船舶初稳性高度 GM、旋回圈半径成反比。

应当注意的是，按上式估算外倾角时，没有考虑舵力产生的内倾力矩。虽然舵力产生的内倾力矩所占比例不大，但却起到限制外倾角增大的作用。因此，当在大风浪中旋回船舶出现较大的横倾时，突然正舵将会使外倾角进一步增大，威胁船舶的安全。正确的做法是先降速，再逐渐回舵。

三、影响旋回圈大小的因素

旋回圈的大小受到多方面因素的影响。大致可分操船方面的因素、水线下船型因素、船舶吃水因素和外界因素等方面。

（一）操船方面的因素

1. 舵角

在极限舵角范围内，所操舵角越大，旋回圈越小。所操舵角在 15°以下时，舵角越大，旋回初径明显减小。所操舵角大于 15°时，随着舵角的增加旋回初径减小的幅度变小。

2. 操舵时间

操舵时间按规范的规定将舵从一舷 35°转至另一舷 30°所用时间不应超过28 s。在实际操船中一般认为从正舵位置操舵至最大舵角 35°需要 15 s。如果操舵时间超过 15 s，则所需时间长，旋回圈的滞距 R_c 和纵距变大，横距受的影响较小，而旋回直径几乎不受影响。

3. 船速

船速对船舶旋回时间影响较大，对旋回圈的影响不明显；然而当船速低至某一程度时，旋回初径有逐渐增大的趋势。加速旋回时，旋回圈小，减速旋回时旋回圈大。如图 7—4 所示。

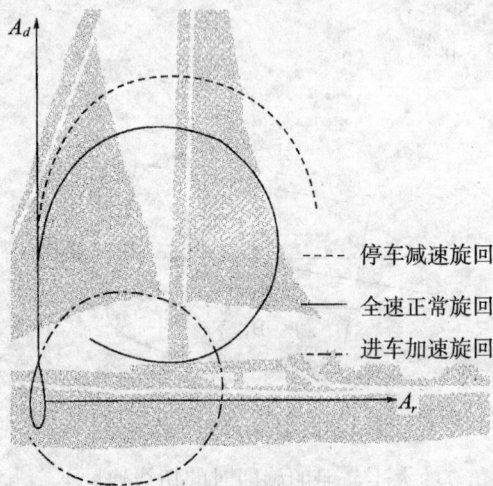

图 7—4　变速旋回

（二）水线下船型因素

1. 方形系数 C_b

方形系数小（$C_b \approx 0.6$）的瘦形高速船较方形系数大（$C_b \approx 0.8$）的肥大形船旋回性差，旋回圈明显增大。

2. 水线下船体侧面积的分布

就整体而言，水下侧面积在船首部分布较大者将有利于缩小旋回圈，但不利于航向稳定性；水下侧面积在船尾部分布较大者有利于提高船舶航向稳定性，而不利于减小旋回圈。如球鼻形首或船尾比较削尖的船舶，旋回圈小；相反，船尾有钝材或船首比较削尖的船舶，旋回圈则较大。

3. 舵面积比

舵面积比 $\left(\dfrac{A_R}{L_{BP} \times d}\right)$ 大的船舶，舵力大，使转船力矩增加，旋回圈减小。但舵面积比超过一定值时，旋回圈会有所增大。也就是说，对一定船型的船舶而言，舵面积比在降低旋回圈大小方面存在一个最佳值，不同种类船舶的舵面积比是不同的。渔船的舵面积比一般为 $1/30\sim1/40$。

（三）船舶吃水状态

1. 吃水

船舶的舵面积比随吃水的增加而降低，这将导致舵力转船力矩相对降低，相对舵力转船力矩的旋回阻矩增大。另外，由于载重的增加，船舶绕重心 G 的转动惯量增大，船舶初始旋回缓慢。因此，船舶吃水增加时，旋回圈的进距明显增大，横距、旋回初径也有所增加，但增加值较小。

2. 吃水差

船舶尾倾时旋回圈变大。尾倾增加 1%船长，旋回初径增大约 10%；反之，首倾每增加 1%船长，旋回初径减小约 10%。

对于同一船舶空船时，吃水较浅舵面积比增大，但往往尾倾较大，尤其是尾机型船；与此相反，满载时舵面积比变小，但尾倾也变小，因此总体而言，空船和满载时旋回圈大小相差不大。

（四）其他因素

1. 横倾

横倾状态对船舶旋回圈大小的影响较为复杂，不仅与横倾角的大小有关，而且与船速的高低有关。但总的来讲，横倾对旋回圈的影响不太大。低速时，在阻力和推力力矩的作用下，船舶向低舷一侧旋回时旋回初径较小。高速时，在船首波水动压力的作用下，向高舷一侧旋回时旋回初径较小。

2. 浅水

船舶在浅水中与在深水中航行时相比，操相同舵角时，舵力变化不大，但船舶在浅水中旋回时的阻力增加明显，因此旋回圈变大。当水深与吃水比小于某一数值（$H/d\leqslant2$）时，旋回圈增大趋势明显。

3. 风、流和污底

在有风、流的水域进行旋回时，旋回圈大小受风流的大小与方向所左右。顺风（流）旋回时，旋回圈增大；顶风（流）旋回时旋回圈减小。

船体污底严重时，旋回时水阻力增加，旋回圈有所增大。

四、旋回圈要素大小的比例关系及其应用

（一）旋回圈要素大小的比例关系

船舶的旋回性的好坏通常用旋回初径与船长之比（D_T/L），即相对旋回直径来衡量。船舶的相对旋回直径一般在 $3\sim5$ 之间。旋回圈的其他要素与旋回初径的比例关系一般为：

$$\frac{A_d}{D_T}=0.85\sim1.0; \qquad \frac{T_r}{D_T}=0.55; \qquad \frac{D}{D_T}=0.9$$

（二）旋回圈要素的运用

1. 反移量的运用

在船舶操纵中应特别注意克服和利用反移量，尤其是船尾反移量，例如：

（1）航行中发现本船有人落水时，应立即向落水者一舷操满舵，使船尾向另一侧摆开，以避免落水者被卷入螺旋桨。

（2）在船首极近距离内发现障碍物或紧急避让时，应首先操满舵使船首让开，当船首已经让开而估计碰撞可能发生在船尾时，应立即改操另一舷满舵甩开船尾。

（3）船舶离泊时，如船首刚离开码头就操大舵角进车，则会产生较大的反移量，而导致船尾碰撞码头。因此，此时应用慢车驶出一段距离后，再小舵角转出。

（4）船舶过弯曲水道时，大舵角转向会产生较大的反移量，应保持船位与凹岸侧的横距不小于 3 倍的船宽。以防用舵时船尾外偏而触及岸壁。

2. 进距、滞距和旋回初径的应用

两船对遇时，可用两船进距之和估算最晚施舵点。同样在其他会遇局面中也可相应估算出最晚施舵点。

滞距可用来估算两船对遇时用舵无法让开的距离。两船对遇，如果两船间距大于两船滞距之和而小于两船进距之和时，理论上讲，两船可先操右（左）满舵，待船首错开后，再操左（右）满船，让开船尾，但实际操作难度较大。

旋回初径和进距可以用来估算用舵掉头所需水域的大小。

第三节 舵效

一、舵力及舵力转船力矩

（一）舵力

若将舵单独置于水中使之前进，或者将舵置于均匀流的水中，使舵叶与水流成某一夹角 δ，即保持某一舵角时，舵叶将会受到水动力的作用。通常将作用于舵叶上的水动力称为舵力 P_R。如图 7—5 所示，该舵力是垂直于舵叶纵剖面的正压力 P_N 和平行于舵叶纵剖面的切向分力 P_T（摩擦阻力）的合力，因而其方向总较 P_N 的方向略向后差一个角度；但因为切向分力 P_T（摩擦阻力）很小，所以舵力 P_R 几乎与舵的正压力 P_N 的值相等，并与舵叶的纵剖面接近于垂直。通常可直接用舵面的正压力 P_N 代替舵力 P_R。

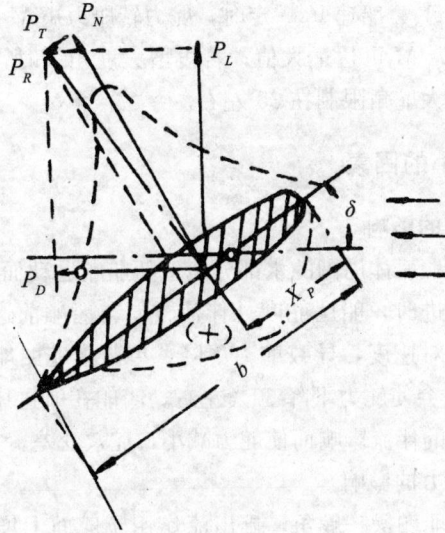

图 7—5 舵力

舵力 P_R 沿舵前进（或船首尾线）方向的分力 P_D 称为舵的阻力，其作用将使舵或与舵相连的船体降速；舵力 P_R 沿垂直于舵前进方向的分力 P_L 称为舵的升力，其作用将使舵因而也使与舵相连的船尾向转舵相反一侧移动。

通常平板舵上所受的正压力 P_N 和压力中心距舵叶前缘的距离 X_P，可按下列试验公式计算：

$$P_N = 576.2A_R \cdot V_R^2 \cdot \sin\delta$$

式中：P_N——平板舵正压力（N）；

A_R——舵面积（m²）；

V_R——舵相对于水的速度（m/s）；

δ——所操舵角（°）

（二）舵力转船力矩

设船舶旋回时绕重心（船中）回转，则舵力作用中心到重心的距离可近似地取 $L/2$。如图 7—6 所示，舵力转船力矩 M_δ 可表示为：

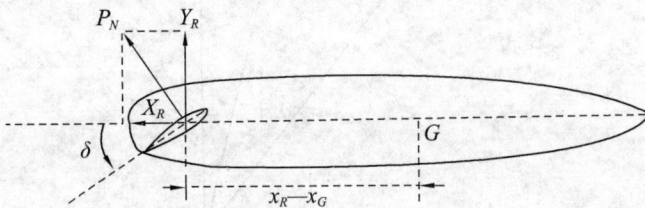

图 7—6 舵力转船力矩

$$M_\delta = \frac{1}{2} \cdot P_N \cdot L \cdot \cos\delta = \frac{1}{2} \times 576.2A_R \cdot V_R^2 \cdot L \cdot \sin\delta \cdot \cos\delta$$

当船长 L、舵面积 A_R、船速 V_S 一定时，舵力转船力矩 M_δ 随舵角 δ 而变化。对于海船，当 $\delta=35°$ 左右时，M_δ 可达最大值；若再增大舵角 δ 时，则舵力转船力矩反而下降，因此，通常将最大舵角限制在 $35°$ 左右。

二、影响舵力大小的因素

（一）伴流对舵力的影响

船舶在水中运动时，船体周围的水部分地追随船舶运动而形成的水流称为伴流，也称为追迹流。船舶前进时，船尾舵叶处伴流方向与船舶前进的方向基本一致，从而降低了舵叶对水的相对速度，导致舵力下降。单桨单舵船船尾舵叶处伴流的大小为船速的 40% 左右，它会使舵力下降 60% 左右。船舶在航进中停车，虽然刚停车时船速还较高，却因过强的伴流影响而使舵力减小，舵效变差。

（二）排出流对舵力的影响

螺旋桨开进车时，船舶操一舵角，排出流作用于舵面上增大了舵叶与水流间的相对速度，使舵力增大。当螺旋桨转速一定时，船速越低，滑失越大，排出流也越大，舵力也就相应增大。

（三）船舶旋回对舵力的影响

如图 7—7 所示，船舶操舵旋回时，由于船体的斜航运动，一方面船舶绕旋回中心进行旋回，舵叶处存在漂角 β，船尾处舵与水相对运动的水流来自船首偏外一侧，使舵叶处水流有效流入角 δ_e 减小 β；另一方面船舶旋回时船绕转心 P 自转，船尾水流存在一个切向速度，使水流有效流入角 δ_e 又减小 γ，再考虑到螺旋桨排出流的影响，因此船舶旋回时舵叶附近的水流非常复杂。其影响结果是，当操一舵角 δ_0 旋回时，舵叶处水流有效流入角 δ_e 比初始舵角 δ_0 减小，减小的量一般约为船尾处漂角的一半。

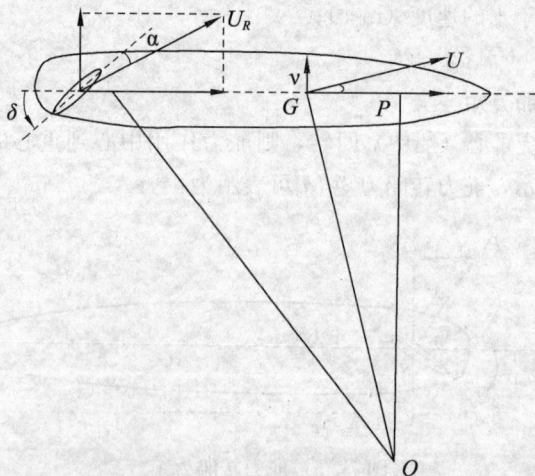

图 7—7　有效舵角减小

三、舵效及其影响因素

（一）舵效的概念

从广义上讲，舵效是指操舵后，引起船首回转、船舶横向移动、船速下降、船体横倾等现象，即船体对舵的响应。在实际操船时，通常所说的舵效是狭义上的舵效，是指运动中的船舶操一舵角后船舶在一定时间、一定水域内船首转过的角度大小。如能在较短时间、较小水域内船首转过较大的角度，则称舵效好，否则舵效就差。舵效好，不仅从时间上要求船舶用舵后在较短时间内转过较大的角度，而且从空间上（水域大小）要求船舶能在较小水域内有较大的回转角。

（二）影响舵效的因素

1. 舵角和舵面积比

加大舵角是提高舵效最直接的措施。舵面积比增大（轻载时吃水 d 小，舵面积比增大），舵效变好。

2. 舵速

提高舵速通常是在船速较低时通过提高主机转速的方法来实现的。由于滑失比增大，排出流迅速增加，舵速加大，从而舵效得以提高。该方法由于船速低，改向时滞距小，所需水域小。船舶在港内、狭水道航行时常常采用这种方法提高舵效。

3. 吃水

船舶满载时转动惯量大，舵效变差，起转较慢停转也较慢。因此，满载大型船舶操纵时，一般宜早用舵、早回舵，且宜用大舵角。

4. 纵倾和横倾

首倾时舵效较差，适当的尾倾有利于提高舵效。船舶有横倾时，向低舷一侧转向时舵效差；向高舷侧转向舵效好。

5. 舵机性能

操舵控制系统性能好坏与否，直接影响船舶控向能力。电动液压舵机性能较好，舵来得快，回得也快；蒸气舵机舵来得慢，回得快，容易把定；而电动舵机舵来得快，回得慢，操舵时不易把定。

6. 其他因素

船首一舷来风时，向上风侧转向比向下风侧转向舵效差，尤其是空载船低速航行中遇强风作用时舵效很差。顶风、顶流时转向，在同样时间内能在较小水域内转过较大角度，舵效比顺风、顺流时好。浅水中旋回阻力明显增大，舵效比深水中差。

第四节　车舵综合效应

目前使用最多的推进器是螺旋桨，简称车。螺旋桨又分为固定螺距螺旋桨 FPP

和可调螺距螺旋桨 CPP，按进行车时的旋转方向又分为右旋式和左旋式。渔船大多采用右旋固定螺距螺旋桨。

一、右旋定距单桨船的致偏作用

（一）沉深横向力

螺旋桨旋转时，由于上下桨叶所受的阻力不同而产生的横向力称为沉深横向力。

螺旋桨轴距水面的垂直距离，称为螺旋桨的沉深 h。沉深 h 与螺旋桨直径 D 的比值称为沉深比，如图 7—8 所示。

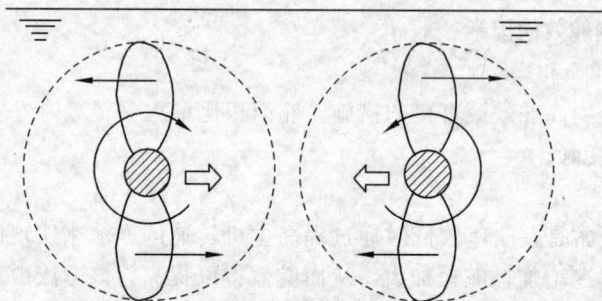

图 7—8　沉深横向力

当沉深比 $h/D < 0.5$，即桨叶的叶稍露出水面，这就使螺旋桨的叶稍处于空气中旋转，由于空气的密度比水密度小 800 多倍，导致上下桨叶所受水阻力的差值增大。即使螺旋桨桨叶没有露出水面，但当沉深比 $h/D < 0.65 \sim 0.75$ 时，由于桨叶过于接近水面，其旋转时低压面所产生的吸力，会将空气沿叶稍吸入，导致水密度降低，上下桨叶所受水阻力的差值也增大，如图 7—8 所示。但当沉深比 $h/D > 0.65 \sim 0.75$ 时，桨叶在水中的深度较大，空气难以被吸入，沉深横向力较小。

对右旋单桨船而言，沉深横向力的作用结果是：进车时推船尾向右，船首向左偏转；倒车时推船尾向左，船首向右偏转。

沉深横向力的大小除与沉深比密切相关外，还与船速、转速和进倒车关系密切。船舶起动初期作加速运动时，由于滑失大，桨叶所受阻力大，沉深横向力明显增加；由于桨叶结构上的原因，倒车时比进车时所受的阻力大，沉深横向力也随之增大。

（二）吸入流的作用

船舶前进时，由于船尾部线型的影响，从船底沿船体线型流向螺旋桨盘面的吸入流中有自下而上的斜流。由于这种斜流的作用，右旋单车船前进中进车，桨叶转至轴右侧向下转动时迎着向上升的斜流，使得作用在桨叶上的水流相对流速增加，推力增大；当桨叶转至轴左侧向上转动时则相反，推力减弱。这样使得螺旋桨总的推力中心不在桨轴中心线上而略微偏右（此现象称为推力中心偏位）。从而使船首稍微左偏。

船舶后退时，吸入流方向相反，船尾不会产生上升斜流的作用，由于吸入流从船尾方向来，此时吸入流的作用效果是稍微提高了舵速，当操一舵角时能产生舵力，使船首向转舵相反一侧偏转。

（三）排出流横向力

如图7—9所示。船舶前进中操正舵，螺旋桨进车时的排出流以一定的冲角打在舵叶的左上部和右下部，作用于舵叶右下部排出流的冲角明显大于作用于舵叶左上部排出流的冲角，使作用于舵叶两侧的水动力产生差异，从而构成了排出流横向力。该横向力推船尾向左，船首向右偏转。尤其是船舶空载舵叶部分露出水面时，首向右偏的趋势将更加明显。

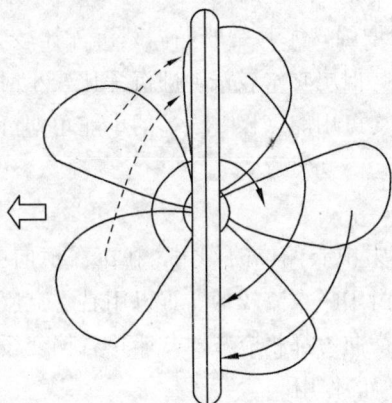

图7—9　螺旋桨正车排出流横向力　　　　图7—10　螺旋桨倒车排出流横向力

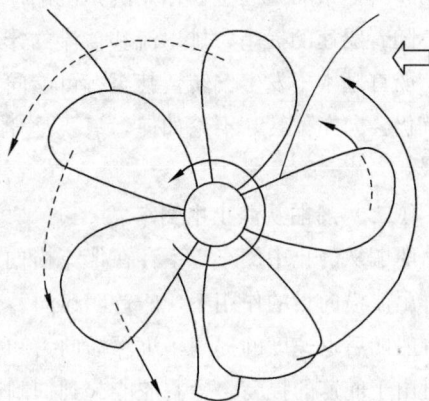

螺旋桨开倒车时向前的排出流作用于船尾两侧，如图7—10所示。由于船尾线型的上肥下瘦，对船尾右上部而言，不仅作用于其上的排出流冲角比船尾左下部的大，而且船尾右上部外板被排出流冲击的面积也比左下部的大，因此产生了排出流横向力。该力推船尾向左，船首向右偏转。

从以上分析可知，右旋单桨船，排出流横向力，无论进车、倒车，均推船尾向左，船首向右偏转。

（四）伴流横向力

伴流是伴随船舶运动而产生的追随性水流，也称追迹流。它主要由摩擦伴流和势伴流组成。前者是由于水与船体湿表面之间摩擦而产生的；后者则是由于前进中的船舶将水向两舷挤开，从而使外围的水自尾部两舷挤入而产生的。船舶前进中，伴流沿船体周围分布规律是：其大小和厚度从首至尾逐渐增大，其最大值位于船尾附近；伴流在船尾螺旋桨盘面处的分布规律是上大下小，左右对称。由于伴流在船尾的分布特点，螺旋桨正车旋转时，其上部桨叶对水的进速比其下部桨叶对水进速低，冲角大，旋转中所受的阻力也大；当航进中的船舶开倒车（船舶仍处前进状态中），由于伴流的存在，螺旋桨倒车旋转时其上部桨叶所受的阻力比下部的小。这种因伴流影响而出现的上下桨叶旋转阻力的差异，形成伴流横向力。

伴流横向力对船舶偏转的影响是：船舶在航进中进车，推船尾向左，船首向右偏转；船舶在航进中倒车，推船尾向右，船首向左偏转。船舶静止中无论进车、倒车，均不存在伴流横向力；船舶后退时，伴流产生于船首，对船舶偏转无影响。

二、右旋定距单桨船车舵综合效应

（一）船舶从静止中进车

开始动车时，由于船处于静止中或船速仍较低，此时排出流横向力、伴流横向力的影响非常弱，起主要作用的是沉深横向力，使船首向左偏转。

随着船速的提高，排出流和伴流的影响逐渐增强，尤其是船舶满载沉深比较大时，船首基本不发生偏转，甚至有可能向右偏转。但尾吃水较浅，即沉深比较小时，船首仍会向左偏转。不论如何，只要是开进车，均可用舵（操 2°～3°的小舵角即可）克服。

（二）船舶从静止中倒车

船舶从静止中倒车，不存在伴流横向力和推力中心偏位的作用，在沉深横向力和排出流横向力的作用下，船首明显向右偏转，由于吸入流较低，难以用右舵克服。随着船舶后退速度的提高，沉深横向力和排出流横向力都相应减弱，船首右偏变缓。此时由于舵速的提高，操右舵能起到抑制船首右偏的作用。

（三）船舶从航进中倒车

船舶航进中倒车，刚开始倒车时因船舶前进速度较大，倒车排出流横向力不明显，伴流横向力和沉深横向力通常使船舶右偏。此时船舶虽仍处于前进状态中，但倒车的排出流阻碍了舵效的正常发挥，因此操舵基本上不起作用。随着船舶前进速度的降低，排出流横向力的增加，船舶右偏更加明显。为控制船首右偏，通常在倒车开出前先操左舵，使船舶具有左转趋势，加以预防。

第五节　船舶变速性

船舶通过改变螺旋桨的转速和方向（CPP 螺旋桨通过改变螺距角），进行启动、变速、停车、倒车操纵时，船舶都具有维持其原来运动状态的特性，这种性质称为船舶惯性。由于船舶惯性的作用，船舶从一种定常运动状态变到另一种定常运动状态的过程中需要经过一段时间过渡，在这段时间内船舶要航行一段距离。衡量船舶运动惯性有两个指标，一是船舶完成控速过程中所航进的距离，称为冲程；二是完成这个过程所需的时间，称为冲时。

一、启动惯性

船舶从静止状态中开进车，使船舶达到与主机功率相应的稳定的航速所需的时间和航进的距离，称为启动惯性。

为保护主机，船舶从静止状态开进车时，螺旋桨转速应视船速的提高而逐渐增加，动车时先低速，在船速达到与转速相应的值时再逐级加大转速。船舶在启动初期，主机产生的推力比船舶所受的阻力大，船舶作加速运动，经过一定时间之后，推力与阻力达到平衡然后增加主机转速，随船速的增加，阻力与推力再次达到平衡，如此进行，当船舶达到海上船速时，所航进的距离称为启动冲程。

根据经验，满载船舶由静止逐级加车，速度达到海上速度时，所航进的距离约为 20 倍的船长，轻载时约为满载时的 1/2～2/3。

二、停车冲程

以某一速度航进中的船舶，从发出主机停车令起到船舶对水停止移动所需的时间和所淌航的距离，称为停车惯性。

主机停车后，推力急剧下降到零。开始时，船速较高，阻力也大，速降很快；当速度减小后，阻力也随之减小，速降越来越慢，船很难完全停止下来，且在水中亦很难判断。因此，通常以降至维持舵效的最小速度作为计算所需时间和船舶航进路程的标准，实际操船中可取 2～3 kn。

三、倒车惯性

遇紧急情况时，要求近距离内将船停住，单靠停车是很难达到目的的，需要进行紧急停船操纵。船舶主机从全速前进中开全速后退，从发出全速倒车指令起到船舶对水停止移动所需的时间及船舶所前进的距离，称为倒车惯性。这一距离即为通常所说的倒车冲程，亦称为最短停船距离或紧急停船距离。

全速前进中的船舶，发出全速后退的指令后，主机不能立即倒转，一般需要一个刹车、换向的过程，倒车冲程的大小要看初始速度的大小和倒车开出的时间长短。

四、冲程的测定

测定冲程时，应选择在无风、流影响的水域进行，水深应以不影响船舶所受阻力为准，一般不应小于 $3\sqrt{Bd}$（m）（B 为船宽，d 为吃水）。通常测定船舶在空载和满载状况下，主机在不同转速时使用停车和倒车的冲程和所需的时间。至少应测定船舶从前进三至停车、前进二至停车的停车冲程和前进三至后退三及前进二至后退三的倒车冲程。测定时，船舶应保持正舵，并处于定向、定速状态。

测定冲程的方法很多，可用电子定位、光学仪器定位或岸标的方位、距离定位或 GPS 定位等方法，通过连续测定船位求得冲程。但目前很多船舶通常采用传统的掷木块法。用掷木块的方法测定冲程的操作要领如图 7—11 所示。

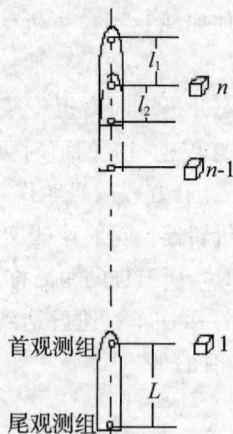

图 7—11　冲程的测定

船舶以稳定的航向、航速作直线航进，两观测组分别立于船首及船尾的固定点。当驾驶台发出停车（或倒车）令时，船首观测组立即沿垂直于船舶首尾线方向掷出第一块木块，并启动秒表；当第一块木块通过船尾观测组时，船尾观测组立即发出信号通知驾驶台及船首，船首接到信号时立即掷下第二块木块，驾驶台则记录时间及船首向，如此循环往复，直至船舶完全停止前进为止，按停秒表。秒表上记录的时间即为发令起至船完全停住所需的时间。冲程可由下式求取：

$$S = (n-1)\,L + l_1 = nL - l_2$$

式中：S——冲程（m）；

n——掷下木块的总数；

L——首尾观测组间的距离（m）；

l_1——最后一木块距船首观测组的纵向距离（m）；

l_2——最后一木块距船尾观测组的纵向距离（m）。

在每一个单项测定完后，应加速至稳定速度后才能进行下一个项目的测定。

五、影响紧急停船距离的因素

船舶紧急停船性能是指在冲程试验条件下，以海上船速行驶的船舶进行倒车或其他方法制动后，在允许的偏航范围内（重心偏离原航向的横向距离和船首偏离原航向的角度）能否迅速停船的性能，影响紧急停船距离的因素主要有：

1. 主机倒车功率与换向时间

吨位、载重状态等相近的船舶，主机倒车功率越大，换向时间越短，紧急停船距离就越小。

2. 推进器种类

CPP船"换向"操作时间短，通过调整螺距角和螺距大小即可在较短时间内产生最大的"倒车"拉力。在其他条件相同时，CPP船舶的最短停船距离一般约为FPP船的60%～80%。

3. 排水量

船速和倒车拉力相等，排水量越大，紧急停船距离越长。压载时的倒车冲程为满载时的40%～50%左右。应注意压载时的停车冲程约为满载时的80%。

4. 船速

若其他条件相同时，船速越高，冲程越大。

5. 其他因素

顺风、流时冲程增大，顶风、流时冲程减小。浅水中船舶阻力增加，冲程减小。船体污底严重，阻力增加，冲程减小。

第八章　外界因素对船舶操纵的影响

若要顺利地操纵船舶，首先应正确运用车、舵、锚、缆等船舶自身配备的操纵设备，此外，驾驶人员还必须掌握外力对操纵船舶的影响及其规律。

第一节　流对船舶操纵的影响

船舶在均匀流的水中，航速等于船速与流速的几何和；船舶为沿某一航向行驶，需对航向进行流压差修正。船舶在通过涨落潮流较急的岛礁区或狭水道时，常会出现水流分支、交汇、涡流等非均匀流的水域。驶于该类水域的船舶由于产生较大的横移及首摇，因而给船舶保向或驶于预定航线带来一定的困难，往往根据需要压某一较大舵角才能安全驶过。在主流与支流的交汇处或在防波堤入口处，常有流向和流速的明显变化。驶于该水域的船舶将会发生明显的偏转。船舶以保持舵效的最低速度接近泊位时，在有流的港口靠泊，必须注意涨落流的变化并根据其对船舶的影响调整船舶的余速和船首向。

一、流压力及其转船力矩

船舶与其周围的水存在相对运动时，船体就会受到水的作用力，这种作用力称为水动压力。船与水之间的相对运动，可能是由于船舶本身的运动而产生的，也可能是由于水的流动而引起的。由于水流的存在而对船体产生的作用力称为流压力。

（一）流压力

流压力的大小、流压力角（流压力的方向）、流压力的作用中心均与流舷角 β 有关。

1. 流压力的大小

静止中的船舶，当其水下船体以某一舷角 β 受到均匀流的冲击时，或者水是静止的而使船舶保持某一漂角 β 斜航时，则水线下船体将受到流压力 F_w 的作用。流压力 F_w 可分为平行于船舶首尾线方向的纵向分力 X_w 和垂直于船舶首尾线方向的横向分力 Y_w。因为流压力的横向分力 Y_w 较大，且对操纵船舶影响明显，而纵向分力 X_w 较小，对船舶操纵影响不大，所以通常主要考虑流压力的横向分力 Y_w。流压力 F_w 的横向分力可用下式估算：

$$Y_w = \frac{1}{2}\rho_w \cdot C_{uy} \cdot V_w^2 \cdot L \cdot d$$

式中：ρ_w——水的密度（海水取 1 025 kg/m³，淡水取 1 000 kg/m³）；

C_{uy}——流压力横向分力系数；

V_w——相对流速，即船水间相对运动的速度（m/s）；

L——垂线间长（m）；

d——船舶吃水（m）；

Y_w——流压力横向分力（N）。

流压力横向分力系数 C_{uy} 与流舷角 β、水深吃水比关系密切。其值可经由模型试验获得。图 8—1 和表 8—1 为某轮的模型试验结果。

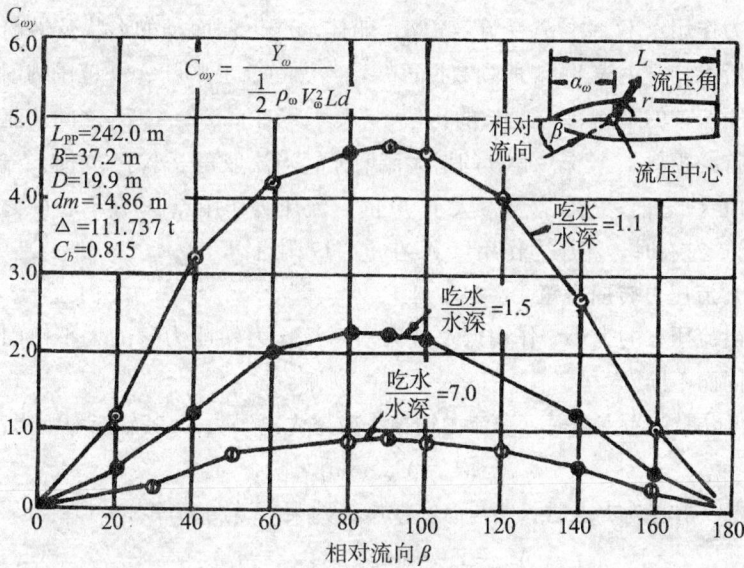

图 8—1 流压力横向分力系数

表 8—1 流压力横向分力系数、作用中心位置及方向

β	20°	40°	60°	80°	90°	100°	120°	140°	160°
C_{wY} 7.0	0.20	0.50	0.80	0.90	0.95	0.90	0.80	0.60	0.30
C_{wY} 1.5	0.50	1.30	2.00	2.30	2.25	2.20	1.70	1.30	0.50
C_{wY} 1.2	0.70	1.90	2.90	3.50	3.60	3.40	3.00	1.90	0.70
C_{wY} 1.1	1.20	3.20	4.20	4.60	4.70	4.60	4.00	2.70	1.10
a_w/L	0.30	0.36	0.41	0.46	0.50	0.55	0.63	0.67	0.65
$\gamma°$	75～105	80～105	90	90	90	87～90	90～96	90～97	97～102

由图 8—1 和表 8—1 可知：

（1）流压力横向分力系数 C_{uy} 随流舷角 β 的变化而变化，当 $\beta=90°$ 左右时 C_{uy} 最大，其值约为 $\beta=20°$ 和 $\beta=160°$ 的 4 倍。

（2）流压力横向分力系数 C_{uy} 的值受水深吃水比影响较大，随水深吃水比的减小而明显增大。因此，在港内、狭水道等相对水深较小的水域中，流压力的影响更为明显。

2. 流压力的方向

流压力的方向与船舶首尾线的夹角称为流压力角 γ。由表 8—1 所列数据可知，当流舷角 β 在 $20°\sim160°$ 范围内时，流压角变化并不明显，大体上在 $90°$ 左右。

3. 流压力的作用点

流压力作用点 W 的位置受流舷角 β、船体水线下侧面积的形状及沿船长方向的分布情况所影响。由表 8—1 所列数据可知，当漂角 β 在 $20°\sim160°$ 范围内时，流压力作用中心距船首的距离 a_w 与船长的比值 a_w/L 大约在 $0.25\sim0.75$ 之间。流压力作用中心至船首的距离 a_w 随流舷角 β 的增大而增大。当流舷角 β 小于 $90°$ 时，流压力作用点 W 在重心 G 之前；当流舷角 β 大于 $90°$ 时，流压力作用点 W 在重心 G 之后；当流舷角 β 为 $90°$ 左右时，流压力作用点 W 在重心 G 附近。

（二）流压力转船力矩

当求出流压力的大小、作用点及方向后，流压力转船力臂的大小依固定点（支点）的不同而不同。

（1）当以船首为支点时（顺流抛锚掉头或尾先离码头），其转船力矩为：

$$M_w=Y_w \cdot \sin\gamma \cdot a_w$$

（2）当以重心为支点时（船与海底或岸无约束），转船力矩为：

$$M_w=Y_w \cdot \sin\gamma \cdot (L/2-a_w)$$

（3）当以船尾为支点时（首先离码头的情况），转船力矩为：

$$M_w=Y_w \cdot \sin\gamma \cdot (L-a_w)$$

式中：L——船舶型长。

二、流对船舶操纵的影响

（一）流对船速和冲程的影响

船在流中航行，顺流时船对地的速度等于船对静水的速度加上流速，顶流时船对地的速度等于静水船速减去流速。即顺流航行时船对地的速度比顶流时对地的速度大流速的两倍。顶流航行时，冲程减小；顺流航行时，冲程变大。顺流航行时，停车后的减速过程非常缓慢，通常情况下如不借助倒车或抛锚，船将不会停止随流漂移。

（二）水流对舵力和舵效的影响

舵力及其转船力矩与舵叶对水相对速度的平方成正比，而舵叶对水相对速度又与船舶对水相对速度成正比。不论顶流或顺流，只要船对水相对速度相等、舵角和螺旋桨转速等条件相同时，则顺流时的舵力与顶流时的舵力是相等的，其舵力转船力矩也是一样的。但顶流时的舵效比顺流时好，这是因为顶流时用同样的舵角能使船首在较短的时间和距离内转过较大的角度，而且较容易把定。

（三）流压对船舶漂移的影响

当船舶首尾线与流向有一定的交角时，船舶的运动路线（航迹）将向下流方向偏离首尾线一个角度，这种现象就是通常所讲的流压，其偏离首尾线的角度则称为流压差角。流速越大，流舷角越接近 $90°$；船速越低，则流压差角越大。航行中为保持船舶沿某一预定航线行驶，需根据流压的大小，修正流压差角。当船舶顶流靠码头时，操纵船舶使船首外舷受小角度的流压，调整船速的纵向分量与流速相当，船体与泊位处于不进不退状态，船身将向码头横移。

（四）流对旋回的影响

在有流的水域中进行旋回时，船舶除了作旋回运动外，还受水流作用而产生漂移运动。流致漂移距离可用下列经验公式估算：

$$D_d = T \times V_w \times 80\% (m)$$

式中：T——有流水域中船舶旋回 $180°$ 所需时间（s）；

V_w——为流速（m/s），通常指航道中央的流速。

排水量大、船速低时旋回时间明显增加，加之浅水中船舶旋回性能变差的原因，在狭水道、港内旋回时，应对旋回操纵所需时间做出充分的估计。旋回掉头时所需水域大小 D_l 可按下式估算：

$$D_l = A_{dm} \pm D_d + 安全余量$$

式中：D_l——掉头所需水域的纵向长度；

A_{dm}——旋回最大进距；

D_d——掉头操纵中流致漂移距离，顺流取正，顶流取负。

第二节　风对船舶操纵的影响

风动压力是指处于某一运动状态下的船舶，船体水线以上部分所受空气的作用力。船舶因顶风而减速，因顺风而增速；当风向与船舶纵中剖面存在某一交角时，船舶将向下风漂移，同时船首还将产生偏转；尤其是在低速航行时，受强风的影响甚至会出现舵力转船力矩不足以抵御风力转船力矩而使船舶陷入无法保向的局面。

风动压力的大小除与其它条件有关外，还与船舶吃水关系密切。根据经验，空船时受3～4级风的影响相当于半载时受5～6级风、满载时受7～8级风的影响。

一、风动压力及其转船力矩

（一）风动压力

1. 风动压力的大小

如图8—2所示，作用于船舶的风动压力，其方向未必与风向相一致。船舶受风时，其正面受风面积 A_a 上的风力为 X_a，侧面受风面积 B_a 上的风力为 Y_a。作用于船舶水线上的风力 F_a 应为二者的合力，其值可用下式估算：

$$F_a = \frac{1}{2}\rho_a \cdot C_a \cdot V_a^2 \cdot (A_a \cos^2\theta + B_a \sin^2\theta)$$

式中：ρ_a——空气密度（1.226 kg/m³）；

C_a——风动压力系数；

V_a——相对风速（m/s）；

θ——风舷角（°）；

A_a——水线以上船体正面投影面积（m²）；

B_a——水线以上船体侧面投影面积（m²）；

F_a——水线以上船体所受的风动压力（N）。

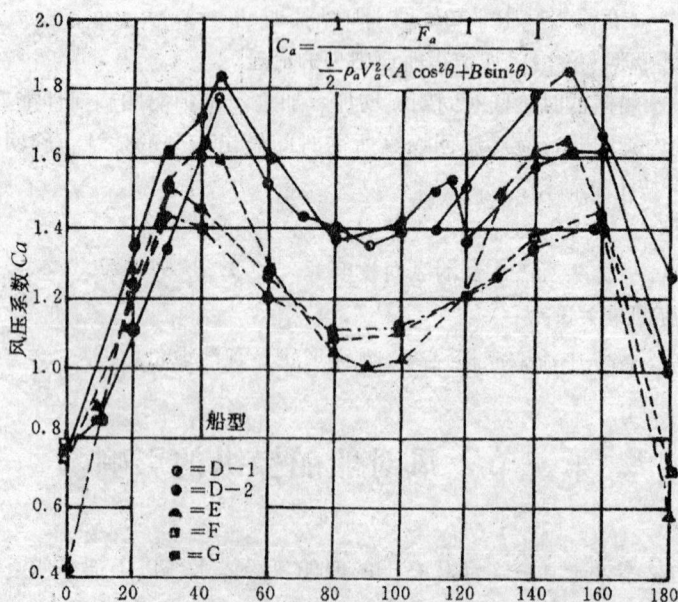

图8—2 风动压力系数 C_a

相对风速 V_a 和风舷角 θ 可由船上风速、风向仪测得。A_a、B_a 可从船舶相应资料中根据实际平均吃水查得。

风动压力系数 C_a、风力中心 A 的位置距船首的距离 a 以及风力角 α，这些因素与船舶受风作用的相对方向、船体水线以上建筑物的形状和面积分布有关。C_a、a 和 α 随风舷角 θ 而变化的关系如表 8—2 所示。

表 8—2 风力系数、风力中心位置及风力角

θ	0°	20°	40°	60°	80°	90°	100°	120°	140°	160°	180°
C_a	0.50 ↓ 0.95	1.10 ↓ 1.40	1.35 ↓ 1.90	1.30 ↓ 1.75	1.05 ↓ 1.30	1.00 ↓ 1.25	1.05 ↓ 1.25	1.30 ↓ 1.80	1.35 ↓ 2.00	1.20 ↓ 1.70	0.60 ↓ 1.20
a/L		0.25 ↓ 0.40	0.30 ↓ 0.45	0.35 ↓ 0.45	0.40 ↓ 0.50	0.45 ↓ 0.55	0.50 ↓ 0.60	0.55 ↓ 0.70	0.58 ↓ 0.80	0.60 ↓ 0.85	
$\alpha°$		45 ↓ 75	70 ↓ 82	78 ↓ 85	85 ↓ 87	87 ↓ 95	87 ↓ 97	92 ↓ 105	100 ↓ 105	100 ↓ 115	105 ↓ 130

注：渔船、油船取小值，三岛形货船、滚装船取大值。

从图 8—2 和表 8—2 中可以看出，风动压力系数 C_a 随风舷角的变化而出现两个峰值，当 $\theta=0°$ 和 $\theta=180°$ 时，C_a 的值最小；当 $\theta=90°$ 时，C_a 的值较小；C_a 的两个峰值出现在 θ 等于 $40°$ 和 $140°$。

另外，C_a 值还随吃水与船型的不同而不同，上层建筑较少的渔轮、油轮，C_a 值较小，而受风面积较大的滚装船、集装箱船的 C_a 值则较高。同一船舶随吃水的增加 C_a 值略有减小，满载时 C_a 值较之轻载时略有减小。

2. 风动压力的方向

风动压力 F_a 的方向与船舶首尾线的夹角 α，称为风动压力角。如前所述，风动压力 F_a 是作用于船体正面积上的纵向分力 X_a 和作用于船体侧面积上的横向分力 Y_a 的合力。如图 8—3 所示，风动压力角 α 取决于横向分力 Y_a 与纵向分力 X_a 的比值。

$$X_a = \frac{1}{2}\rho_a \cdot C_{ax} \cdot A_a \cdot \cos\theta \cdot V_a^2$$

$$Y_a = \frac{1}{2}\rho_a \cdot C_{ay} \cdot B_a \cdot \sin\theta \cdot V_a^2$$

$$\tan\alpha = \frac{Y_a}{X_a} = \frac{C_{ay}}{C_{ax}} \cdot \frac{B_a}{A_a}\tan\theta$$

式中：C_{ax}——纵向风动压力系数；

C_{ay}——横向风动压力系数；

由上式可知，风动压力角 α 的大小与风舷角 θ、船体侧面受风面积与正面受风面积之比 B_a/A_a 密切相关，并随吃水和船型的变化而变化。通常 B_a 大于 A_a，所以风动压力角 α 大于风舷角 θ，即风动压力 F_a 作用的方向较之风舷角更偏向于正横方向。

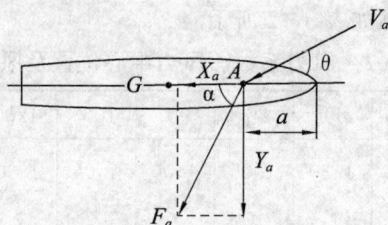

图 8—3　风动压力的方向与作用点

3. 风动压力中心的位置

如图 8—3 所有示，风动压力作用中心 A 点至船首的距离 a，受风舷角 θ、船舶上层建筑形状以及面积分布所影响。a 值可用岩井经验公式估算：

$$a/L_{bp}=0.291+0.002\ 3\theta$$

式中：L_{bp}——船舶型长（m）；

θ——风舷角（°）。

从表 8—2 也可看出，风动压力作用中心 A 的位置随风舷角的增大由前向后移动。当 θ 由 $0°\sim180°$ 变化时，a/L_{bp} 大体上在 $0.3\sim0.7$ 之间。当 $\theta=90°$ 左右即风从正横方向吹来时，$a/L_{bp}\approx0.5$，即风动压力中心在船中附近；当 $\theta<90°$ 即风从正横前吹来时，风动压力中心 A 在重心之前；当 $\theta>90°$ 即风从正横后吹来时，A 则在重心之后。

（二）风动压力转船力矩

当风动压力的大小、方向和作用点均已求出后，风动压力转船力矩的大小，应根据船舶在不同操纵状态下支点的位置来确定。

(1) 当船舶处于漂浮状态时，以重心为支点，则风动压力转船力矩 M_a 为：

$$M_a=F_a\cdot\sin\alpha\cdot(l_G-a)$$

式中：l_G——船舶重心至船首的距离（m）。

(2) 当船舶靠离泊时受风作用，如船首固定或尾离方式离泊时，船舶以船首为支点，则 M_a 为：

$$M_a=F_a\cdot\sin\alpha\cdot a$$

(3) 当采用首离方式离泊或船尾一端固定时，则船舶以船尾为支点，风动压力转船力矩 M_a 为：

$$M_a=F_a\cdot\sin\alpha\cdot(L-a)$$

式中：L——船长（m）。

二、风致漂移

停于水上的船舶在风动压力作用下常呈正横受风状态。当风舷角 $\theta=90°$，船舶因横风匀速向下风漂移时，其所受的风动压力应与水阻力保持平衡。

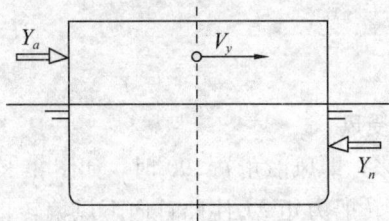

图 8—4　风致漂移

如图 8—4 所示，$Y_a=Y_w$。由于：

$$F_a=Y_a=\frac{1}{2}\rho_a \cdot C_a \cdot B_a (V_a-V_y)^2$$

$$F_w=Y_w=\frac{1}{2}\rho_w \cdot C_w \cdot B_w \cdot V_y^2$$

因 V_a 远大于 V_y，可近似地认为 $(V_a-V_y)\approx V_a$，所以风致漂移速度 V_y

$$V_y=\sqrt{\frac{\rho_a}{\rho_w} \cdot \frac{C_a}{C_w} \cdot \frac{B_a}{B_w}} \cdot V_a=k\sqrt{\frac{B_a}{L_w \cdot d}} \cdot V_a$$

式中：ρ_a——空气密度，$\rho_a=1.226\ kg/m^3$；

ρ_w——水的密度，$\rho_w=1\ 025\ kg/m^3$；

θ——风舷角，当 $\theta=90°$ 时，风动压力系数 C_a 取 1.2；

C_w——水动压力系数，当船舶横向漂移时，C_w 取 0.95（水深吃水比为 7 时）；

B_w——船体水下侧面积，按 $L_w \cdot d$ 计算；

k——系数，随船型、排水状态以及水深与吃水比等因素的变化而不同。

可以算出 $k\approx0.04$，即船舶在深水中风致漂移速度 V_y 可近似地表示为：

$$V_y=0.04\sqrt{\frac{B_a}{L_w \cdot d}} \cdot V_a$$

上式表明，静止中的船舶处于横风状态漂移时，漂移速度 V_y 与风速 V_a 成正比，与水上、水下侧面积比的平方根成正比。

推导上式时，因 C_w 取 0.95 是深水中的值，即按公式计算出的 V_y 仅为船舶在深水中静止时横风漂移的速度。由于 C_w 随水深吃水比的减小而增大，船舶在浅水中的漂移速度应比深水中为低。当估算船舶在浅水中的漂移速度时，则应按实际水深与吃水的比值 H/d，对深水中的漂移速度进行相应的浅水修正。不同水深吃水比的修正值如表 8—3 所示。

表8—3　不同水深吃水比时横风漂移速度的修正值

水深吃水比	1.1	1.2	1.5	2.0
修正系数	0.5	0.6	0.7	0.8

三、风致偏转

（一）船舶在静止中受风

（1）当风从正横前吹来，即风舷角 $\theta<90°$时，如图8—5所示。风动压力中心 A 在重心 G 之前，风动压力转船力矩 M_a 使船首向下风偏转，同时船身向下风一侧漂移。在船舶偏转和漂移的同时，船体水线以下部分受到水动压力的作用，因流舷角 $\beta>90°$，水动压力中心在重心 G 之后，构成水动压力转船力矩 M_w，M_w 和 M_a 都使船首向下风方向偏转。船首向下风偏转的同时，风动压力中心 A 向后移动，水动压力中心 W 则向前移动，当船舶处于横风状态附近时，A 与 W 重合，M_a 和 M_w 均趋向于零，船舶停止偏转，最终以接近横风状态向下风漂移。

（2）当风从正横后吹来时，风动压力中心 A 在重心 G 之后，水动力压力中心 W 在重心 G 之前，船首逆风偏转，最终也以接近横风状态向下风漂移。

应当注意的是，不同类型的船舶，其水线上、下侧面积沿船长方向的分布也不同。船舶在风中漂移时受风的相对方向也有所差异。油轮和尾机型船多保持正横前受风，$\theta\approx80°$；客船、三岛型货船多保持正横附近受风，$\theta\approx90°$；而渔船一般首受风面积及尾吃水较大，多保持正横后受风，$\theta\approx100°$。

图8—5　船舶静止中受风

（二）船舶航进中受风

（1）如图8—6（a）所示，当风从正横前吹来时，$\theta<90°$。风动压力中心 A 在重

心 G 之前，水动压力中心 W 也在重心 G 之前，风动压力转船力矩 M_a 与水动压力转船力矩 M_w 方向相反。如空载、慢速、尾倾、首受风面积大时，$M_a>M_w$，船首一般顺风偏转；如满载或半载、快速、尾受风面积大时，$M_w>M_a$，船首呈逆风偏转。

（2）如图 8—6（b）所示，当风从正横后吹来时，$\theta<90°$，风动压力中心 A 在重心 G 之后，水动压力中心 W 仍在重心 G 之前，风动压力转船力矩 M_a 与水动压力转船力矩 M_w 方向一致，船首呈明显的逆风偏。当风从正横方向吹来时，风力转船力矩 M_a 近于零，水动压力转船力矩 M_w 仍使船首逆风偏转。由此可见，船舶斜顶风航行时比斜顺风航行时易于保向。

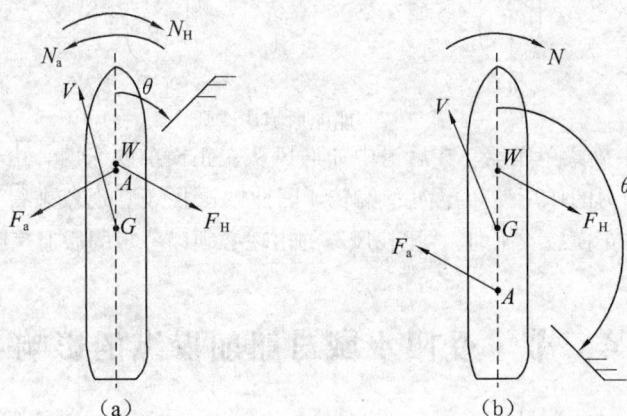

图 8—6　船舶航进中受风

（三）船舶后退中受风

船舶在后退中受风作用时，船身将向下风漂移的同时，船尾常出现逆风偏转，即通常所说的"尾找风"现象。

（1）当风从正横前吹来时，风动压力中心 A 在重心 G 之前，水动力压力中心 W 在重心 G 之后，风动压力转船力矩 M_a、水动压力转船力矩 M_w 均使船尾逆风偏转，尾找风现象显著，如图 8—7（a）所示。

（2）当风从正横后吹来时，风动压力中心 A 和水动压力中心 W 均在重心 G 之后，风动压力转船力矩 M_a 与水动压力转船力矩 M_w 方向相反，但由于船尾形状肥大，当船舶有一定退速时，水动压力转船力矩 M_w 较风动压力转船力矩 M_a 增大的快，$M_w>M_a$，使船尾逆风偏转，也出现尾找风现象，如图 8—7（b）所示。

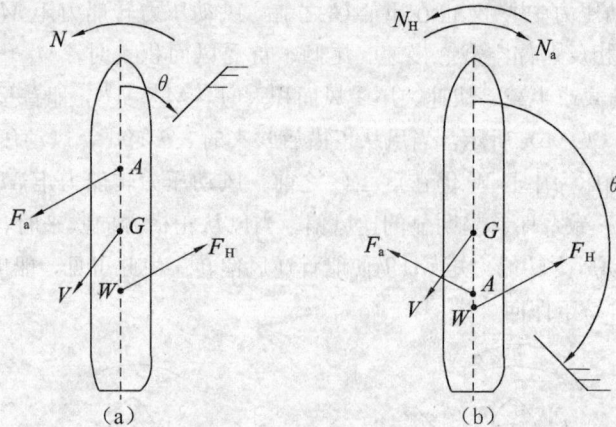

图8—7 船舶后退中受风

对于FPP右旋式单车船，在后退中如遇风从左正横前吹来时，由于螺旋桨的排出流和沉深横向力的作用使船尾向左偏转，因此"尾找风"现象来得更早更急；相反，如遇风从右正横后吹来时，"尾找风"的出现必须以一定的后退速度为条件。

第三节 受限水域对船舶操纵的影响

受限水域是指相对于不同吃水和宽度的船舶而言，水深相对较浅或（和）航道宽度相对较窄的水域。在受限水域操纵船舶时，船舶运动会出现不同于广阔的深水域的现象和特点。由于水域的水深相对较浅而使船舶的运动特点发生变化的现象，称之为浅水效应。由于航道的宽度相对较窄而使船舶运动特点发生变化的现象，称之为侧壁效应。船舶在受限水域航行时往往同时受到浅水效应和侧壁效应的影响，则统称为受限水域效应。

一、受限水域对船舶操纵的影响

（一）船体所受水动力增加

船舶在浅水域、运河航道、海底倾斜的水域或者靠近航道侧壁或他船航行时，船体附加质量、附加惯矩以及船体阻力将会增加。

1. 船舶在浅水域中航行时的情况

船舶在水中运动的同时，会带动其周围的水一起运动。船舶前后运动、横向运动时，相当于在船舶本身质量上增加了一部分质量，增加的这部分质量称之为附加质量；船舶作回转运动时，会比船舶本身的转动惯矩增加一部分惯矩，增加的这部分惯矩称之为附加惯矩。附加质量与船舶质量之和称为虚质量；附加惯矩与船舶惯矩之和称为虚惯矩。

在水深充分的条件下，船舶运动的附加质量及附加惯矩的比例，大致可取为：前后方向运动时的附加质量为船舶质量的 0.07～0.10 倍；横向运动时的附加质量为船舶质量的 0.75～1.0 倍；旋回运动时附加惯矩为船舶惯矩的 1.0 倍。

在浅水中，上述附加质量和附加惯矩，较深水中又有明显增加，而且水深吃水比 H/d 越小，则增加的倍数越高。表 8—4 为某轮航速 12 kn 时在几种不同水深吃水比时的附加质量和附加惯矩的变化情况。

表 8—4　浅水中附加质量和附加惯矩的变化情况

水深/吃水（H/d）	浅水附加质量/深水附加质量（正横方向）	浅水附加惯矩/深水附加惯矩
2.5	1.46	1.26
2.0	1.66	1.54
1.5	2.40	2.40

2. 船舶在宽度受限的水域中航行时的情况

水深受限的同时，如果水道的宽度也受到限制，则作用于船体的流体压力较之单纯受水深限制时要大得多。当船体靠近水道一侧岸壁航行时，其左右舷受到的水压力不均衡。船体近岸一侧的水相对流速增大，形成低压区，船体将受到被吸向近岸一侧的横向力。同时，受螺旋桨盘面吸入流与船尾伴流的作用，在靠近岸壁一边来不及补充，水位下降，其压力较另一舷低，将船尾向岸壁吸拢，产生岸吸现象。另一方面，船舶前进时船首将水向左右两侧分开，靠岸一侧受岸壁阻挡，扩散不开，形成高水位；而另一侧水扩散得快水位较低，结果推船首向航道中央偏转，产生岸推现象。

实船航行实验表明，岸推、岸吸现象与下列因素有关：

(1) 越靠近岸壁航行越激烈，船舶过于接近岸壁航行时则很难保向。

(2) 水道宽度越窄越激烈。

(3) 航速越高越明显。

(4) 水深越浅越明显。

(5) 船型越肥大越明显。

（二）航行中船体下沉的增加和纵倾的变化

船舶运动时，由于船体周围的水被加速，动压力增加，静压力减小，因而船体与静止状态时相比出现下沉现象，同时由于船首尾的水动压力分布发生变化使纵倾也发生改变。

在深水域中船体下沉和纵倾的变化，主要取决于船型和船速。试验结果表明，肥大型船舶船体下沉和纵倾变化激烈，而且船速越快，船体下沉和纵倾变化越激烈。

1. 船体在深水中下沉和纵倾变化与船速的关系

此关系可用船速的无因次量傅汝德系数 $F_r = \dfrac{V}{\sqrt{gL}}$ 来衡量：

（1）当 $F_r \approx 0.06$ 时，开始出现下沉现象。

（2）当 $F_r < 0.3$ 时，船首尾均下沉，并出现首下沉大于尾下沉的现象。因为绝大多数船舶的速度在该范围内，所以静止时若为平吃水状态的船舶，在深水中航行时表现为平均吃水增加，并出现首倾。

（3）当 $F_r > 0.3$ 时，船尾下沉量将大于船首下沉量。静浮时为平吃水的船舶将变成尾倾。

（4）当 $F_r > 0.6$ 时，一般船舶尾倾增大，船舶反而出现逐渐上浮并超过静浮位置，保持尾倾趋势，呈滑行于水面的状态。

2. 浅水中的船体下沉及尾倾的情况

浅水中的船体下沉及尾倾的变化比深水中明显。因为水深较浅时，船体周围的水位下降现象范围更大，还受到水深较浅时产生的孤立波影响，所以船体下沉及纵倾的变化比深水中更为激烈。严重时会导致船底擦碰海底的事故，因此船舶进入浅水域时必须正确估计船体下沉量的大小并采取适当的操船方法。

图 8—8 为浅水域和深水域中船体首、尾下沉量的比较。由图可知，浅水中船体下沉和纵倾的特点是：

（1）较低船速时就开始出现船体下沉。

（2）随着船速的增加，船体下沉量增加率比深水中大。

（3）船体达到首纵倾最大值及由首倾变为尾倾时所需船速低。

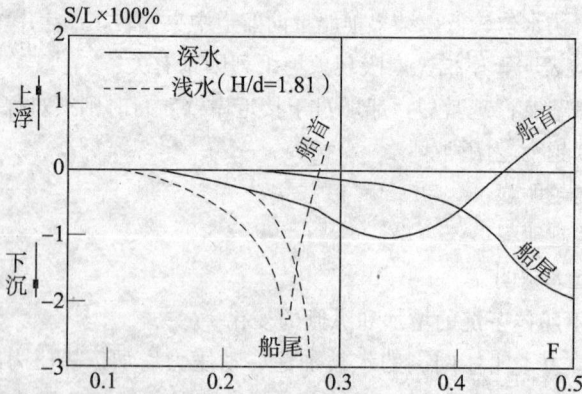

图 8—8 浅水域中船体下沉与深水域中的对比

一般中低速船舶在浅水中航行时，通常表现为首下沉量大于尾下沉量，即原为平吃水的船舶将变为首倾。但是，如果船舶在浅水中回转，却有可能呈尾倾状态，这是由于一方面旋回中船速下降，首尾下沉量均减小；另一方面由于旋回时转心位置接近船首，因而旋回时船尾切线速度比船首大，即船尾切向水流流速大，水位下降多，导致船尾下沉量增大。

（三）船速下降

1. 摩擦阻力增加

驶于浅水域中的船舶，与驶于深水中相比，船体周围的水流成二维的平面流，船底的水流被加速，因而导致摩擦阻力增加；此外，船舶在浅水域中航行时，船体下沉量增加，吃水增加，纵倾加大，也增加了摩擦阻力。

2. 兴波阻力增加

船舶在浅水域中航行时，兴波阻力的增加，可以认为是船首、船尾两处产生的船行波相互干扰的结果。船舶行驶于深水域时，干扰的结果较好，即船首波传播至船尾时以波峰的形式出现，与船尾波的波谷形成有利的叠加，兴波阻力较小，如图8—9（a）所示；船舶行驶于浅水域中时，刚好与深水中相反，船首波传播至船尾时以波谷的形式出现，与船尾波形成不利的叠加，其结果导致兴波阻力增大，如图8—9（b）所示。

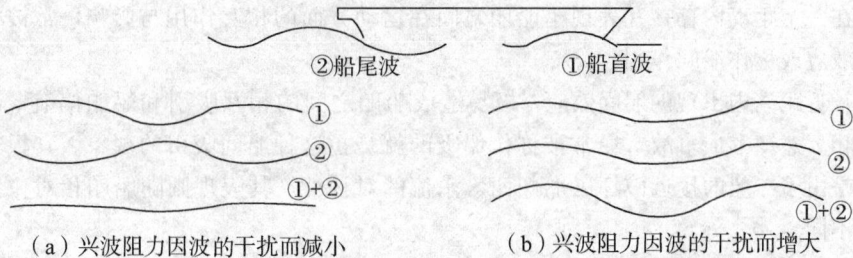

（a）兴波阻力因波的干扰而减小　　　（b）兴波阻力因波的干扰而增大

图8—9　浅水水域与深水水域船舶兴波比较

3. 涡流阻力增加

航行于浅水域中的船舶较之深水中相比，船尾涡流增大，涡流阻力增加，以及由于推进器附近涡流的增强而导致推进器效率下降。

由于以上诸原因，船舶在浅水中航行时，在螺旋桨转速相同的情况下，船速较深水中低。

船舶阻力增加，一般当水深吃水比 H/d 为 7～10 时开始出现。从对实际操船影响的角度，一般当 H/d 小于 4～5 时应引起重视。

（四）旋回性下降，航向稳定性提高

1. 舵力变化不大，舵效下降

浅水中，舵叶周围的水流发生了变化，伴流、涡流增加使舵力下降。另一方面，浅水中船速下降，滑失比提高，舵力提高。另外，浅水中舵叶下缘距海底较近，舵叶下端部受到整流作用，产生了类似增加舵面积的效果，使舵力增加。实验结果表明，有的船舵力可能会有所增加，有的则会下降。但总的看来，增加或下降幅度都不大，因此在浅水中舵力变化不大。但在浅水中航行时舵效变差，这是由于浅水中回转阻力大大增加的缘故。

2. 旋回性下降，航向稳定性提高

船舶在浅水中航行时，舵力及其转船力矩变化不大。船舶旋回的阻矩及虚惯矩均有较大增加，其中旋回阻矩的增加幅度更大。因此，船舶从深水进入浅水时，旋回性变差，而航向稳定性变好。

3. 狭水道航行时保向所需舵角增大

在宽度受限的狭水道中航行时，如果船舶距离岸壁较近，则出现岸壁效应。为了抑制船首偏转，保持船舶沿航道航行，需向岸壁一侧压舵。航道宽度越窄，船速越快，岸壁效应就越明显，保向所需的压舵量就越大。

二、船间相互作用

在船舶交通密度较高的水域内，船舶的运动不但受水域条件的影响，而且受他船的影响。本船的存在或运动，会影响到他船；他船的存在或运动也会影响到本船。这种在一定距离内存在并表现于船舶之间在运动方面的相互作用与影响，常被称为船间效应或称作船间作用。

较近距离内出现的船间效应，极易造成船舶之间的相互吸引和船舶偏航，甚至产生相互碰撞酿成事故，通常被称作船吸的就是指这种船间吸引的现象。其根本原因，是由于二船的接近破坏了船舶两舷水流的对称性，其表现则随船舶相对位置不同而不同。

航行中的船舶产生的船行波对他船的影响，也是船间效应的一种，这是作用距离稍远一些的船间效应。

（一）两船平行接近航行时引起的现象

1. 波荡

处于他船船行波中的船舶，因其处于波的不同位置而受到向前加速或向后减速的作用，这种现象称为波荡。

如图 8—10 所示，两船平行接近处于追越关系时，如距离较近则彼此受到对方的船行波作用，在图中的（a）位置时，小船处于大船的波峰之前，受到波峰的推动作用而加速；在图中的（b）位置时，小船处于大船的波峰之后，受到波峰的阻遏作用而减速。无论是上述的（a）、（b）均可能伴生着小船被迫偏航的后果。这种现象在大型船和速度与之相差不大的小型船之间，当两船较为接近地并航时更易产生。在狭水道内航行时，大型船船速越高，兴波越激烈，对小船的影响就越大。

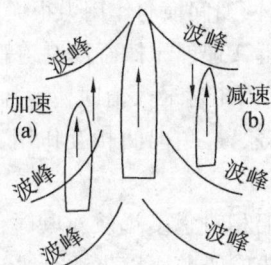

图 8—10　波荡现象

2. 吸引、排斥和转头

航进中的船舶，首尾处水位升高，压力增大，从而给靠近航行的他船以排斥作用，而船中部水位下降，压力降低，则给靠近的船舶以吸引作用。

当船首向与他船散波方向存在夹角时，即船舶斜向与散波遭遇时，伴随波的回转运动，波峰处的船体部分受波的前进方向的作用力，而波谷处的船体部分则受到相反方向的作用力，其结果使船产生转头的力矩。这种转头作用，当对方船的兴波越激烈时越大，当小型船、吃水浅的船遭遇到快速、大型船的散波作用时特别显著。

以上现象有时可能同时出现。

（二）追越中两船的相互作用

二船在追越局面中（如 A 船追越 B 船），A、B 两船所受的吸引及排斥力，以及吸引力矩和排斥力矩系数，如图 8—11 所示。试验的条件是：水深与吃水之比 H/d =1.3，两船相对位置予以固定，则 A、B 二船均以 9.1 kn 船速行驶时的测定结果，只要将其按①、②……顺次加以连接，即可再现追越中二船之间的船间作用。

由图可知：

（1）当追越船 A 船接近被追越船 B 船船尾时，易出现 B 船内转，挡住 A 船进路而导致与 A 船船首触碰的危险。同理，当 A 船船尾接近 B 船船首时，易出现 A 船内转，挡住 B 船进路而导致与 B 船船首触碰的危险。

（2）A、B 两船有部分重叠时，两船回转力矩先后达到最大值，将出现危险的转头运动。在这种情况下易出现追越船 A 船船首突然内转，碰撞被追越船 B 船的船中或船尾的现象。同理，当 A 船船首追过 B 船，两船部分重叠时，也将出现危险的转头运动，被追越船 B 船的船首碰撞追越船 A 船的船中或船尾。

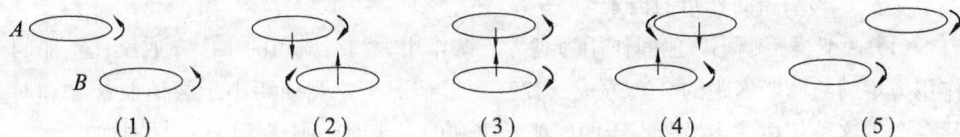

图 8—11　追越中的船间作用

（3）当 A、B 两船平行时，两船间横向作用力很大，若并驶时间较长，随着两船距离的迅速接近，将出现追越船 A 船船尾擦碰被追越船 B 船船中的危险现象。

（4）两船间相互作用的回转力矩达最大值时，比操 35°满舵回转力矩大得多。因此，在浅窄航道追越中，为减轻、避免船间相互作用，应注意增大两船横距、降低船速以确保安全。

值得注意的是，追越时二船相对速度远较对驶时低，相持时间长，大大增强了吸引与排斥的作用效果，从而造成船舶碰撞事故者也远较对驶时多，应该引起操船者格外的重视并需严加防范。

根据操船经验，在深水中快速追越时，两船间距至少应保持大船的一倍船长，最好能大于两船船长之和。在港内低速追越时，两船间距至少需保持一倍船宽（最好能有两船中大船之船长的间距）。另外，一旦在追越中出现明显的相互作用而致有碰撞危险时，则追越船或大船应减速停车或倒车，并用相互的舵角抑制偏转，而被追越船或小船则应适当加车以提高舵效，抑制偏转。

（三）对驶时两船间的相互作用

在两船对驶会船时，两船间相互作用造成碰撞的危险性虽比追越过程低，但当两船横距过小，一船船首或船尾分别处于他船内舷的高压区或低压区时，则有可能因剧烈的转头而使该船船首部或船尾部碰撞他船。因此，在对驶会船时，为防止两船间相互作用，对驶会船前应减速以减小兴波，两船横距尽量拉开；待两船船首持平时，切忌用大舵角抑制船首外转，否则将导致船首进入对方中部低压区时加速内转而引起碰撞。正确的方法是适当加车以增加舵效，稳定船首向，减少通过的时间。

（四）驶过系泊船时两船间的相互作用

近距离驶过系泊船，船间的相互作用使得驶过船受到的影响类似于岸壁效应，而系泊船受驶过船的散波及其散波受岸壁反射后产生反射波的强烈影响，常表现为船舶在六个自由度内的运动，而对船舶影响最大、动幅最大的则是纵荡。纵荡易导致系泊船靠岸一侧的船体受到损伤，系缆受到过度的顿力而断缆。水深越浅，越接近系泊船，通过时船速越高，这种影响就越大。风强流急又将助长这种影响。因此，船舶驶经系泊船时，宜提前减速、减小兴波，保持低速行驶，并尽可能增大横距以减轻波荡影响。系泊船则应加强值班，保持系缆均匀受力；配备好碰垫，以防船体损伤；还可以加抛外档短链锚以增加系泊的稳定度。

（五）影响船间作用的因素

（1）两船横距越小，间距作用力越大，该作用力约与横距的 4 次方成反比；船间作用力矩约与两船横距的 3 次方成反比。一般情况下，当横距小于两倍船长之和时就会产生这种作用，当横距小于两船船长之和的一半时，则相互作用明显增加。

（2）船速越高，则兴波越激烈，相互作用越大。船间作用力和力矩约与船速平方成正比。

（3）两船间相互作用时间长，速度差小，则相互作用大。在对驶局面中，两船相对运动速度较大，相互作用力和力矩虽然很大，但相互作用时间短暂，因此相互作用现象不明显；相反，在追越局面中，如果两船速度差较小，则持续作用时间长，作用效果明显。

（4）吨位大小相差较大的两船并航时，较小的船受影响较大。

（5）在浅窄的受限水域中航行时，相互作用比广阔的深水域中明显。

三、富余水深

在浅水域中操纵船舶，有时会出现舵效极度降低甚至无舵效，即不能自力操船的局面；横移阻力因水浅而过分增大，不得不依赖拖轮支援；在浅水域航行船体进一步下沉会危及船体、舵和推进器的安全，甚至危及主机的正常工作。因此，在浅水域中为保证船舶安全航行，应使水深超过实际吃水，并保有一定的安全余量，这个安全余量通常称之为富余水深。

如图 8—12 所示，富余水深可由下式求出：

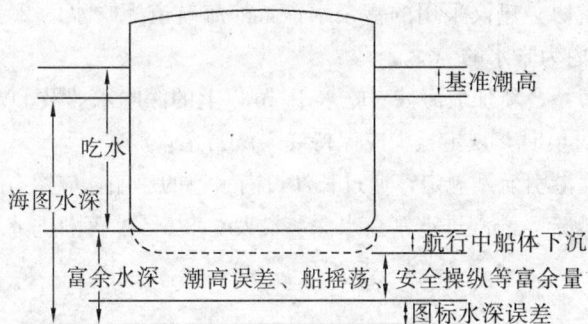

图 8—12　富余水深

富余水深＝海图水深＋当时当地潮高－船舶静止时的吃水

（一）确定富余水深应考虑的主要因素

（1）船体下沉和纵倾的变化，尤应注意船首下沉量。关于浅水域中船首下沉量的计算，可按本节介绍的方法计算。

（2）船体在波浪中的摇荡，包括横摇、纵摇及垂荡造成的实际吃水的可能变化。

横摇时吃水增加量：$\frac{1}{2}B \cdot \sin\theta_m$；纵摇时吃水增加量：$\frac{1}{2}L \cdot \sin\varphi_m$；垂荡时吃水增加量为垂荡振幅。

式中：θ_m——最大横摇角；φ_m——最大纵摇角。

（3）海图水深的测量误差。海图图标水深含有测量误差，国际上规定的测深误差的界限标准为：水深 20 m 以下，允许误差为 0.3 m；水深为 20 m～100 m，允许误差为 1.0 m；水深 100 m 以上，允许误差为水深的 10%。

(4) 其它方面。

① 当时当地的潮高误差。

② 大气压变化引起的水位变化。气压每升高 1 hPa，水面下降 1 cm。

③ 水的密度变化引起的吃水变化。设船舶由海水（密度为 ρ_1）进入淡水（密度为 ρ_2），则吃水增加量为：

$$\Delta d = d_1 \cdot \frac{C_b}{C_w}\left(\frac{\rho_1}{\rho_2}-1\right)$$

式中：d_1——船舶在海水中的吃水；C_b——方形系数；C_w——水线面系数。

④ 保护主机。主机冷却水进口，如使用船底的海水进口时，至少需有冷却水进口直径 1.5～2 倍的船底富余水深。

综合以上因素，在确定富余水深时，海图水深应减去海图水深的测量误差、气压升高引起的水位下降；当时当地的潮高应减去潮高误差；船舶吃水应加上浅水中船体下沉量、摇荡时吃水的增加量、水密度降低引起吃水的增加量。

（二）确定富余水深的参考实例

(1) 欧洲引航协会建议采用的富余水深：外海航道为吃水的 20%，港外航道为吃水的 15%，港内为吃水的 10%。

(2) 马六甲海峡、新加坡海峡对吃水 15 m 以上的深吃水船及 DWT 为 15 万吨以上的超大型油轮过境时，规定至少应保持 3.5 m 富余水深。

(3) 我国上海港引航站规定，通过长江口南水道的船舶，应留有 0.6 m 的富余水深；又如大连港规定，涨潮进港富余水深≮最大吃水 5%，落潮进港富余水深≮最大吃水 10%。

第九章　船舶操纵

第一节　锚泊

船舶在候潮、检疫、等候泊位、避风或在锚地进行装卸作业时，均需在锚地抛锚，使船舶稳妥地停泊在锚地。锚泊作为一种停泊方式具有作业简单、机动性较高、抗风浪能力强等特点。在锚地下锚，进行锚泊操纵并非十分复杂，但事先应做好充分的准备和周密的计划。在整个操纵过程中，若对外界的风流条件和周围的环境疏忽大意或操纵不当，也常会出现断链、丢锚、损坏锚机，甚至发生走锚、搁浅和碰撞等事故。因此，除提高驾驶人员的工作责任心外，在锚泊操纵的技术和经验上，尤其对正确选择锚地和锚泊方式，正确掌握抛起锚的方法、要领和出链长度，以及在锚泊中一旦发生走锚，如何正确判断和采取必要的应急措施等，都必须具备足够的知识和本领。

一、锚地和锚泊方式的选择

（一）锚地的选择

一般情况下，船舶均在已设定的港外锚地或江河入口处的锚地锚泊。由于锚地范围已定，操船者只要根据本船具体条件和当时锚地周围的客观环境，选择较为安全的抛锚地点下锚即可。然而，在特殊情况下，船舶根据需要或可能需在一个较为生疏的水域下锚时，这就要求操船者根据海图、航路指南等航行资料，以及水文气象预报做出合理选择。特别应该注意选择对船舶的作用力影响较小的自然条件、地形条件，有利于安全锚泊的水深条件和底质条件。也就是说，锚地选择应注意以下基本要求。

1. 适当的水深

锚地水深的选择至少应考虑船舶吃水、海图水深、潮高、波高、船舶的摇荡及锚机的额定负荷能力等因素。

在无浪涌侵入、遮蔽良好的锚地，当短时间锚泊且需自力操船时，所选锚地的水深在低潮时应具备不小于 20％船舶吃水的富余水深，否则便难于自力操纵；即使有拖轮协助操纵，该富余水深也应不小于船舶吃水的 10％。

在浪涌侵入，或锚地对风浪遮蔽不良时，考虑到船舶摇摆、垂荡时可能出现的船舶墩底现象，低潮时的水深 H_{low} 应大于 1.5 倍的船舶吃水 d 加 2/3 最大波高 H_{max}，即：

$$H_{low} > 1.5d + 2H_{max}/3$$

在水深足够时，则应注意可抛锚的最大水深界限。理论上的最大水深是指锚机所能绞起的锚和链的重量的水深。根据经验，锚地最大水深一般不应超过一舷锚链总长的 1/4，否则将会影响锚的抓力，老旧船舶甚至可能出现起锚困难。

2. 良好的底质和海底地形

锚抓底后的抓力与底质关系甚为密切，软硬适度的泥底、沙底及粘土质的泥底最好；泥沙混合底较好；硬质或软质泥底较差；石底不宜抛锚。

锚地的海底地形以平坦无斜坡为好，若坡度较陡（海图上等深线较密）则将影响锚的抓力，拖动时容易翻转，引起走锚。

3. 水流

锚地水流应以流速较缓且方向稳定为好。尽量避免在急流处抛锚。

4. 具有符合水深要求的足够旋回余地

旋回余地应依锚地底质、锚泊时间长短、附近有无障碍物及水文气象条件综合考虑加以确定。通常根据经验可按以下情况来考虑。

(1) 港区锚地锚泊时所需水域。在港区锚地内，由于锚泊船密度较高，一般情况下很难给出宽阔的旋回余地，其锚泊所需水域可按如下方式估计：

单锚锚泊时所需旋回水域半径 R 取：船长 L + 实际允许出链长度 L_C；八字锚锚泊时所需旋回水域半径 R 取：船长 L + 实际允许出链长度 $L_C \times 0.6$。

(2) 港外锚地锚泊时所需水域。在港外锚地抛锚时，虽也有采用八字锚泊方式的船舶，但多数为单锚泊。此时由于船舶距岸较远，因此在确定锚位、船位时很有可能存在误差。如将锚位、船位的误差均记为 r，则锚泊时所需旋回水域如图 9—1 所示。

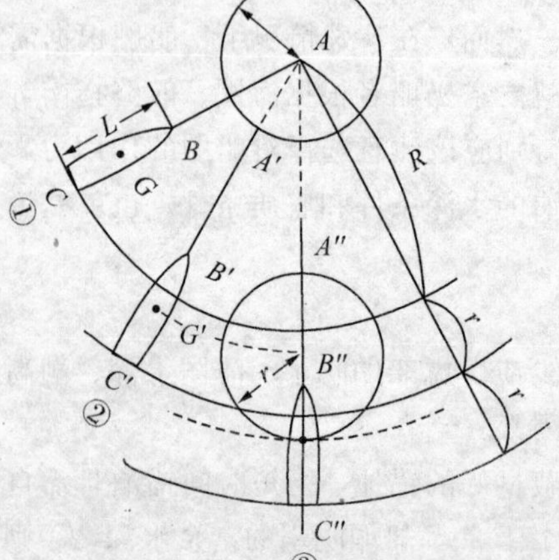

图 9—1 单锚泊所需水域

若锚位、船位均正确，则单锚泊船所需旋回水域的半径 R 取：船长 L ＋实际允许出链长度 L_C，如图 9—1 中的①所示；若锚位、船位均存在误差 r，则所需旋回水域的半径 R 取：$L+L_C+2r$，如图 9—1 中的③所示；若仅锚位存在误差 r 或仅船位存在误差 r，则锚泊时所需旋回水域的半径 R 取：$L+L_C+r$，如图9—1中的②所示。

大风浪等恶劣天气锚泊时，旋回水域的半径 R 应为：

$$R=L+L_C+2r$$

式中：L——船长（m）；

L_C——出链长度（m）；

r——测量误差。在用雷达定位时约为船位至物标距离的 2%。

如图 9—2 所示，大风浪中，两锚泊船之间的最小安全距离至少应为：

$$D=2(L+L_C+2r)-L=L+2L_C+4r$$

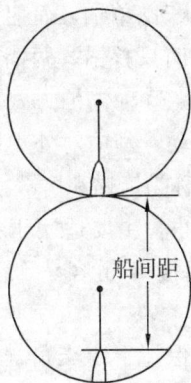

船间距

图 9—2　大风浪中单锚泊船间的距离

5. 良好的避风浪条件

水域周围的地形应能成为船舶躲避风浪的屏障，以保证锚泊水域海面的平静。尤以可防浪涌袭扰的为最好。

风浪的大小受风的吹送距离的影响较大，故应避免在其出口常为迎风的水域锚泊。波的前进方向常折向浅水处，并使波高增大，因此常会看到海岭水域内波能集中、波浪较高，而海谷水域内波能分散、波浪平缓的现象。在有波浪的岛屿周围选择锚地时需很好地予以注意。

当根据气象预报、海浪预报和所处海区盛行的季风选择锚地时，应以避免强风袭扰，靠上风一侧为原则（在避风水域内）。

6. 其它方面

所选锚地附近还应远离航道或水道等船舶交通较密集地区，还应是无海底电缆等水中障碍物的水域。

（二）锚泊方式的选择

锚地选好后，应根据该锚地的底质、水深、风流、潮汐、船舶密度，并结合本船吃水、抗风能力和锚泊时间的长短等情况来决定锚泊方式。锚泊方式一般可分为如下几种。

1. 单锚泊

单锚泊是一种较为常用的锚泊方式。锚泊时抛出左锚或右锚，松出适当长度的锚链使船系留。这是一种抛起锚方便、作业较为容易的锚泊方式。不足之处是风浪增大时，偏荡严重，而且只有一只锚的抓力，旋回所需水域较大。

在一般情况下，应轮流使用左右锚进行单锚泊。为了操作方便，单桨船可抛与进车螺旋桨转动方向相反一舷的锚；当遇横风流时，则应抛上风流一舷的锚。

2. 一字锚

在有潮汐影响的狭窄河道中，若抛单锚，而船舶的旋回余地受限时，可在与潮流流向相一致的方向上，先后抛下两只首锚，两锚及船首三点成一直线，双链交角近于 $180°$，使船首系留在两锚之间，这种锚泊方式称为一字锚。在风流影响下，船舶以船首为支点随风流的方向而转动。其中对外力影响起主要系留作用的锚和链称为力锚和力链，而另一只锚和锚链称为惰锚和惰链。

一字锚泊方式旋回所需水域最小，主要适用于狭窄水域和内陆江河。但操作较为复杂和费时，风流方向多次变化后，双链容易绞缠，故不宜作为抗风防台锚泊法。

3. 八字锚

将左右两锚先后抛出，使双链保持一定交角（一般为 $30°\sim60°$）成倒"八"字形，使船系留的锚泊方式。在锚地底质较差、风大流急、单锚泊抓力不足时，可抛八字锚。这种锚泊方式可同时起到增大抓力和抑制偏荡两方面的作用。不足之处是操作较为复杂，在风流多次变向后双链常发生绞缠。

4. 一点锚

一点锚亦称平行锚。船舶同时抛下左右两锚，使双链保持平行，即两链夹角为零度的锚泊方式。该锚泊方式可以抵御强烈的风浪，也可在江河中抵御湍急的水流，是可以最大限度地发挥双锚锚泊力的一种锚泊方式。缺点是由于两锚距离较近，偏荡现象尚难受到抑制。我国南海海域常受台风袭扰，许多船长采用平行锚泊方式抗台取得了可喜的成绩。在抓力最大，操作简便，左右锚受力均衡，应急及时等方面，不失为抗台的有效之策。

二、锚抓力

（一）锚的抓底性能

锚的抓底性能的优劣是由锚本身的抓力和锚啮土后拖锚姿态的稳定性共同决定的。如锚能给出较大的抓力，而且在锚被拖动时不因外力影响，而发生以锚干为轴的横向自转，则该锚具有良好的抓底性能。不同锚型的锚，其抓底性能也各不相同。图9—3为无杆锚和有杆锚的抓力特性曲线的比较。

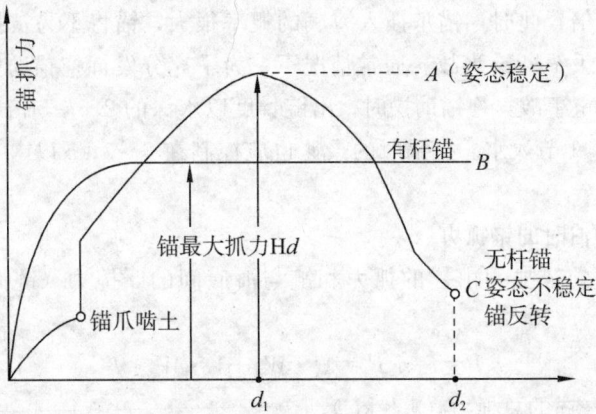

图9—3 锚的抓力特性曲线

着底的锚随着锚体被拖动而表现出的抓力变化曲线称为锚的抓力特性曲线。由图9—3可知，无杆锚着底后，随着它在海底被拖动，锚爪插入底土，抓力逐步增大，至d_1时抓力达最大值，如图中的曲线A点。此时，如外力小于其最大抓力，则锚爪姿态稳定；如外力增大并超过其最大抓力，则锚被拖动。在拖动过程中，由于锚爪所受底土的阻力不等，造成锚抓底姿态失衡，锚就开始以锚干为轴转动，最终锚爪翻转，抓力大幅度下降。以霍尔锚在砂底水槽中的拖锚实验为例：其抓力最大值约为锚体自重的3～5倍；在锚干自转角度达到35°～45°时，锚拖动的距离达5倍锚长左右，其抓力开始下降；当锚拖动距离达锚长的9～10倍时，锚爪向上翻出底土，抓力锐减，其抓力约为锚重的1.3～1.5倍，即锚与底土的摩擦力，如图中的C点所示。

有杆锚抓底后，由于有锚杆的存在，抓底相当稳定，而且始终能发挥最大抓力，也不会因锚被拖动使抓力有所下降，如图中的曲线B所示。

从无杆锚和有杆锚的抓底性能来看，无杆锚比有杆锚的抗走锚能力要差。

（二）锚的抓力与链长

根据试验，当底质为泥沙时，霍尔锚的抓力与出链长度、水深的关系如表9—1所示。

表9—1 锚的抓力与链长、水深的关系

出链长度/水深（L_a/H）	1.5	2.0	2.5	3.0	3.5
抓力/锚重（H_d/W_a）	0.66	1.01	1.39	1.74	2.09

注：W_a为锚在空气中的重量。

由表中所列数据可知，当出链长度为水深的 2 倍时，抓力只相当于锚的重量。但随着出链长度的增加，抓力也将逐渐增大。当出链长度超过 3 倍水深时，抓力将超过锚重的 1.7 倍，此时，锚爪插入海底的概率很大，锚将不易被拖动，如船速过高，则可能导致丢锚断链事故。通常情况下，为了充分发挥拖锚助操效果，又不致拖不动或发生断链事故，拖锚助操时，出链长度以水深的 2.5～3 倍为妥。如水深为 10 m 时，可出链 1 节入水。抛锚时的余速也应控制在 2～3 kn 以内（轻载 3 kn，重载 2 kn）。

（三）单锚泊时的锚抓力

单锚锚泊时的锚抓力由锚的抓力和链与海底间的摩擦力（链抓力）两部分构成，即：

$$P = P_a + P_c = \lambda_a \cdot W_a + \lambda_c \cdot W_c \cdot l$$

式中：P——锚的总抓力（9.8 kN）；

P_a——锚的抓力（9.8 kN）；

P_c——链的抓力（9.8 kN）；

λ_a——锚的抓力系数；

λ_c——链的抓力系数（取 0.75）；

W_a——锚在空气中的重量（t）；

W_c——每米锚链在空气中的重量（t）；

l——卧底链长（m）。

由上式可知，锚泊力与锚重、每米链重和卧底链长及锚和链的抓力系数有关。另外，锚的抓底稳定性能也是影响锚泊力的重要因素。

显然，锚泊力与锚重、每米链重成正比关系。在水深一定时，出链越长，卧底锚链也越长，抓力增大；抓力系数越高，抓力也越大。

1. 锚型与抓力系数

锚的种类较多，形状各异，对锚泊力影响较大。常用锚的抓力系数如表 9—2 所示。

表 9—2　常用锚的抓力系数

链的种类	霍尔锚	斯贝克锚	JIS 锚	AC—14 型锚
通常锚泊时抓力系数	4	4～6	3～3.5	7～11

可见，在砂底中正常姿态抓底时，霍尔锚的 λ_a 可取 4，大抓力型的 AC—14 型锚的 λ_a 可取 7～11。JIS 锚（与霍尔锚类似的日本锚类型）的 λ_a 可取 3～3.5。

2. 底质与抓力系数

锚地的底质多为砂、泥和黏土或其混合物。根据黏土含有的比例不同，可分为：

砂质底——砂中含黏土量在 20％及以下；泥底——含黏土 20％～40％；黏性底——含黏土量在 40％以上。

在海上实验中，锚的抓力系数在砂质底中，霍尔锚的抓力系数 λ_a 取 3.5，AC—14 型锚 λ_a 取 7 较适当；在泥底中，霍尔锚的 λ_a 取 3，AC—14 型锚 λ_a 取 10 为妥。实验表明泥的抓力系数不一定比砂大，尤其是浮泥或软泥时，抓力系数大大降低。

三、单锚泊时的出链长度

船舶抛单锚停泊时，保证安全锚泊的必要条件是使锚泊力等于或大于船体所受的外力。当外界环境条件不同时，出链长度也是不同的。

（一）正常天气条件下的出链长度

正常天气条件的出链长度，可根据锚地的水深加以估算。出链长度与锚地水深的关系见表 9—3。

表 9—3　正常天气条件下的出链长度

水深 H（m）	出链长度/水深　L_c/H
$H<10$ m	5～6
10 m$<H<$20 m	4～5
20 m$<H<$30 m	3～4
$H>30$ m	2～2.5

（二）风浪天气条件下锚泊时的出链长度

风浪天气条件下锚泊时的出链长度，可根据风速的大小，按下述经验公式估算。

当风速为 20 m/s（相当于蒲福风力 8 级）时，出链长度为：

$$L_c = 3H + 90 \text{ m}$$

当风速为 30 m/s（相当于蒲福风力 11 级）时，出链长度为：

$$L_c = 4H + 145 \text{ m}$$

（三）急流水域锚泊时的出链长度

我国长江口急流地区，根据当地水深约为 20 m 的情况，单锚泊时出链长度依据流速来确定，一般不低于表 9—4 所列数值。

表 9—4　长江口急流区单锚泊时的出链长度

流速 V_C（kn）	3	4	5
出链长度 L_C（节）	4	5	6

注：也有建议在表列数据的基础上再加 1 节。

四、拖锚淌航

采用进抛法抛单锚时，常有一段拖锚淌航距离，为能使锚准确地按计划抛至预定锚位，船舶驾驶员应在抛锚拖航之前明确本船的拖锚淌航距离。该值不仅对抛锚，而且对靠泊中船舶制动也十分重要。

拖锚淌航距离是指船舶在大致保向的前提下，从抛锚点开始凭借拖锚阻力刹减余速使船制动，到停船点的距离。

根据经验与计算，拖锚淌航距离与船舶排水量、余速、船舶阻力、拖锚制动力和流速有关。准确掌握该数据在各种参数改变时所发生的变化，应在实践中对具体船舶在不同载重量、余速、出链长度下的拖锚淌航距离进行反复测定和对比，才能做到与实际情况相适应。

静水中，靠余速前进的船舶，船体阻力因船速极低其值很小，因此可以忽略；另外拖锚阻力随船舶余速降低而减小的变化也不明显，因此这种变化也可忽略不计。

根据动能定理，有 $P_a \cdot S_t = \frac{1}{2}mV_s^2$，即 $S_t = \frac{mV_s^2}{2P_a}$，转换单位后可得拖锚淌航距离为：

$$S_t = 0.013\,5\,\frac{\Delta V_s^2}{P_a}$$

式中：S_t——拖锚淌航距离（m）；

Δ——船舶排水量（t）；

V_s——开始拖锚时的船舶余速（kn）；

P_a——拖锚时锚的抓力（9.8 kN）。其值可根据出链长度与水深的比值，查表9—1算出。

例题：某轮 $\Delta = 17\,000$ t，锚重 $W_a = 5$ t，水深 $H = 11$ m，试求以 3 kn 余速拖双锚和以 2 kn 余速拖单锚时的淌航距离 S_t。

解：由 $L_c/H = 27.5/11 = 2.5$，查表9—1，得 $P_a/W_a = 1.39$，根据公式：

2 kn 余速拖单锚：$S_t = 0.013\,5 \times \dfrac{17\,000 \times 2^2}{1.39 \times 5} = 132.1$ m

3 kn 余速拖双锚：$S_t = 0.013\,5 \times \dfrac{17\,000 \times 3^2}{1.39 \times 5 \times 2} = 148.6$ m

在实操中估算落锚点时，除了主要考虑拖锚淌航距离外，还需考虑出链链长的纵向水平投影长度。

五、锚泊操纵

（一）单锚泊操纵

1. 抛锚的基本方法

（1）后退抛锚法。

当船舶到达预定抛锚点，在船身对地略有退势时抛下首锚的操纵方法，称为后退抛锚法。该方法由于锚抛出后锚链是向前伸出的，不致擦碰船舷外板，且抓底过程短，抓底概率高，安全方便。船舶在一般情况下锚泊时，通常采用此法。

（2）前进抛锚法。

当船舶对地略有进速时，抛出首锚，称为前进抛锚法。该方法控制航迹和船首容易，并能较准确地将锚抛至指定位置，但锚抛下后锚链指向船尾，易擦伤船首油漆和外板。一般在顶流靠泊操作、狭水道中顺流抛锚掉头、海底倾斜的深水区抛锚、一字锚操作和不得已横风进入锚地时，采用此种抛锚法。

2. 抛锚操纵要领

在后退抛锚法中，抛锚操纵应注意以下要点：

（1）船身与（风、流）外力的交角宜小。

为使锚得以稳定入土，船舶在锚泊时应顶风、流或顶风、流合力的方向。船舶空载且风强流弱时，应顶风；船舶重载且流强时，应顶流。尤其是重载急流时，船首尾线与流向的夹角越小越好，一般不应超过15°。若交角过大，锚链将会承受过大的水动压力负荷，易造成断链事故。因此，若重载顺流进入锚地时，在抛锚前应先掉头（或先抛短链），使船首迎流后再抛锚为妥。

（2）抛锚时余速宜小。

抛锚时船舶余速应严格控制。中小型船舶应控制在2～3 kn以内，万吨级的应控制在1.5～2 kn以内，满载时取小值。抛锚时的余速可根据正横串视标及其他锚泊船与其背景的相对运动来判断，也可利用本船倒车排出流水花来判断。在静水或缓流水域中，当倒车排出流水花到达船中时，可判定船舶对水已停止前冲；在水流较急水域，不宜看倒车水花，因此时船虽对水已停止移动，但对地却以近乎流速漂移。在夜间对流向、流速不太了解并对余速判断不明时，可先抛短链（出链两倍水深以内）即刹住，根据锚链方向和松紧程度，判断对地船速及水流方向，再用车舵将船首向调整至顶流方向，并保持略有退势时再松链。

（3）松链。

一般最初出链两倍水深时，即应刹住锚链使锚受力。锚被拖动过程中，锚爪逐渐插入海底。当观察到锚链与水面的交角逐渐缩小到60°左右时，说明锚已抓底，方可继续松链。松链时要求船舶仍有退势，一次不能松得太长，以后根据锚链的受力情况再半节、半节的松出。如松链过程中锚链前伸受力较大时，说明船退速过快，应及时进车配合；如锚链垂直，说明船已停住，应暂缓松链，防止锚链堆积绞缠在一起，并用倒车配合。

当锚链松至预定链长最后刹住时，如锚链一度拉紧而向水面抬起，然后又松弛下来达到正常状态时，说明锚已抓牢（船首判定）；当锚链拉紧时，船首的左右摆动一度停止，而随着锚链的松弛又开始摆动起来，亦说明锚已抓牢（驾驶台判定）。抛好锚并松妥链后，除了应将刹车带刹紧外，还应合上制链器，以防风、流较大时锚链刹不住而滑出。

3. 深水抛锚

船舶有时需要在深水中锚泊。由于锚和链的重量较大，按普通抛锚方法操作时，将导致出链速度过快，制链时易烧坏锚机刹车带，甚至发生断链丢锚和损坏锚机等事故；同时由于锚触底速度过快，还可能损伤锚冠。因此，船舶在深度超过 30 m 水域中抛锚时，应采用下述操作方法：

（1）当水深超过 30 m 时，不可将由锚链筒吊于水面上方的锚直接抛出，应用锚机将锚送至离海底 5～10 m 时，再用刹车抛锚。

（2）当水深超过 50 m 时，应用锚机将锚送至海底，再用刹车逐渐松出锚链。

（二）双锚泊操纵

1. 一字锚操作要领

一字锚的抛法通常有两种，如图 9—4 所示的顶流后退抛锚法和顶流前进抛锚法。

（1）顶流后退抛一字锚。

如图 9—4（a）所示，船舶沿锚位线顶流前进至上游锚位前，及早减速停车，并适时倒车，使船在到达预定的力锚位置时略有退势（位 1）。抛下力锚，如有横风，力锚应是下风舷锚；借助退势逐渐松链，利用车、舵调整航向及退速，当锚链松至两锚的预定出链长度之和时抛下惰锚（位 2）；适当进车，在松出惰锚链的同时，收绞力锚链，当两锚链调整至预定出链长度时刹住（位 3）。

该抛锚方法有利于防止前进抛锚时，使锚链承受较大应力的缺点。但顶流后退抛锚时，船身在风流合力的作用下，锚抛出后，锚链会横过船首，擦损油漆。若风流过大时，惰锚的位置也将难以控制，且耗时较长。

（2）顶流前进抛一字锚。

如图 9—4（b）所示，船舶缓速前进至下游锚位时抛下惰锚（位 1）。如遇有横风时，惰锚应为上风舷锚。松锚并利用车舵控制船舶沿锚位线缓慢前进，当锚链松至两锚的预定出链长度之和时刹住，俟惰锚链拉紧船有退势时抛下力锚（位 2）；然后松出力锚链，同时绞进惰锚链，利用水流作用使船平稳后退，调整两链至预定链长时刹住即可（位 3）。

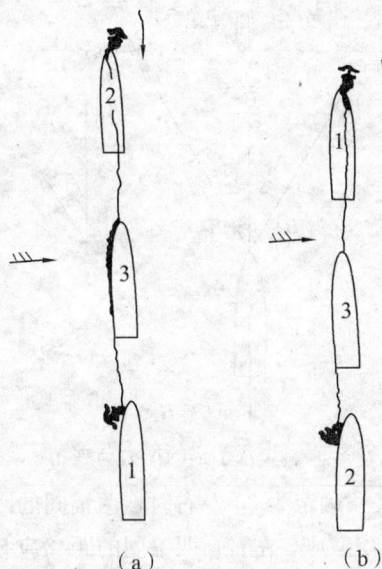

（a） （b）

图9—4 一字锚的抛法

此法操纵容易，锚位准确，操作用时较短。但当富余水深不大时，采用此法则有可能使船从惰锚上驶过，而擦碰船底。

一字锚两链松出的长度可参考前面叙述的方法加以确定。当锚地涨落潮流一致时，两锚链应等长；若锚地落潮流较强时，上游方向一锚的锚链可增加一节。一字锚抛好后，在转流时应将惰锚链绞紧，并向惰锚链一舷操一舵角，这对防止双链绞缠很有作用。

2. 抛八字锚的操纵要领

八字锚泊两锚位连线的方向应尽可能与风流方向相垂直，两锚出链长度相等，使两链均匀受力。如图9—5所示，当两链夹角为 θ 时，八字锚的抓力 $P_合$ 为2倍的单锚抓力 P 在首尾线方向上的分力，即

$$P_合 = 2P\cos\theta/2$$

由上式可知，两链夹角 θ 越小，八字锚的抓力 $P_合$ 就越大，但锚泊中船舶易发生偏荡；θ 越大，$P_合$ 就越小，但有助于缓解偏荡。实际操作时，应根据外力的影响选择合适的双链夹角，以达到既能保证正常锚泊所需的抓力又能起到减小偏荡的效果。船舶抛八字锚，当两链夹角 $\theta=30°$ 时，$P_合=1.93\,P$，此时锚泊力大，但易偏荡；当两链夹角 $\theta=60°$ 时，$P_合=1.73\,P$，此时锚泊力较大，也能减轻偏荡；当 $\theta=90°$ 时，$P_合=1.41\,P$，锚泊力较小，减轻偏荡的效果好；当 $\theta=120°$ 时，$P_合=P$，起不到抛八字锚的作用。

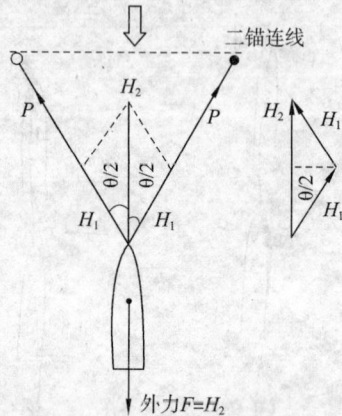

图9—5　八字锚的抓力与夹角

抛八字锚时，如两链夹角确定为30°左右时，两锚间的距离应为预定链长的一半或接近一半；当两锚夹角确定为60°左右，两锚间的距离应与预定出链长度相等或接近相等。在确定了两锚间距和双链夹角后，应根据当时具体情况，采取适合当时环境和条件的操纵方法。

（1）顶风流后退抛八字锚。

如图9—6所示，操纵船舶顶风流缓速驶向第一锚位点，按顶风流后退抛单锚的操作方法抛下左锚（位1）；船舶在风流的作用下后退，逐渐松链2节至位2处；进车右舵，根据所需两链夹角及预定出链长度，边松左链边驶向第二锚位点（位3），当锚链松出的长度符合所需夹角要求并受力时微速倒车，视船有后退趋势时，抛下右锚；船身在风流的作用下开始后退，松链至预定链长，调整两链受力均匀，刹牢即可（位4）。若将已处于单锚泊中的船舶，改为八字锚泊时，则应在强风来袭前进行。先将已抛出的锚链收短至2～3节，仍足以将船系住（相当于图9—6中的位2处），然后依照上述顶风流抛八字锚的方法进行。

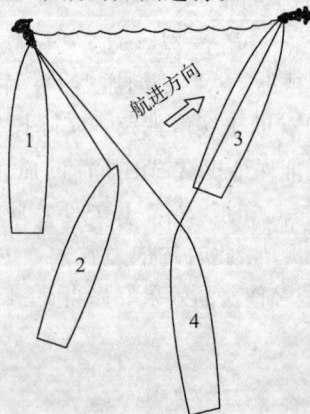

图9—6　顶风流后退抛八字锚

（2）横风流抛八字锚。

横风流抛八字锚的方法有两种，即横风流前进抛法和横风流后退抛法。

① 横风流前进抛法。如图 9—7（a）所示。船舶横风流缓速航进，抛锚前最好先向上风流舷转舵，至位 1 时抛下上风流锚；松链慢速进车，根据预定的出链长度和所需的两链夹角，确定松链长度，待锚链受力后，微速倒车，视船有后退趋势时，抛下另一锚（位 2）；船舶在风流外力的作用下向下风流方向移动，松链至预定链长，调整两链受力均匀，夹角合适即可（位 3）。

② 横风流后退抛锚法。如图 9—7（b）所示。船舶横风流缓速航行，至位 1 前停车、倒车，当船略有退势时抛下下风流锚（位 1），船舶后退松链。同样，根据预定链长及所需的两链夹角确定出链长度，当锚链受力后，微速进车使船体略有前进的趋势时，抛下另一锚（位 2）。船身在风流外力的作用下，向下风流方向移动，逐渐松链至预定出链长度，调整两链夹角，合适受力均匀即可（位 3）。

横风流抛八字锚时，抛锚的先后次序的确定，是以在抛锚操作过程中锚链不致被压入船底和不致造成两链相互绞缠为原则。因此，在横风流前进抛法中，第一锚应为上风流锚；在横风流后退抛锚法中，第一锚应为下风流锚。

横风流前进抛锚法较横风流后退抛锚法容易保向，且两锚位也较准确，操作时间短，在实际操作中多采用横风流前进抛法。

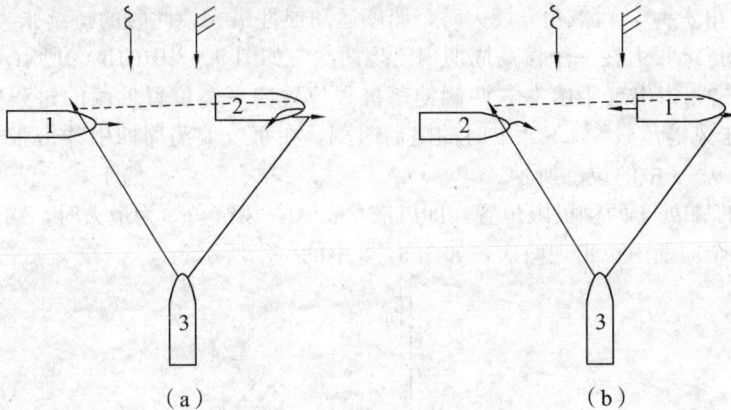

图 9—7　横风流抛八字锚

3. 一点锚

一点锚在抛法上，比其他双锚泊方法都简单，只需操纵船舶顶风流使船略有退势时将双锚同时抛出，然后将两锚链同时松至预定链长即可。由于长度相等的两链在同一方向上同时张弛，故始终同时受力，在任何风向作用下，其锚泊力 $P_合$ 均等于 $2P$；只要做到两舷锚链等长，船体左右两舷所受外力较之抛单锚时更接近均衡，增加了锚泊的稳定度，故比单锚泊时偏荡小。另外，抛锚时机非常机动，又可及早松足锚链，在大风浪中也不再需要调整，且风流方向变化时两链也不会发生绞缠。因此，一点锚最适合于抗台使用。一点锚的缺点是当风力增大到相当强度时（如 10 级以上），船身偏荡较大，需用车、舵配合才能加以抑制。

六、偏荡、走锚

（一）单锚泊船的偏荡及其缓解

抛单锚的船舶、抛一点锚的船舶以及抛八字锚的船舶（两链夹角较小），都会由于强风的作用而发生偏荡。锚泊中的船舶偏荡会增加锚链的张力，影响锚的抓力，甚至引起走锚。

1. 单锚泊船的偏荡运动

单锚泊中的船舶，因受风动压力、水动压力和锚链拉力周期性的变化而导致首摇、纵荡和横荡相复合的周期性运动，称为偏荡运动。如图9—8所示，锚泊船在偏荡时，船舶重心将描绘出一个与风向垂直的"∞"字形轨迹。一般说来，抛锚一侧的横荡幅度（半个"∞"字形）相应小些。此外，锚泊船在流的作用下也会产生偏荡，但其偏荡幅度相对于强风的作用要小，一般认为在波浪、涌浪作用下锚泊船不会产生偏荡。

2. 偏荡中锚链所受的张力

偏荡中锚链的张力由持续张力和在持续张力基础上呈周期性变化的冲击张力两部分组成。

（1）持续张力是指冲击张力出现之后较长时间作用于锚链上的张力，也称定常张力。当风链角 $\varphi=0$，风舷角 θ 最大时，船舶运动惯性最大，此时的持续张力也最大，容易走锚。持续张力在一个偏荡周期内出现两次，如图9—8中的位③所示。

（2）冲击张力出现于由左右两侧偏荡极限位置向平衡位置偏荡的过程中（回折处），并处于风链角 $\varphi=$ 风舷角 θ 时的略后时刻，在每个偏荡周期中冲击张力也出现两次，如图9—8中的位②所示。

（3）当船舶处于两侧极限位置，即风舷角 $\theta=0$，风链角 φ 为最大时，锚链所受张力最小，一个周期内也出现两次，如图9—8中的位①所示。

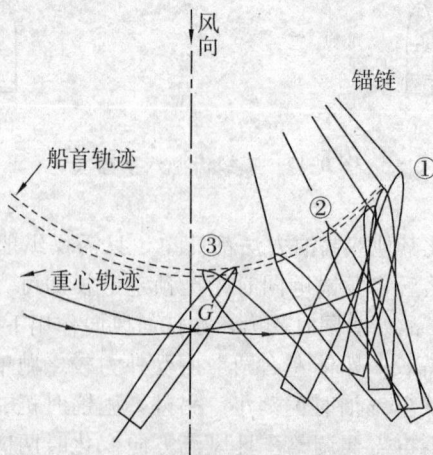

图9—8　单锚泊船的风中偏荡

当风速达到或超过 10 m/s 时，单锚泊船就会出现偏荡运动。风速越高，船体受风面积越大，风动压力中心越靠近船首，则偏荡运动的振幅越大，偏荡周期越短，锚链所受张力也越大。因此，船尾受风面积大的船舶偏荡小，空载时偏荡比满载时大。

单锚泊船偏荡的模型试验表明，当外力及其所造成的偏荡运动越大，不仅冲击张力而且定常张力均有可能超过船舶的锚泊力，从而造成拖锚甚至走锚。

3. 缓解偏荡的方法

长时间剧烈偏荡是导致走锚的主要原因。因此，如何缓解偏荡，对保证锚泊安全非常重要。缓解偏荡的方法主要有：

（1）增加压载水量。

增加吃水可以减少水线以上船体的受风面积，同时增加船体的水阻力，对缓解船舶偏荡有一定的好处。如船舶吃水能够达到满载吃水的 3/4 时，剧烈的偏荡可得到缓解。

（2）将船舶吃水调成首纵倾。

将船舶调成适量的首纵倾，使船体所受风动压力中心后移，水动压力中心前移，从而缓解偏荡。但小型船舶采用该法有一定的危险。

（3）加抛止荡锚。

抛止荡锚是单锚泊船偏荡剧烈时简单而有效的方法之一，其作用是止荡锚的拖锚抓力可有效地保持与偏荡方向反相位，使船首迎风，减小风的作用力。抛止荡锚的方法是在船舶偏荡至未抛锚舷的极限位置并开始向平衡位置荡动时，抛下另一锚。出链长度一般为 1.5～2.5 倍水深。

（4）改抛八字锚。

当风力加强、偏荡严重、单锚泊抓力不足以抵抗外力时，应不失时机地改抛八字锚。双链夹角控制在 60° 左右。这是利用八字锚泊方式可充分抑制偏荡的长处，同时又能增强锚泊力的优点，在风向不变、风力还在增大时彻底消除偏荡的根本措施。

（二）走锚

锚泊船的值班人员，尤其是值班驾驶员为保证安全锚泊，必须对水域中他船动态、水域风浪等情况的变化，本船锚链出链长度的调节，以及本船是否走锚有确切的了解和掌握，并在必要时采取正确的措施。这就是平常所说的锚泊值班，俗称值锚更。值锚更时应注意做好的重点工作有：

1. 及时发现船舶走锚

锚泊船引起走锚的原因很多，主要是由于锚泊力不足以抵抗风流等外力和偏荡造成的。导致锚泊力不足的原因主要有出链太短、锚地底质较差、锚链绞缠、风大流急等。一旦锚链张力超过锚泊力，锚就有可能被拖动、自转乃至翻转出土，从而失去正常锚泊力，这种现象称为走锚。船舶一旦走锚而未被及时发现并采取有效措施，往往会发生碰撞、搁浅、触礁等严重事故。驾驶人员在值锚更时，应该把及时发现走锚、采取有效的防范措施，作为重要的值班内容。判断锚泊船是否走锚的方法主要有：

（1）连续观察船舶偏荡情况。

值班人员应密切观察锚泊船在风中的偏荡情况。如果船舶偏荡仍在持续，说明锚泊力足以抵御外力对船舶的作用及其造成的偏荡的影响，因而船舶并未走锚；如果锚泊船周期性的偏荡运动消失，而且船舶改为单舷受风状态，锚链仅处于船舶上风舷，则可以断定锚泊船已在走锚。这是大风浪中可判定锚泊船走锚的最及时的方法。

（2）观测岸上串视标的方位是否变化。

因在大风浪中锚泊船多以接近横风状态走锚，所以应重点观测船舶首、尾方向串视标的方位是否变化；但在急流水域的锚泊船，则应注意观测船舶正横附近的串视标的方位变化，以判断船舶是否走锚。

（3）观察锚链情况。

正常锚泊时，锚链带有周期性松紧、升降现象。若表现为持续拉紧状态或突然松动的现象，则船舶有可能在走锚。此时，若用手按住锚链则能感到锚链间歇性的急剧抖动。

（4）观测本船与周围其他锚泊船的相对位置是否变化。

注意观察周围其他锚泊船与本船的相对方位和距离，如与他船的相对方位和距离有明显的变化，且他船并未起锚航行，则说明船在走锚。本船位于他船上风流一侧，如相对方位和距离变小，则可判定本船在走锚，反之，则为他船在走锚。

（5）利用各种定位手段勤测船位。

利用陆标、雷达和GPS勤测船位，以便及早发现走锚。事实上利用定位的方法很难及时发现走锚，但在走锚相当长一段时间和距离后，对判断是否走锚仍不失为重要的方法。

2. 发现走锚后的应急措施

一旦发现走锚，值班驾驶员应采取如下措施：

（1）立即加抛另一首锚并使之受力，这是首要措施，同时通知机舱紧急备车，并报告船长。

（2）在查明用车无妨碍时，可用车抵抗外力以减轻锚链的受力，防止船舶继续走锚。

（3）按《国际信号规则》规定，及时悬挂并鸣放单字母信号"Y"（Y——我正在走锚），并用VHF（甚高频无线电话）等通信手段警告附近他船。

（4）如开车后仍不能阻止走锚，则应果断决策，起锚另择锚地或出海滞航。

七、起锚

起锚作业中，应注意下列事项：

（1）起八字锚时，一般同时收绞双链一段距离后，先绞进下风舷锚再绞上风锚；起一字锚时，则应先起惰锚后起力锚。

（2）虽然锚机有一定的功率及过载保护，但绞锚时要逐渐增加锚机功率。如果锚机负荷很重或绞不动时，不应硬绞。应利用锚链的垂重惯性力或用车舵配合，尤其是锚链横过船首或船底，应暂时停绞，待用车舵将船首拎直后再绞。

（3）锚将离底时，锚机负荷最重，此时应放慢绞锚速度。如绞不动，应将刹车刹牢，脱开离合器，开动主机用慢车将锚拖动后再绞。

（4）锚出水后，锚爪上如有障碍物应清除后方可绞贴；用制链器及索具紧固后，方可开航。

（5）在江河港口，锚泊时间较长，锚易被深埋淤泥中，应定期起锚重抛。

（6）起锚时应用锚链水将锚链冲洗干净。

第二节　港内掉头

从港内安全操纵船舶考虑，经常需要进行港内掉头操纵，如遇顺风、顺流进港时，为了顶风或顶流靠泊需在港内先掉头后再靠泊；离港时出口航道在船尾方向也需离泊后掉头出港。

由于港内水域狭窄，条件复杂，很难凭一次全旋回来完成掉头操纵。港内掉头需综合考虑车、舵、锚、缆和拖轮的运用，并对风、流的影响趋利避害，才能顺利完成港内掉头操纵。因此，在进行掉头操纵前，应根据本船尺度、装载情况、操纵性能、风流条件和掉头区的具体情况，制定操纵方案，选择有利的掉头时机；掉头时应悬挂掉头信号，并密切注意来往船只的动态，以防在掉头中出现意外。

一、利用车舵效应掉头

在无风流影响或风流影响较小的狭窄水域内，利用右旋单桨船倒车时船首向右偏转的现象，操纵船舶向右掉头，以缩小掉头水域。如操纵得当应能在 2 L 左右或更小的水域内完成 180°的掉头操纵。具体操作步骤，如图 9—9 所示。

（1）船舶至掉头水域前，先减速、停车将船速降至维持舵效的最低速度，淌航至掉头水域开始掉头操纵前，船舶已基本处于静止状态。如图 9—9 中的位①，操右满舵、前进三。由于此时滑失大，舵效好，船首右转效果好，而且船速较低，船身前冲的距离并不大。

（2）根据前方水域情况，适时改用后退三，待船开始停止前进时，改操左满舵，则在舵力、沉深横向力、倒车排出流横向力的共同作用下，船首进一步右转，如图9—9中的位②所示。

（3）在确信掉头水域足够时，改操右满舵，全速前进，然后根据具体情况适时调整车舵，完成180°掉头操纵，如图中的位③。

这种掉头操纵的方法对于中小型船舶，由于其单位排水量的主机功率较高，船舶进退较容易控制，掉头操纵也较容易。

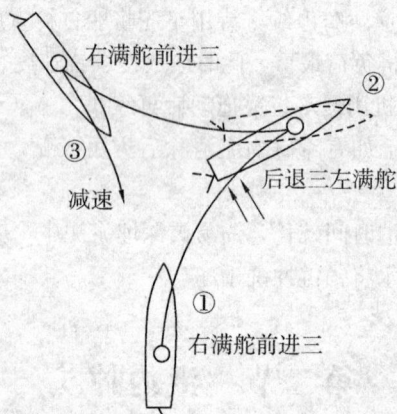

图9—9　右旋定距单桨船利用车舵效应向右掉头

二、风助掉头

空载船利用后退中尾找风的特性，操纵船舶掉头。但应注意的是，下风方向应有足够的水域，如下风方向水域不够时，则应考虑抛上风舷锚，向上风方向掉头或请拖轮协助掉头。根据当时风向的不同，风助掉头的操纵方法如图9—10所示。

（1）如图中的（a）所示，当船舶处于顶风或左斜顶风状态时，操纵船舶向右掉头。具体操作步骤是：位①右满舵，前进三；位②后退三，左满舵；位③右满舵，前进三。

（2）图中的（b）所示，当船舶处于右斜顶风或右正横受风状态时，操纵船舶向左掉头。具体操作步骤是：位①左满舵，前进三；位②后退三，右满舵；位③左满舵，前进三。

（3）如图中的（c）所示，当船舶处于左正横或左斜顺风状态时，操纵船舶向右掉头。具体操作步骤是：位①左满舵，后退三；位②右满舵，前进三。

（4）如图中的（d）所示，当船舶处于右正横后受风状态时，操纵船舶向左掉头。具体操作步骤是：位①后退三，右满舵；位②左满舵，前进三。

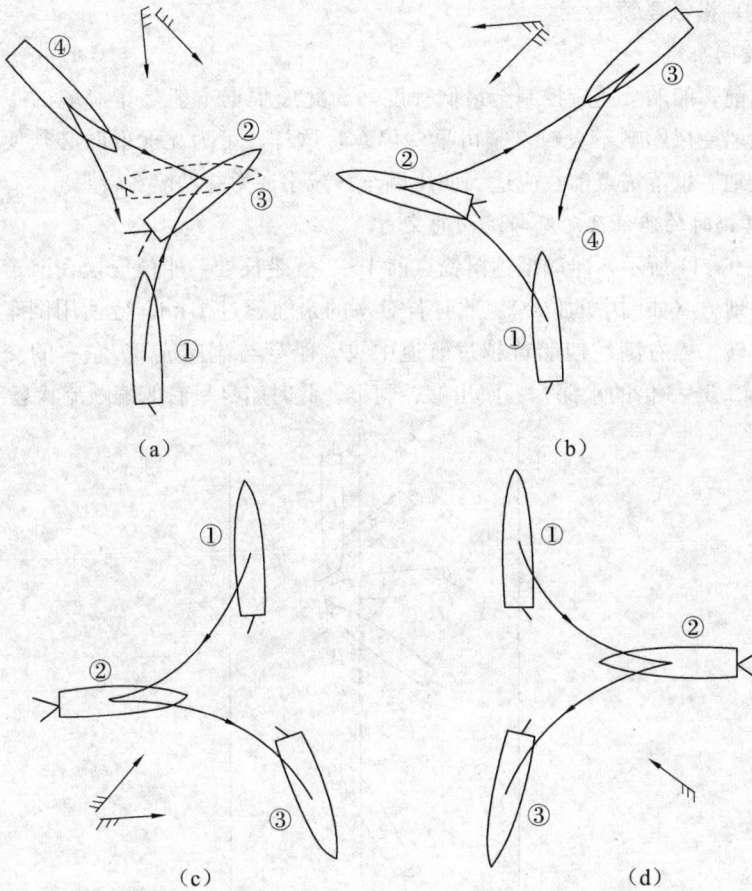

图 9—10 利用"尾找风"协助掉头

三、顺流抛锚掉头

（一）掉头区的流速

顺流抛锚掉头，如系满载船，船舶抵达掉头区时，流速应以 1～1.5 kn 为宜；即便是空载船受流影响容易控制，但也不宜在流速过急时进行，在潮流港要切忌在急涨或急落时掉头，务必使船抵达掉头区时恰为流速趋缓和边流流向未变之前。

（二）掉头方向

一般情况下，右旋单车船以抛右锚向右掉头有利，因抛锚前必须倒车制止冲势，螺旋桨横向力使船首向右偏转。空载左舷来风（风力 4 级以上）时，应采取向左掉头较为有利。在弯曲水道处掉头，应将船首置于凸岸一边，由于凹岸侧水深流急，有利于保护车、舵和助船掉转。

（三）操纵要领

1. 控制余速

抛锚前，船舶余速应控制至最低程度，为此应根据本船停车淌航的距离适时停车。重载船受风影响不大时，宁可早些停车，这样，可为无舵效时必须使用短暂进车留有余地。抵落锚点前，应适当使用倒车，减小冲力并助船右转。

2. 落锚时的船位及船身与流向的交角

如图 9—11 所示，船舶抵达落锚点前 1～2 倍船长处，船位应摆在航道中央略偏左一些的地方（如图中的位 1）。此时若对水的余速超过 1 kn，应使用倒车拉住船身并助船右转，操右满舵使船首越过航道中央，船身与流向成 30°左右的交角，抛右锚，出链 2.5～3 倍的水深，一次出够、刹牢。此时船身呈右舷偏顺流状态（位 2）。

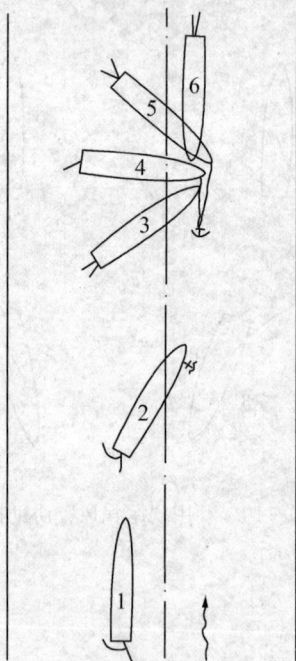

图 9—11　顺流抛锚掉头

如果船对水速度已消失，则船身随流漂移而拖锚淌航。根据公式 $S_t = 0.013\,5\,\dfrac{\Delta \cdot V_s^2}{P_a}$ 可估算出拖锚淌航距离。若抛锚后发现冲势仍很大、拖锚淌航嫌快时，切不可失策松出右链，以免刹不住或挣断锚链；此时，应不失时机地加抛左锚，出链 1 节入水，或者请拖轮助操，立即于左首部进行顶推。

3. 停止拖锚后的操作

当船身停止拖锚淌航，船首转过 70°左右后，由于锚链向后的分力和水动力的作用，会使船身出现后缩现象。在水域较窄时，应注意正横方向串视标的变化，及时使用进车加以抑制（位 3 到位 4）。船处于位 4 至位 5 时，接近横流，锚作为支点吃力最大，可用右舵，片刻微进，以缓和锚链的张力，配合顶流，拎直船身至位 6 方可起锚。

第三节　靠离码头

靠离码头时，船舶处于低速、大漂角、浅窄水域中的运动状态，船舶受力情况较为复杂；船舶运动状态及摆位情况的控制均较困难，但要求却较高。船舶驾驶员需根据本船在上述条件下的实际操纵性能，结合当时靠离码头的具体条件，搜集足够的有用信息，制定完整的操纵计划，并在靠离码头操纵中，巧妙灵活地运用车、舵、锚、缆和侧推器以及拖轮等操纵手段，才能准确地控制船舶的运动状态和摆位情况，完成靠离码头操纵。

一、靠码头

（一）准备工作

1. 掌握与靠码头操纵有关的信息

（1）环境信息。

其中包括港口、航道、码头的信息，泊位附近的风、流、水深的信息，以及港内和泊位附近的船舶交通信息。

港口方面的信息应掌握航道的实际深度、宽度、弯势、走向、掉头区范围及有效宽度、禁锚区等规定细则，还有诸如分道通航制、港内限速、VHF 的作用，以及导航通信设施的使用规定等。此外，尚有各段航道的航向、航程及导航标志的配备等。

泊位方面的信息应掌握码头的走向、泊位长度、水深、前后停船多少、实际泊位空档的大小（一般为船长的 115%～120%）及泊位附近的水域宽度等。此外，还需掌握船舶抵达泊位时当时当地风、流、水深的信息。应充分注意港内、特别是泊位附近因受地域、地形制约，风、流情况与港外的差别及多变等特点。对于静水港主要考虑泊位附近风向与风速的变化，有流港在考虑风的同时还需考虑泊位附近的流向、流速和转流时间。

交通方面的信息则可通过港务局的调度部门和港监局的交通服务和管理部门，及时掌握驶经航道或泊位附近的船舶动态，以便安全避让，并为安全顺利靠泊创造条件。

（2）本船信息。

其中包括本船的操纵性能、载重状态、实际运动状态，以及各种操纵设备投入使用的有效性及可靠程度等信息。

上述信息有的可从船舶有关资料中查找，有的需在操纵中通过观测才能获得，有的则只有在统一掌握船舶设备的状态下才能得到。这些信息也是操船者在靠离码头前必须掌握的信息；否则，靠离码头便失去了操纵的基本保证。

首先需掌握本船的操纵性能信息。性能信息可从船舶资料中获得，如旋回性能、停船性能及船舶操纵性试验得到的操纵性指数等数据。但应注意，在使用这些数据时必须结合港内条件、船舶载重情况，并根据实测和经验予以修正。

还应掌握本船的实际运动信息。这些信息主要有船舶在各种外力影响下的运动方向和运动速度，其中既有船首向和沿船首向移动的速度；也有船首向的变化和船舶纵、横向运动速度的变化，还有本船各种操纵设备的准备情况及运转信息，如车速、操舵角、出链、系缆等情况。

2. 制定计划

掌握信息为制定靠泊操纵计划准备了条件，而完整的靠泊计划则是顺利靠泊的蓝图。

通常，靠泊操纵计划应包括进港准备、港外和港内航道航行操纵、靠泊操纵各阶段内的总体安排，以及各阶段内的主要操纵环节、可能遇到的困难和对策。敏锐的观察、科学的分析、周密的安排、冷静的应对是制定靠泊操纵计划的基本原则。

良好的靠泊计划需就下述内容在时间、空间、操纵措施、关键问题和对策上做出明确的规定。例如，起锚并驶出锚地、驶进浅水区、港外和港内航道、掉头、抵泊和靠泊等。

3. 做好靠泊部署

执行靠泊计划需要全船人员的协同配合和全部操纵设备的综合运用。为此，需做好靠泊部署工作。

（1）人员到位。

进入靠泊部署前，操船者应将靠泊计划、操纵意图、关键环节清楚地向各驾驶员准确交代，详细地给出必要的指示，使之心中有数并发挥主动性。在到位的人员中，应更多注意其能力与特长的发挥；操舵、撤缆、带缆、抛锚等操作岗位的人员必须具有较高的技术水平和认真的工作态度。

（2）设备到位。

锚设备和系泊设备的准备工作，应按靠泊计划进行，混乱则可能导致靠泊失败或引发事故。操舵、操车，乃至操纵主机的各种准备工作也应按靠泊部署要求进行。拖轮的预约和协助也应按计划到位。操船者应通过严密的准备和组织工作，严格防止在关键时刻出现诸如锚不能及时抛出，链不能按要求刹住，缆不能按要求带上或松紧，乃至要车给不出，舵失灵等问题的发生。

（二）操纵要领

在静水港一般是顶风靠泊，当遇到空载强吹开风或吹拢风时，靠拢角度宜大，还应考虑横距的大小，并及早用锚或拖轮协助靠泊；在潮流港除风、流反向外，一般都是顶流靠泊。当重载顶流急靠泊时，靠拢角度宜小，以防压拢力量太大，而损坏码头和下游泊位的船舶。靠码头操纵中，主要应掌握控制余速、选好横距和靠拢角度这三个环节。

1. 控制余速

余速是指停车淌航时船舶对岸（地）的速度。余速太快容易出现事故，原则上要求在能保持舵效的基础上，余速越慢越好，因为这可避免倒车过多而影响船位或角度摆不好；同时还可使用短时间的正车以增加舵效，有利于及时调整靠拢角度和摆好船位；又能提供比较充分的时间进行观察和判断，并对当时发生的情况有足够的时间采取相应的对策。然而，超过安全所需要的慢，则不但浪费靠泊时间，反而会受风、流压的推移，难于控制船位和拢角，使船陷入被动地位。控制余速应注意以下几点：

（1）根据当时风、流情况，载重情况，本船冲程和舵效，掌握好停车的时机。

（2）船舶淌航至泊位后端，距泊位尚有 1.5 倍船长左右时，是控制余速的关键时刻。要不断注意观测岸边景物向后移动速度的快慢，来判断余速的大小。若发现余速太大，应及早用倒车抑制之。但应注意倒车时螺旋桨横向力的偏转效应，可能影响靠拢角度。因此，在接近泊位档子而余速仍较大时，用倒车控制不如及早用拖锚控制稳妥。

（3）船首抵达泊位中点（N 旗）的外档时，余速以不超过 2 kn 为宜，这样只需抛下外舷锚，出链 2.5～3 倍水深并结合少量的半速倒车，在大约半倍船长距离内将船停住。

（4）空载吹拢风或吹开风（横风）较强时，为减少风致漂移，余速应予提高。在此情况下宜提早抛锚控制余速更为稳妥，必要时可拖双锚稳住船身。这样既可大胆使用车、舵进靠泊位，又可在停车后船身很少前冲的情况下将船停下。

（5）浅水码头边的流速，一般较航道中缓慢，船从航道中淌航至码头边，会发现余速变大（尤其重载船更为明显），对此要予以足够的估计。

（6）船舶贴靠码头的速度受码头的强度所限，也应严格控制。一般船舶接触码头的速度以低于 15 cm/s（0.3 kn）为宜。

2. 选好横距

任何形式的靠泊，在船舶驶至泊位外档之前，总是存在着合理地选择横距的问题。就舷靠而言，所选择的横距是指靠泊船的船首在进入泊位后端和驶抵泊位前端横开位置处，距码头边线的垂直距离，如图 9—12 中的 d_1、d_2 所示，并分别称之为初始横距和入泊横距。

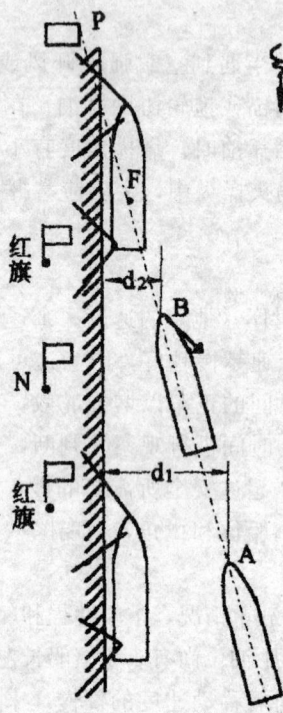

图 9—12　船舶靠泊横距

靠泊前选定合理横距的问题，实质上就是选定合理可行的入泊航迹线的问题。该航迹线即由初始横距和入泊横距的横开端点连接而成的直线，俗称串视线，如图 9—12 中的 AB 线所示。A、B 二点位于水上，故难于利用在船舶入泊的导航之中；较为可行的经验做法是，沿串视线前方选择位于陆岸的两个物标，如烟筒、楼角、旗杆等突出物，作为临时的串视标，并在其距离选择上保证有用作叠标的足够灵敏度，以保证船舶循着串视线驶至泊位外档适当位置处。

（1）d_2 的选定。

d_2 为船舶停于泊位外档时船首距码头外缘应保持的横距，即入泊横距。船舶在一般情况下靠泊时，为有效地控制船速，克服风流等不利因素的影响，而且便于车舵机动等，需要抛下外档锚。从锚链吃力、拖锚制速直到将船拉住时，船首与码头边线的横距应具备 15～20 m 的安全余量。当风流不大时，即以该横距为基本参考数据确定 d_2 的值；当有较强的吹拢风或吹开风时，可视本船的装载情况和风流影响的大小予以适量的增加或减少。

选择抛锚点应当服从于具体的操纵方法与要求。若从刹减余速的角度看，应根据船舶对地的余速大小、风流的大小与方向和靠拢角度的大小等因素综合予以确定。一般情况下，设码头边水深 10 m，松链 1 节入水，顶流靠泊，抛锚点可选于 N 旗略前，横距为 30～35 m 处；遇吹开风时可选在 N 旗正横，横距为 50 m 处；遇吹拢风时，可选在泊位后端红旗正横，横距 70～100 m 处。由于各船的具体操纵性能不同，驾驶人员应通过自己的实践，找出本船在不同客观条件下拖锚滑行的距离，作为准确选定抛锚点的依据。

（2）d_1 的选定。

初始横距 d_1，应根据风、流的大小与方向、船舶余速的大小、船舶载重情况、靠拢角度、入泊横距 d_2 及泊位后方有无他船停靠等综合因素来确定。当泊位后方无他船停靠，且风流影响很小时，初始横距 d_1 将仅由泊位长度、靠拢角度和 d_2 的值所决定；靠拢角度如按 5°～10° 计，则 d_1 至少应保持两倍的船宽；当遇有吹拢风时，考虑风致漂移的影响，d_1 应大于 3 倍的船宽；当有吹开风时，从船舶漂移考虑，应当减小初始横距，从船舶保向考虑，在低速淌航中需较大的风压差角，而使船首偏向码头，使靠拢角度变大，这又需要较大的初始横距，因此，初始横距也不宜少于两倍的船宽；泊位后端如已有他船停靠时，初始横距 d_1 的选定应能保证船首由 A 向 B 淌航过程中，船尾的内舷不致因风、流的影响而触碰泊位后端已停靠的他船。

3. 靠拢角度

靠拢角度是指船舶淌航至泊位外档，靠向码头时，船的首尾线与码头之间的交角。由于流向一般是与码头接近平行，故船身与码头边线的交角，也就是船身与流向的交角。靠拢角度的大小取决于船的载重和风、流情况，因靠泊时的船速极慢，为防止风、流压造成太大的漂移和偏转，应适当掌握船身与风、流的交角。掌握好靠拢角度，应注意以下各点：

（1）淌航中需不断调整风流压差，减小船身与风、流的交角，使船始终保持在淌航串视线上，接近泊位外档。

（2）调整靠拢角度宜早，因为调整角度，常需进车和用舵，而当船舶进入泊位外档后，使用进车将会增加冲势而使船舶陷于被动局面。

（3）抛下开锚后，如果横距太大需进一步缩小以利于带缆，则可用车、舵使船身与码头成适当的角度，利用风、流压力，使船身向里靠拢。当需要保持横距时，应及时用车、舵将船身与码头拉平。当首尾带缆时，船身与码头接近平行，先绞首缆使之带力，然后再前后配合绞缆，使船平行地贴靠码头。

（4）在潮流港，重载船顶急流靠泊时，应特别注意靠拢角度宜小。在静水港，空载吹开风或吹拢风靠泊时，靠拢角度宜大，便于控制风致漂移；尤其在强吹拢风的情况下，甚至采用抛双锚的方法，使船身骑住双锚，可大胆地用车、舵来保持较大的靠拢角度，防止船尾甩向码头。

（5）靠嵌档码头时，应在抵达泊位外档时就将船身拉平。当船舶与码头平行时用车、舵使船外舷小角度受流压，让流缓缓地将船横着向里压拢，这样操纵可反复多次，直至能带上缆绳，并顺利贴靠码头。

（6）河道弯曲处的码头，一般有扎拢流，靠泊的时机最好选择在缓流时较妥。靠拢时应及早将船身拉平；必要时将船首略偏外，以减小与流的夹角。

（三）靠泊操纵实例

1. 流水港靠码头

流水港主要受流的影响，一般采用顶流小角度或平行靠泊的方法。尤其是重载船受流压影响较大，故切忌用大角度进靠嵌档泊位，并且还应尽量选择流速较缓时进行。空载船若遇流缓风大时，应着重考虑受风压的影响，故可顶风靠码头；尤其当空载大船遇强吹开风或吹拢风时应备妥拖轮协助靠泊。以下靠泊实例假设的条件为：3 000 吨级的右旋单车船，泊位水深为 8～10 m 左右。

（1）顶流、满载、左舷靠码头。

流速 2～3 kn，风力微弱，泊位前后有船，如图 9—13 所示。

位 1：停车溜航，以 N 旗稍前横距 30 m 处为抛锚点，并选妥串视线；

位 2：进一右舵，以保持船在串视线上为度，并逐渐减小船身与流向的交角；

位 3：拉平船身，保持与后端泊位停靠的他船横距不小于两倍的船宽，若重载船余速太大，应及早在进入泊位前用倒车控制，保持极微的余速进入泊位外档；

位 4：左舵，使船身与码头成 10°左右的角度，利用余速及流压使船身逐渐横进；进入嵌档泊位的角度不能太大，以防流压将船压向停靠在泊位后端的他船；

位 5：船首横进至抛锚点（横距约 30 m），抛右锚出链 1 节甲板，必要时压右满舵，以减小靠拢角度；因重载船流急，不要片面用倒车拉平船身；

位 6：锚链吃力前应及时左满舵，必要时进一，以防船身后缩或将船首向外拉；

位 7：略松锚链 1 节入水，拉平船身，及时带上首缆并使之受力，以防船身后缩。

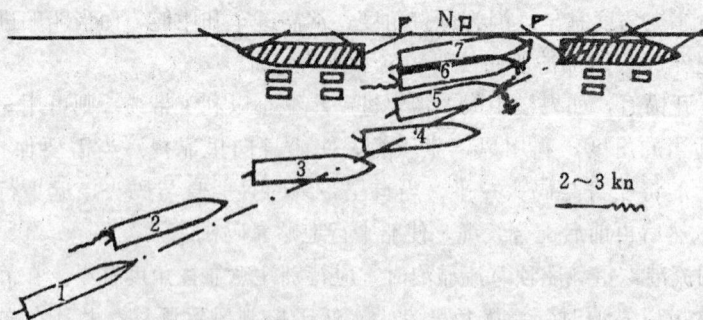

图 9—13　顶流满载左舷靠码头

注：若右舷顶流靠泊，在抵达泊位前使用倒车时应特别注意船首右转，这会增大靠泊角度和难度。因此，右舷靠泊时应尽量减小靠拢角度或在倒车前用左满舵使船首有左转趋势后再倒车，同时还应适当增加船与岸间的横距。

（2）顶流、空载、吹开风右舷靠码头。

流速 1～2 kn，吹开风 5～6 级，有一艘拖轮协助，如图 9—14 所示。

位 1：停车淌航，以 N 旗正横 50 m 处为抛锚点，选定串视线，控制风压差，保持船位在串视线上；

位 2：风被码头上的他船或建筑物等遮蔽，风压变小时，操左舵以防船尾被流压拢；

位 3：及时操右舵进一，以稳住船首为度，防止船首进入泊位后端时被风吹开，若船首稳不住，可立即抛开锚，用进二增加舵效；

位 4：船首抵达抛锚点，抛下左锚 1 节入水，操右舵进一，以防船首被锚链拉出为度，凭余速接近码头；

位 5：距码头约 25 m 时，若冲势大，可及时抛右锚控制。先带前横缆，再带首缆和前倒缆，将船首绞靠后，将缆绳挽在缆桩上（以防缆绳在滚筒上拉不住而滑出，造成船首被吹开而返工重靠），再令拖轮顶船尾使之拢上码头。

注：① 空载因船首受风面积大，易被强风吹开，故也可先令拖轮顶首，待船首带妥缆绳后，再令拖轮顶尾。② 如船舶满载，吹开风又不是很强时，也可不用拖轮协助。其操纵方法是当船舶带好首缆、前横缆和前倒缆后，操外舷舵进车（进车过程中应注意前倒缆的受力情况，以防缆绳崩断，酿成事故），使船尾拢向码头，争取带上后横缆。

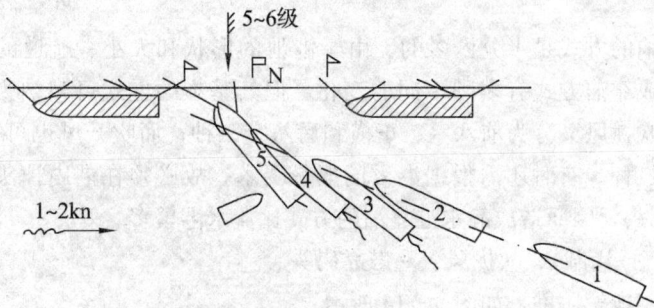

图 9—14 顶流空载吹开风右舷靠码头

（3）顶流、空载、吹拢风右舷靠码头。

流速 1～2 kn，吹拢风 5～6 级，不用拖轮协助，如图 9—15 所示。

位 1：停车淌航，以泊位后端红旗横距 70 m 为抛锚点，选定串视线；

位 2：操左舵进一，维持舵效，以保持船位在串视线的上风侧；

位 3：船首距泊位后端约 1/2 船长时操右舵，稳住船身；当船首至抛锚点时即抛下左锚出链 1 节入水，滑行约 30 m 锚链吃力；若船首被链拉向上风时，应及时进车并压右舵，拖锚靠拢（防止船尾被甩向里舷），保持靠拢角度∠20°；

位 4：船首平 N 旗，抛下右锚出链 1 节甲板（为增加控制进车的冲力）；拖行

15 m左右，右链吃力，此时船身骑住双锚可大胆用车以增加舵效，保持靠拢角度，防止船尾甩向码头；

位5：距码头约10 m时，迅速带上首缆和前倒缆，绞紧首缆（左锚的锚链不能太紧）。当船首贴靠后慢慢回舵，使船尾缓缓受风吹拢靠妥，并带上其他缆绳。

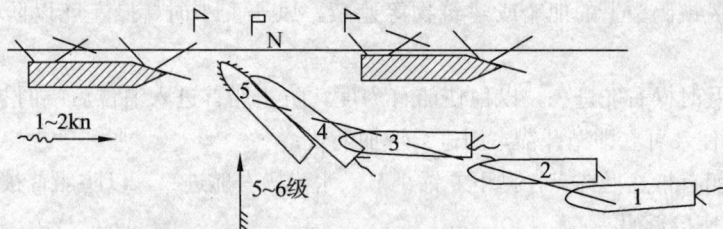

图9—15　顶流空载吹拢风右舷靠码头

2. 静水港靠码头

静水港一般航道较短、港池小，淌航距离受限，航道折向码头的角度较大，泊位情况也较复杂，而且受风的影响较大，不必考虑流的影响，因而在进靠泊位时用车较频繁。为了有效控制余速除应及早用倒车外，还应提前抛锚，用拖锚的办法进行减速。故抛锚点的选择仍是靠泊中的一个关键，吹开风或吹拢风时，开锚横距都不宜少于60 m。一般靠妥泊位后开锚不必绞起，锚链可松出2～3节以上，以利于离开。

静水港靠泊的方式是十分繁多的。由于港池的形状和大小、航道的走向以及风向的变化，造成靠泊方式有多种不同的变化。但其基本的方式可归纳为吹拢风和吹开风两大类。吹拢风又分为前八字、正横和后八字三种；而吹开风也可分为前八字、正横和后八字三种。有时还需根据港方的船舷要求，故必须在港内掉头后才能左舷（或右舷）靠码头，因而造成静水港靠泊的方式比流水港繁多。

（1）空载（或满载）、吹拢风、左舷靠码头。

无流，不用拖轮协助，如图9—16所示。

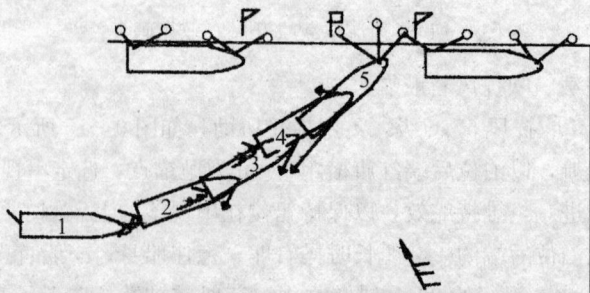

图9—16　静水港吹拢风左舷靠码头

位1：停车淌航，以泊位后端红旗横距70 m处为抛锚点，选定串视线；

位2：船首抵达抛锚点时，抛下开锚，出链1节入水，船滑行30 m左右锚链吃力，此时为防止船尾被风压向码头，操右舵，进一；

位3：适时进一、松链，保持船首与码头成30°左右的拢角，缓慢向码头靠拢；

位4：抛下左锚，出锚链1节甲板，船滑行15 m左右锚链吃力，此时船身骑住双锚，可大胆使用车、舵，增大靠拢角度，减小风压漂移，使船首向码头靠拢；

位5：当船首距码头约10 m左右时，迅速带上前横缆（或同时带上首缆和前倒缆）并尽快收紧，使船尾缓缓地贴上码头。

（2）空载、吹拢风、右舷靠码头。

无流，一艘拖轮协助，如图9—17（a）所示。

位1：船位尽量摆向上风，必要时应开车维持舵效；

位2：进入港池后停车淌航，以泊位下端红旗横距70～100 m处为抛锚点，选定串视线；

位3：船首抵达抛锚点时，抛下左锚出链1节入水，右舵进一向码头支拢；

位4：拖锚滑行30～40 m，锚链吃力后可断续松链，保持船身与码头的拢角∠60°，若余速太大（或风力7～8级以上）即抛右锚出链1节甲板；

位5：大船骑住双锚，拖轮顶首将船首顶靠码头，带妥首缆和前倒缆，拖轮停车，船尾逐渐被吹拢。若吹拢趋势太快，可令拖轮慢车顶住船首以缓和之。

注：在静水港空载强吹拢风的条件下靠泊，常用抛开锚和用拖轮提尾的方式，即称"拉大网"靠泊法为安全，故选择以下三种典型的强吹拢风靠泊实例以供参考：[图9—17（b）]为"拉大网"方法，随风漂移靠泊；[图9—17（c）]为顺港池强吹拢风靠横码头，也可用"拉大网"方法靠泊；[图9—17（d）]为迎风先抛右锚掉头后，拖轮提尾再抛左锚（先绞起右锚），即用"拉大网"方法靠泊。

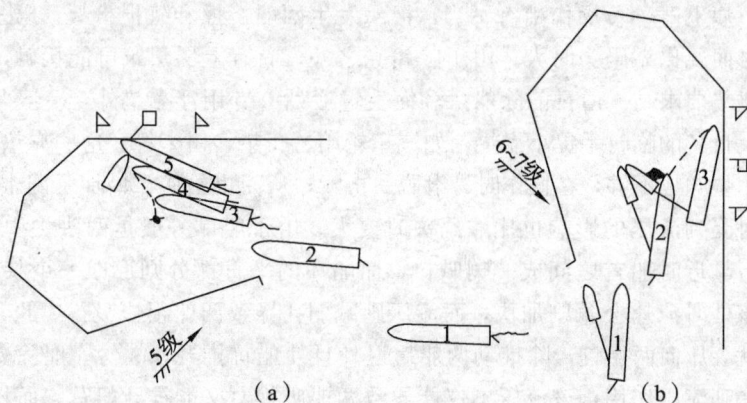

（a）　　　　　　　　　　（b）

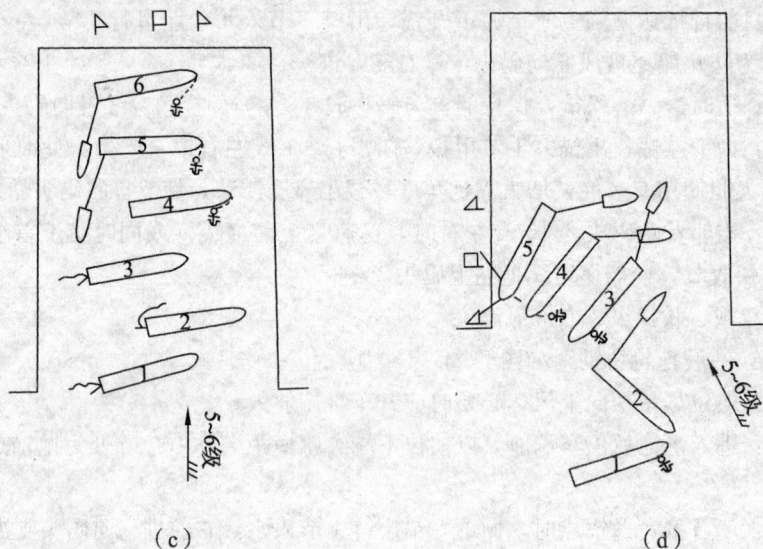

图 9—17　空载、吹拢风右舷靠码头

（四）船间并靠

　　傍靠系泊船、傍靠锚泊船和傍靠在航船，都属船间傍靠。傍靠他船舷侧要比直接靠离码头或浮筒都要复杂和困难。第一，由于被靠泊船的浮动性，它不像码头或趸船有坚实的支柱或锚链所固定。在潮水的涨落、浮筒本身的漂浮、锚泊船受风偏荡和长时间的停泊而使缆绳松动等因素影响下，给靠泊船带来了反弹作用。若靠泊船不能及时带上缆绳，则会导致其船首和船尾被弹开，从而造成两船傍靠失败。第二，因傍靠船的船型、吨位大小、船舶长度、吃水和干舷高度等差异，特别是首尾部的线型下瘦上宽，若操作稍有不当，极易发生两船挤擦和碰损事故。第三，两船傍靠其接触面要比靠码头时大。由于除船壳之外，尚有上层建筑可能接触，因而对傍靠船的碰垫要求高。但目前除船厂和海上过驳站有专用浮靠垫外，一般两船傍靠都采用船上自备的临时手提小靠垫，如汽车轮胎、藤垫、树干等。这些靠垫体积小、作用面窄、垫宽也不够，在操作时易滑脱、挤毁，从而也给傍靠增加了困难。第四，两船傍靠时受到流压的影响也比靠码头时要大。由于船体一般是两头尖中间平直，当两船平行靠近时船首之间成一喇叭口，而船体的平直部分则形成一个狭窄水道，水流流经该处时流速会急剧加快，而流压则减弱，导致两船很快吸拢。此时，喇叭口内水流就会压向两船首，除推动两船后退外且使船首推开，故傍靠船除受反弹作用外，还受到流压作用，该流压不仅能导致两船吸拢，又能推开船首，而且作用于船体时比靠码头会更大。由于码头大都采用框架式，以利于靠泊时的内侧水流从码头下排出，而深吃水船相对来说是个实体，因而内侧水流排放不畅，故导致流压比靠码头时要大。

由于上述四方面的原因，导致傍靠他船要比靠码头复杂和困难，故事先应充分做好准备工作，并注意以下各点：

（1）两船船身不可向并靠一舷倾斜，最好能保持向外舷倾斜 1～2°，防止船舶上层建筑受挤压。

（2）收进两船里舷所有突出的活动部件，如舷梯、吊杆和救生艇等，在两船里舷都应悬挂固定碰垫，并准备好手提靠把，以便靠拢时和靠妥后使用。

（3）傍靠他船时若需用锚，应事先了解被靠泊船是否抛有开锚及其锚链方向和长度，以免发生两链纠缠。

（4）尽量避免两船首尾傍靠，尤其是一船重载另一船空载时，首尾吃水差更大，造成两船系缆甲板的高低相差甚大，给带缆造成困难。何况两船吨位大小不一或尾机型的船，若首尾傍靠，更易碰擦，对安全也不利。

（5）系缆动作要快。由于被靠泊船的浮动性给靠泊船带来反弹作用以及船首受流压将船推开，故系缆动作一定要迅速，避免再次重靠。要配足系缆人员，保证系缆顺利进行。

1. 傍靠系泊船

（1）以缓慢的余速平行驶近系泊船，当两船接近前尽量做到不用或少用倒车，以免造成两船靠拢角度太大。

（2）若与系泊船的锚链无碍，可抛外档锚稳住船首和减缓绞缆时贴靠系泊船的力量。

（3）要尽量平行靠拢，使船中部的平直部分相接触，以避免一点接触而损坏船体；若两船成一交角靠上，极易发生高干舷船的首尾上部压在低干舷船的甲板上，而造成甲板栏杆、舷梯、救生艇（筏）、舱面设备等损坏。

（4）傍靠系泊船时，带上两船间的系缆后，绞缆应缓慢，首尾各缆都应均匀受力，并收紧挽牢，以防他船在近傍驶过时的兴波引起两船前后移动而断缆。若两船干舷高度相差太大而需系"朝天缆"时，该缆极易从导缆孔内跳出或磨损，应注意改善其水平角度。

2. 傍靠锚泊船

（1）傍靠锚泊船的一般方法。

① 锚泊船在风浪影响下所产生的偏荡运动，给傍靠工作带来了一定困难。当锚泊船有少量偏荡时，靠泊船宜以 10°～20°串视线方向驶近锚泊船，并以左舷驶靠。当驶抵锚泊船船尾时，用倒车使船首右偏船身刚巧平行靠上锚泊船，先快速带首缆，以防船首外偏。

② 若偏荡较大时，靠泊船应在锚泊船船尾附近，注意观察该船摆动的极限位置，适时平行驶近，带缆速度宜快。必要时可抛外档锚，并及时完成靠拢操纵。但系靠结束后必须将锚绞起。为了在固定风向中减少偏荡，锚泊船可松另一锚到海底（链

长为 2 倍的水深)。

③ 通常偏荡角度超过 1 点以上时，不宜进行傍靠。如海上出现涌浪时，在激烈偏荡的同时，均伴随着有纵摇、横摇、垂荡和纵荡，若强行靠上会造成困难和危险。为此，应待风缓浪小时再靠为妥。当海上有涌浪时即使靠上后，由于两船的大小和装载情况不同，因涌浪而产生上下、左右颠簸，不仅会引起两船相互碰撞，而且也会使缆绳断掉，从而产生危险局面。

(2) 靠离锚泊船实例，如图 9—18 所示。

顶流 1 kn，前八字吹拢风 3～4 级，右舷傍靠重载大船上风舷，重载大船出链为 6 节，锚地水深为 20 m。

① 位 1：距锚泊大船船尾约 200 m，横距 100 m 时停车淌航，两船保持平行并注意控制余速≯3 kn。

② 位 2：当船首冲过锚泊大船船尾约 50 m，两船横距约 70 m 时操里舷舵，并抛下左锚 2 节甲板（链长约为 2 倍水深），若余速较快可松至 2 节落水，并用倒车把船停住。

③ 位 3：使用车舵将锚泊船置于右舷 20°左右，防止船首被左锚拉向外舷，而船尾被风吹拢的不利局面。

④ 位 4：用车舵及时控制船位，随两船间距缩短，两船间的夹角也应逐渐减小，直至将船身拉平靠上锚泊船。先带首缆和前倒缆，再带上尾缆和后倒缆。

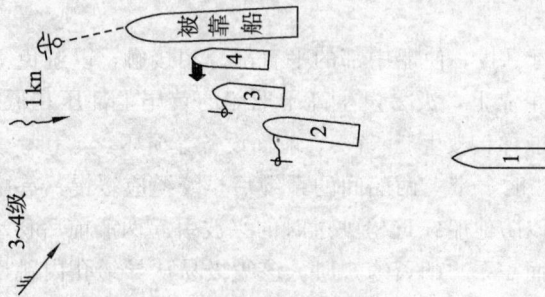

图 9—18 顶流、吹拢风靠锚泊船

二、离泊操纵

（一）离泊准备工作

(1) 离泊前，应实地观察，风、流及泊位前后情况，前后有无动车余量，锚链伸出的方向及长度，系缆的角度及受力状态，以及水域内来往船舶的动态。凡不适宜部分应进行必要的调整。

(2) 制定离泊方案。应根据气象、潮汐、泊位特点、船舶动态、装载情况，按照本船实际操纵性能，正确决定离泊时机、离泊方案，并于出航前在会议上向有关人员进行布置。

（3）如有拖轮协助，应交代协助操纵方案，以便使其主动配合。

（4）机舱活车前，驾驶员应到船尾察看系缆及推进器附近是否清爽，并确认无碍后方可试车、试舵、试声光信号，并按规定悬挂信号。

（5）备车后再作单绑。使用倒缆离首或离尾时必须确保其强度。里档锚不应与码头护木齐平，突出部位或触岸部位应垫好碰垫。等水面清爽时即可实施离泊操纵。

（二）离泊操纵要领

1. 确定首先离法、尾先离法还是平行离法

（1）首先离法。

船首先离码头的操纵方法称为首离法。可根据主客观条件，依靠自力（绞开锚或利用后尾倒缆配合倒车等方法）或由拖轮拖首来完成。在顶流、吹开风且风流较弱时，泊位前比较清爽。当船首离开码头约 $10°\sim15°$ 时，能确保船尾的车和舵不会触及码头的情况下，均可采用首先离法。

（2）尾先离法。

船尾先离码头的操纵方法称为尾离法。也可根据主客观条件，依靠自力（利用前倒缆和里舷舵开进车摆出船尾）或由拖轮拖尾来完成。采用尾先离时，当尾部缆绳全部收进后，使用车舵较为方便，而尾部更不会受码头的妨碍，故使用尾先离法更安全，运用也更为广泛。

（3）平行离法。

当泊位前后余地不大，采用首离法或尾离法均感不便时，可借助两艘拖轮同时拖首和拖尾，或一艘 Z 型拖轮拖腰，或船首绞开锚、拖轮拖尾等方法，使船平行移出泊位，即为平行离法。此法多用于强吹拢风（5～6 级）或船长在 130 m 以上的船舶。在离泊时需用两艘拖轮协助，尾部拖轮要保证有足够大的功率（Z 型拖轮），并且尾拖还要使用拖轮的拖缆，当大船解缆后不会妨碍其及时动车和稳定船位。

2. 掌握甩尾角度，注意前倒缆受力情况

（1）在离泊中，为了保护船尾部的车和舵，一般离码头都先将船尾甩出一定的角度后，再摆出船首。甩尾角度的大小和甩出的快慢，将关系到下一步的离泊操纵。若甩尾角度太小，则当船首摆出时，船尾就有可能又甩回码头；若甩尾角度太大，则可能使船首摆不出去（当顶流较强时）或造成船身打横掉头（当顺流较强时）。

（2）在不同的客观条件下（即风流大小与方向、船舶的装载情况不同），对离泊时的甩尾角度要求也不同。当顺流甩尾、拖轮顶首掉头离泊时，在流的作用下甩尾角度为 $40°\sim60°$，而急流 $\geqslant45°$；当顺流甩尾拖轮拖头离泊时，甩尾角度为 $20°\sim30°$（流较急约 $20°$，流缓约为 $30°$）；当顶流甩尾、拖轮拖头离泊时，甩尾角度为 $10°\sim20°$（流较急约 $10°$，流缓约为 $20°$）；当顶流甩尾、拖轮拖头掉头离泊时，甩尾角度也为 $10°\sim20°$。上述甩尾角度仅从受流的影响考虑，若空载船还受吹拢风或吹开风的影响时，甩尾角度还应作适当的增大或减小。

（3）在甩尾离泊过程中，应特别予以关注所用前倒缆的受力情况，事先必须选择强度足够的缆绳（必要时还可同时使用两根前倒缆）。为增加甩尾时的回转力矩，应将前倒缆尽量贴近舷边，其与水平面的夹角应尽量小，一般可将前倒缆带在接近船中的码头缆桩上。在操纵中还必须使前倒缆缓缓地受力（最佳方法可先绞首缆，并一次吃紧，以防前倒缆一松一紧，而发生断缆事故。

3. 控制船身前冲后缩

离泊时，由于船在泊位档子内，活动余地受限，而船的惯性一经产生，又不能马上克服，再加上使用拖轮助操时，都会使大船产生前冲或后缩现象。为了避免触及泊位前后停泊的船舶，在离泊过程中对船位的前冲后缩，事先应有所估计并能灵敏地察觉。为此，船长在离泊前，一般都在驾驶台的正横方向选定物标作为临时叠标，根据叠标的位置变化，即能很快地察觉大船的前冲后缩，然后使用车、舵或缆绳控制该现象，确保离泊安全。另外在离泊时还可事先适当安排和调整大船的前后位置。例如，在顶流离泊时，船尾要留有足够的余地；而顺流离泊时，则要使前边的位置宽些。在码头边掉头应注意上游和下游以及船尾三个方向的余地。

第十章 恶劣天气中的船舶操纵

第一节 波浪对船舶操纵的影响

波浪对操船的影响，也就是对船舶操纵运动的影响。从波浪对操船的影响途径区分，波浪对操船的影响有两个方面：一方面是波浪对船舶的漂流力；另一方面则是因波浪的视周期而变化的摇摆力矩。在前者作用下，常表现为船舶航行中偏离航线或航道；后者则造成船舶的强烈摇摆，两者均给船舶运动的控制，如方向控制、速度控制、位置控制等带来困难。

一、海洋波浪概述

（一）海浪的形成及其要素

海浪是发生在海洋中的一种波动，是海水运动的主要形式之一。海浪按其形成的原因可分成风浪、涌浪、潮汐浪、地震浪（海啸）及船舶兴波等很多种类。船舶航行时经常遭遇到的是风浪和涌浪。

海上风浪的发展，与风速、风时、风区有关。风速越大、风时越长、风区越广，则风浪也就越大。当风力作用停止后，风所引起的波浪由于重力和摩擦力的作用而逐渐衰减。风浪离开风区或风区里风停息后所存在的波浪，称为涌浪。

波面可用简单函数表达的波浪，称为规则波。规则波不仅能近似地表示涌，而且也是研究不规则波的基础。规则波的要素，如图 10—1 所示。

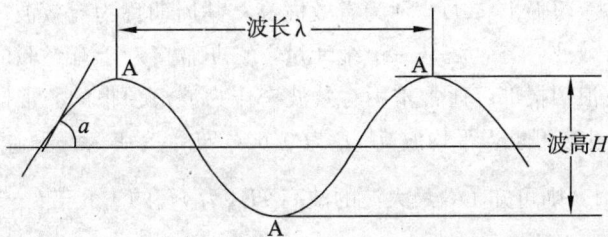

图 10—1 规则波要素

波高 H：波面最高点与最低点之间的垂直距离（m）。

波长 λ：两个相邻的波峰或波谷间的水平距离（m）。

波速 V_w：波形向前传播的速度（m/s）。

波浪周期 T_w：水质点每回转一周所需的时间（s），即波形向前传播一个波长所需的时间。

波面角 α：波面上某一点切线与水平线间的夹角，用来表示波表面的倾斜度，最大波面角 $\alpha_m = \pi \cdot \dfrac{H}{\lambda}$。

陡度 δ：波高与波长之比 $\dfrac{H}{\lambda}$，用来表示波的陡峭程度。

根据摆线理论可知，波速 V_w、波长 λ 和波浪周期 T_w 三者之间有以下关系式：

$$V_w \approx 1.25\sqrt{\lambda} \quad \text{(m/s)}$$

$$T_w \approx 0.80\sqrt{\lambda} \quad \text{(m)}$$

$$\lambda \approx 1.56 T_w^2 \quad \text{(m)}$$

有关各海区不同季节的波浪要素可以从航路指南等有关资料中找出。大洋中最容易产生的波浪波长是 $80\sim140$ m，波浪周期为 $7\sim10$ s，陡度最大的为 $1/10$，一般大洋波的陡度为 $1/30\sim1/40$。

（二）海浪的不规则性

实际上海上波浪大多是不规则的，它们是由各种不同波长、波高和陡度的波所组成的，加上海区地形的关系，波浪的不规则性更为复杂。但不规则波是由无数单元规则波叠加而成的。统计表明，如果外界条件没有显著变化，波浪的出现有其一定的规律性。通常以一种波高来说明波浪的状况，一般使用的方法是：平均波高、均方根波高和部分大波的平均波高。

部分大波的平均波高是指将观测到的波高按大小排列起来，并就最大一部分波高计算平均值。例如：对于最高的 $1/100$，$1/10$，$1/3$ 的波，其平均波高分别以符号 $H_{1/100}$，$H_{1/10}$，$H_{1/3}$ 表示。它们的意义是如果共观测 1 000 个波，则分别代表最高的 10，100，333 个波的平均高度。部分大波的平均波高反映出海浪的显著部分或特别显著部分的状态。习惯上将 $H_{1/3}$ 称为有效波高，其周期称为有效波周期，具有这种波高的波称为有效波。有效波是一个统计量，它非常接近于有经验的驾驶人员直接目测的波高。波浪预报部门通常是用有效波来作为波浪预报的。常把有效波高 $H_{1/3}$ 设为 1，则用统计法可求得平均波高 H_m 为 0.63，$H_{1/10}$ 为 1.27，$H_{1/100}$ 为 1.61。若设平均波高 H_m 为 1，则可知 $1/3$ 最大波的波高 $H_{1/3}$ 为 H_m 的 1.6 倍 $\left(\dfrac{1}{0.63}\right)$，$1/10$ 最大波的波高 $H_{1/10}$ 为 H_m 的 2 倍 $\left(\dfrac{1.27}{0.63}\right)$，$1/100$ 最大波的波高 $H_{1/100}$ 为 H_m 的 2.5 倍 $\left(\dfrac{1.61}{0.63}\right)$。有效波波高可以用来确定最大有效波的波长以及最大能量波的波长。

$$\lambda_{最大有效} = 60H_{1/3}$$

$$\lambda_{最大能量} = 40H_{1/3}$$

根据这两个波长可以估计出某船在该不规则波中航行时的摇荡情况。

（三）波形的变化

当水深大于 $\lambda/2$ 时为深水波，水深小于 $\lambda/2$ 时为浅水波。在深水中的波浪，波长长、波速大而且周期长。因为海浪是各种不同周期浪的组合，所以每一组波浪中，大浪与小浪总是有秩序地重复出现，即每组连续的浪都是逐渐增大的，然后又逐渐减小，周而复始。每组浪的具体周期、浪的强度以及大浪和小浪的数目，则因各种风型、风速和海区而异，在航行中可通过观察来确定当时海浪的规律。

在浅水中，因为波浪底部受海底摩擦，速度减慢，所以波峰速度要比波谷快，波形就发生了变化。波峰向前弯曲，波长变短，波高越来越大，浪变得陡而且高，然后开花。在海岸附近这些开花浪为海岸所阻，又产生反拍浪。这些浪对船舶冲击力较大，对船舶有一定的威胁。

二、波浪中的船舶摇荡运动

（一）船舶在波浪中的运动

船舶在波浪中的运动情况比较复杂，通常可将其简化分解成六个自由度的运动。如图 10—2 所示，将船舶重心 G 取为固定于船体的直角坐标系的原点，则船舶运动可分解成沿三个坐标轴的线性运动和绕三个坐标轴的转动。沿坐标轴的运动可分为单项运动和往复运动，往复性的运动称为荡动。围绕坐标轴的转动也可分为单项和往复转动，往复性回转运动称为摇动。各运动的名称如表 10—1 所示。

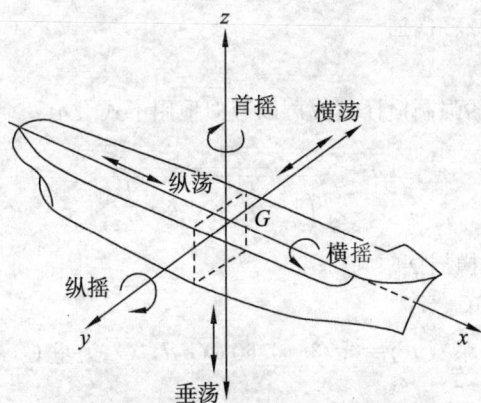

图 10—2　船舶在波浪中的六个自由度摇荡运动

表 10—1　船舶在波浪中的摇摆形式

种类和名称　坐标轴	直线运动		回转运动	
	单向运动	往复运动	单向回转	往复回转
x	进/退	纵荡	横倾	横摇
y	横移	横荡	纵倾	纵摇
z	升/沉	垂荡	旋回	首摇

在上表所列的船舶摇荡运动中，与船舶安全操纵密切相关且运动显著的是横摇、纵摇、垂荡和首摇。

横摇影响到船舶的稳性，有可能引起货物移位，导致大角度横倾以致船舶倾覆。

纵摇会导致降速，还会引起船首上浪而使甲板货、设备损坏，同时纵摇使船体特别是船前部受到波浪的冲击，导致船体损坏。此外，纵摇引起螺旋桨空转，给主机、船体造成损伤。

垂荡往往与纵摇同时发生，造成船舶失速，主机功率得不到充分利用，如垂荡和纵摇相位相差不大，则会引起船舶激烈的拍底、上浪、螺旋桨空转。

首摇对船舶在风浪中的保向性有重大影响，尤其在斜顺浪航行时，首摇明显，危险时会导致船体打横。

（二）横摇

与其他形式的摇摆相比，横摇的摆幅是最大的。大幅度的横摇对保证稳性不利，因此，船舶在波浪中操纵，必须预先妥善配载和系固货物，并根据风浪情况来选择航向和航速，以力求减轻横摇。

1. 横摇摆幅

船舶在规则波中的强制横摇摆幅可以近似地用下式表示：

$$\theta = \frac{\gamma \alpha_m}{\sqrt{\left(1 - \frac{T_R^2}{T_E^2}\right)^2 + k \cdot \frac{T_R^2}{T_E^2}}}$$

式中：θ——强制横摇摆幅（°）；

α_m——最大波面角（°）；

γ——有效波倾斜系数（$\gamma = 0.73 + 0.60\,\overline{OG}/d$，$\overline{OG}$ 为重心 G 在水面上的高度，d 为平均吃水）；

T_R——船舶固有横摇周期（$T_R = C \cdot \dfrac{B}{\sqrt{GM}}$，$C$ 为横摇周期系数，一般为 0.6～0.9，B 为船宽，GM 为初稳性高度）；

T_E——波浪遭遇周期，即波浪相对于航行中的船舶的周期（$T_E = \dfrac{\lambda}{V_E} =$

$\dfrac{\lambda}{V_w+V_s\cos\varphi}$，$V_E$ 为相对波速）；

k——横摇衰减系数，一般为 $0.15\sim0.6$。

从上式可知，船舶在波浪中横摇摆幅的大小，除与最大波面角成正比之外，主要取决于船舶固有横摇周期 T_R 与波浪遭遇周期 T_E 之比。

（1）当 $\dfrac{T_R}{T_E}<1$ 时，即船舶的横摇周期 T_R 比波浪遭遇周期 T_E 短，船舶横摇得快，甲板与波面经常保持平行，出现随波而摇的现象，甲板很少上浪。但短周期的剧烈摇摆，增大了船舶所受的惯性力，如图 10—3（a）所示。

（2）当 $\dfrac{T_R}{T_E}>1$ 时，即船舶的横摇周期 T_R 比波浪遭遇周期 T_E 长，船舶横摇得慢，赶不上波面的变动，与波浪不协调，船舷易与波浪撞击，甲板上浪较多。相当于大船在波长小的波浪上，此时船舶几乎不发生横摇运动，如图 10—3（b）所示。

（3）当 $\dfrac{T_R}{T_E}\approx1$ 时，即船舶的横摇周期 T_R 与波浪遭遇周期 T_E 几乎相等，船舶的横摇运动滞后波浪 $90°$，波浪对船舶的扰动力矩的方向在整个周期范围内与横摇方向始终一致，船舶出现横摇谐振现象，严重时将会导致船舶倾覆，如图 10—3（c）所示。一般称 $\dfrac{T_R}{T_E}=0.7\sim1.3$ 的范围为谐振区。在规则波中发生谐振时强迫横摇摆幅 θ_s 可用下式估算：

$$\theta_s=7.93\sqrt{\alpha_m}$$

在海上遭遇的波浪多为不规则波。船舶在不规则波中的横摇摆幅，在谐振区内比规则波稍小，而在谐振区外则比规则波大，因此在谐振区内用规则波估算的谐振摆幅是安全可行的。

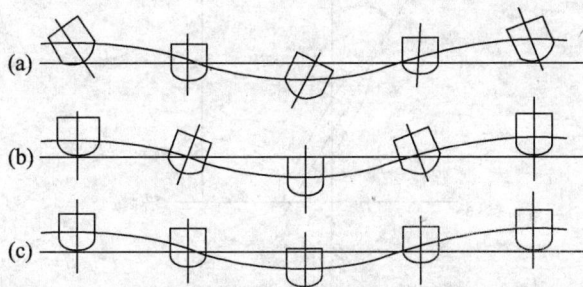

图 10—3 船舶在波浪中横摇

2. 减轻横摇的措施

（1）调整船舶固有横摇周期。

船舶在确定航线后，根据本航次各海区季节可能经常遭遇的波浪周期的特点，

调整初稳性高度 GM，使船舶固有横摇周期避免与波浪周期一致而发生谐振。一般在稳性许可的条件下，使船舶固有横摇周期适当大些，以避开谐振区。由于波浪周期一般小于 10 s，而船舶（渔船）固有横摇周期空载时一般为 6～10 s，满载时一般为 10～14 s，因此应注意船舶空载时易发生横摇谐振的特点，采取措施调整 GM 值至一合适的范围。船舶固有横摇周期 TR 可用下式估算：

$$T_R = C \cdot \frac{B}{\sqrt{GM}} \text{ (s)}$$

式中：C——横摇周期系数，一般为 0.6～0.9；

B——为船宽（m）；

GM——初稳性高度（m）。

(2) 改变航向、航速以调整波浪遭遇周期 T_E。

如图 10—4 所示。航行中的船舶，若改变遭遇波浪的舷角 φ 或船速 V_S，或同时改变遭遇波浪的舷角和船速，就能改变波浪的遭遇周期。若能使 $\dfrac{T_R}{T_E}$ 避开谐振区，即可减轻横摇。波浪的遭遇周期 T_E 可用下式计算：

$$T_E = \frac{\lambda}{V_w + V_s \cos\varphi}$$

假设船舶发生横摇谐振，即 $T_R = T_E$，由此可求出发生谐振时遭遇波浪的舷角 φ，称之为危险航向角。

$$\cos\varphi = \frac{(\lambda / T_R) - V_w}{V_s}$$

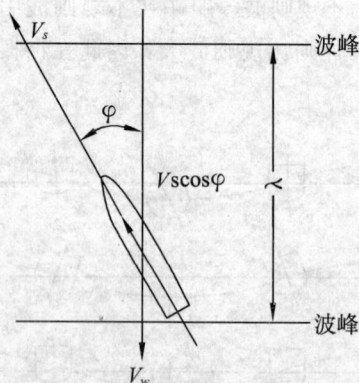

图 10—4　波浪遭遇周期

3. 防止急剧的突然倾斜

如果船舶在波浪中左右对称地横摇时，突然受到倾斜力矩作用出现不连续的摇摆，而向一舷大幅度倾斜的现象，称为突然倾斜。

突然倾斜会产生过大的横摇角，引起甲板大量上浪、货物移动和增加自由液面的冲击力。这些现象损害了船舶稳性，从而增大船舶倾覆的危险。这是船舶横摇中影响船舶安全最坏的现象之一。

容易引起船舶突然倾斜的主要原因是复原力矩的不足和倾斜力矩过大。如初稳性高度 GM 值小，货物移位；强风或大浪袭击；大风浪中大舵角旋回时或急速回舵时产生的倾斜。因此，为了避免突然倾斜，应从两方面着手：一方面在开航前妥善配载和系固货物，保证足够的稳性；另一方面，对于航行中的船舶，应通过改变航向和航速以减轻横摇来达到目的。

（三）纵摇和垂荡

当波浪纵向通过船体时，随着船体附近波形的变化，浮心作前后方向的周期性移动，将引起船舶纵摇。

当波浪纵向通过船体时，由于其浸水面积的变动，船舶所受的浮力的大小亦做周期性的增减，引起船舶重心沿其垂直轴做周期性的上下移动，也就是垂荡运动。

由于船舶首尾形状的不对称，一般船舶在迎浪航行时，同时发生纵摇和垂荡。纵摇能引起垂荡，垂荡亦能引起纵摇。

1. 船舶固有纵摇、垂荡的周期

船舶固有纵摇周期 T_P 可用下式估算：

$$T_p = C_p \cdot \sqrt{L}$$

式中：T_P——船舶固有纵摇周期（s）；

L——船长（m）；

C_p——纵摇周期系数，一般取 $0.45 \sim 0.65$；

船舶固有垂荡周期 T_h 可用下式估算：

$$T_h \approx 2.4\sqrt{d}$$

式中：T_h——船舶固有垂荡周期（s）；

d——船舶平均吃水（m）。

可以证明，船舶垂荡周期和纵摇周期很接近，后者略大于前者。它们约为船舶横摇周期的一半。

2. 影响船舶纵摇摆幅的因素

在规则波中相对纵摇摆幅（纵摇摆幅 φ_m 与最大波面角 α_m 之比 φ_m/α_m）和波长与船长之比 λ/L、傅汝德数 F_r（船速）、船舶固有纵摇周期 T_P 与波浪遭遇周期 T_E 之比 T_P/T_E 三者的关系如图 10—5 所示。

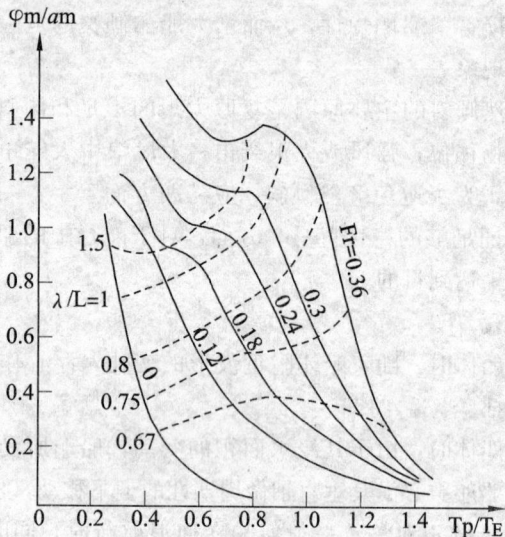

图10—5　规则波中船舶相对纵摇摆幅

（1）波长与船长之比 λ/L。

λ/L 对船舶相对纵摇摆幅影响最大。当 $\lambda/L<3/4$ 时，即 $L>1.3\lambda$，正如大船航行在波长短的波浪中，相对纵摇摆幅 $\varphi_m/\alpha_m<0.6$，纵摇角度较小；$\lambda/L<2/3$，即 $L>1.5\lambda$，相对纵摇摆幅 $\varphi_m/\alpha_m<0.4$，纵摇角度更小；当 $\lambda/L>1$ 时，相对纵摇摆幅急剧增大，正如小船遇到长浪或一般船舶受涌浪（波长较长）袭击，则不论船速如何，均会出现较大的纵摇。

（2）船速。

船速对纵摇的影响，可以用傅汝德数 F_r 对纵摇的影响来表示（因 $F_r=\dfrac{V_s}{\sqrt{L\cdot g}}$，$g$ 为重力加速度）。随着 F_r 的增大，即船速的增加或船长小，纵摇增强。但当 $T_P/T_E>1.2$ 时，在任何船速下，纵摇摆幅都不会太大。

（3）船舶固有纵摇周期 T_P 与波浪遭遇周期 T_E 之比 T_P/T_E。

T_P/T_E 对纵摇的影响，实际上在一定程度上也反映了船长与波长之间的关系以及船速对纵摇的影响。$T_P/T_E>1$ 时，正如船舶迎着短浪航行或航速较大，而纵摇较小；当 $T_P/T_E<1$ 时，即船舶迎着长浪航行或船速较低，或顺浪航行，则船随波而摇，沿着波面运动纵摇摆幅较小；当 T_P/T_E 接近 1 时，纵摇幅度较大，发生纵摇谐摇。根据 $T_P=T_E=\dfrac{\lambda}{V_w+V_s}$，则可求出纵摇谐摇时危险航速 $V_C=\dfrac{\lambda}{T_P}-1.25\sqrt{\lambda}$。当 $T_P/T_E=1$ 时，虽然相对纵摇摆幅不是最大，但当 $T_P/T_E>1$ 并逐渐增大时，φ_m/α_m 迅速减小。因此，T_P/T_E 对纵摇影响的总的趋势是，相对纵摇摆幅随 T_P/T_E 增大而降低。

（4）航向对纵摇的影响。

一般船舶固有纵摇周期 T_P 比波浪遭遇周期 T_E 小，顺浪航行时 $\left(T_E=\dfrac{\lambda}{V_w-V_s}\right)$，因为相对航速的减小，使波浪遭遇周期 T_E 增大，更加偏离固有纵摇周期 T_P，$T_E>T_P$，所以纵摇不会太大；迎浪航行时 $\left(T_E=\dfrac{\lambda}{V_w+V_s}\right)$，因为相对速度增大，使波浪遭遇周期 T_E 减小，很可能使 $T_E \approx T_P$，容易发生谐摇，所以相对纵摇幅度较大。因此，顶浪航行时，纵摇剧烈。

3. 影响垂荡振幅的因素

（1）波高。

波高越大，垂荡振幅越大。

（2）波长与船长之比 λ/L。

当 $\lambda/L \leqslant 3/4$ 时，不论其他条件如何，即使谐摇，垂荡振幅也是很小的；当 $\lambda/L \geqslant 1$ 时，即小船遇到长浪，不论是否发生谐摇，都不可避免地要发生较大的垂荡。

（3）船舶固有垂荡周期与波浪遭遇周期之比 T_h/T_E。

T_h/T_E 较小时，垂荡振幅也小，船舶随波做周期性的升降；当 T_h/T_E 接近 1 时，垂荡谐摇，垂荡振幅达最大值；当 T_h/T_E 大于 1 时，垂荡振幅又将减小。由于垂荡运动具有高阻尼性，即使出现垂荡谐振也不会有很高的相对垂荡振幅。

（4）船速。

当 $\lambda/L \leqslant 3/4$ 时，船速的影响较小，即使谐振，垂荡的幅值也是很小的；当 $\lambda/L \geqslant 1$ 时，即小船遇到长浪，不论是否发生谐摇，都不可避免地要发生较大的垂荡。船速越高，垂荡越激烈。

4. 纵向受浪时产生的危险现象

（1）拍底。

船舶纵摇和垂荡剧烈，且两者相位相差不大，致使船首升起后下落与波的向上运动相撞击产生的现象，称为拍底，又称抨击。它使船首底部，甚至整个首垂线后 1/4 船长区域和波浪表面发生冲击，产生很大的应力，将导致船首部结构损伤。此外，拍底时船体发生剧烈的振动。

为了缓解拍底现象，船舶可以采取以下措施：

① 减速，使船速保持 $F_r=0.1$ 左右。降速对于减轻拍底是极为有效的，一般将船速降至 $F_r<0.1$ 则可避免发生拍底。

② 调整吃水。保持船首吃水大于 1/2 满载吃水。

③ 调整航向和航速。通过改变航向和航速，从而改变波浪遭遇周期，避免纵摇和垂荡的谐振。船舶空载时改变航向从迎浪改为斜顶浪，即使船首 1～2 罗经点迎浪，拍底现象就会有所缓解。

（2）甲板上浪。

顶浪航行中，船舶剧烈纵摇和垂荡，船首经常出现超过波谷后就遭遇到波峰，船首浸入波浪中，海水大量涌上首部甲板。涌上甲板的海水可看作是自由液面对稳性的影响，严寒时还有结冰的危险；同时浪的作用还会使甲板设备、上层建筑直接遭受破坏，特别是装有甲板货时，易造成货物移位，危及船舶安全。

甲板上浪与船首干舷高度、船速、波高以及 T_P/T_E 有关。干舷高度越大，甲板上浪越少。船速和波高降低，甲板上浪也随之减少。T_P/T_E 在 $1.2\sim1.4$ 范围内，容易出现甲板上浪的现象。因此，为了缓解甲板上浪，在操船方面，减速将大大减轻甲板上浪，同时调整船舶迎浪状态寻找良好的波浪遭遇角。

（3）尾淹和打横。

顺浪航行中，当船尾陷入比船速快的波谷时，波浪打上船尾甲板的现象，称为尾淹。顺浪时，船舶与波浪间的相对速度小，波浪通过船身所需的时间长，海浪打上甲板的机会多，尤其当 $\lambda\approx L$ 以及波速等于船速（$V_w=V_s$）时，尾淹最为剧烈。

顺浪航行时，除容易产生尾淹外，当船尾处于比船速快的波浪前倾斜面位置时，波浪对船尾产生一个突增的转头力矩，使船舶航向极不稳定，并可能使整个船体横置于波浪之上，这种现象称为打横。打横时，一瞬间产生很大的横倾，海水大量从舷侧涌上甲板，产生倾覆力矩，严重时会导致船舶倾覆。船速与波速相等时以及航向稳定性较差的船舶，顺浪航行时最易出现打横。为避免这种危险局面，应改变船速，使其与波速产生差异，同时尽可能采取各种措施提高船舶航向稳定性。

（4）螺旋桨空转。

剧烈的纵摇和垂荡，使船尾作剧烈的垂直上下运动，螺旋桨的一部分或全部就会周期性地露出水面，这种现象称为螺旋桨空转，俗称打空车。螺旋桨空转时，桨叶露出水面部分负荷减小，转速剧增，从而使推进效率显著下降，船速下降。同时，对船舶极为有害的是使主机受损，螺旋桨、轴系和船体产生很大的振动，受到很大的冲击应力，并可导致损坏。

空船状态时容易发生空转现象。为了减轻空转现象，船舶在大风浪中航行时，空船压载时的最大吃水根据经验应满足：夏季时排水量达夏季满载排水量的 50%，冬季时排水量达夏季满载排水量的 53%。在航行中，可通过减低主机转速以减轻船舶纵摇和垂荡，来达到减轻空转现象的目的。

（四）首摇

首摇主要是由于船舶在风浪中航行斜向与波浪遭遇时，受到波浪的直接作用所引起的。此外，波浪所产生的船舶纵摇和横摇运动也会引起首摇。

1. 波浪直接作用所引起的首摇

当船舶与波浪斜向遭遇时，原来在船首尾左右舷出现的水压力差异更加明显，首尾处交互出现的横向压力，产生使船首转向顺浪或顶浪的回转力矩，这是首摇的主要原因。当船舶首尾线与波浪传播方向成 45°夹角时，这种首摇最为剧烈。另外，由于波浪水质点的轨圆运动，当船舶处于波浪的不同位置时受到不同的水压力作用。

如图 10—6 所示，当船首位于波峰、船尾位于波谷时，船首将受到使其转向波谷的力矩作用，如图中的位①；相反，当船舶位于位②时，船首将受到使其转向另一侧的力矩作用。因此，波浪每通过船首尾一次，将出现船首向左和向右的转头运动，其相位变化与首尾左右舷出现的水压力差作用的相位变化相近，周期则相同。

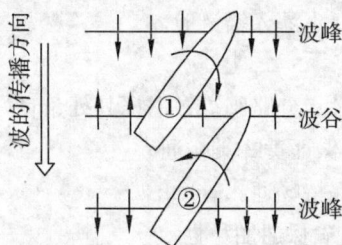

图 10—6 波浪水质点运动产生的首摇

2. 纵摇与横摇运动的合成引起的首摇

纵摇和横摇的合成运动能引起首摇，其原理与陀螺进动原理一致。在波浪作用下纵摇和横摇同时发生，引起围绕与此两摇摆轴成直角的垂直轴的进动运动，即为首摇。当船舶横摇向右倾斜过程中受到使船首向下的纵倾力矩时，船首将向左偏转；当受到使船首向上的纵倾力矩时，船首将向右偏转。

3. 横摇引起的首摇

船舶受波浪作用发生横摇时，船体左右舷水下部分体积交互变化，致使船舶横摇时两舷水阻力不同而使船首偏转，这种首摇在横摇激烈时较为明显。当首倾时，船体前部的水下侧面积越大，则首摇也就越激烈。因此，在设法减轻横摇的同时，应避免存在首倾。

第二节 大风浪中的船舶操纵

大风浪中的船舶操纵是指风力在 7～8 级以上时的航行操纵。大风浪一般是由热带气旋、温带气旋以及寒潮等所引起的，大风浪给船舶操纵带来了一定的困难和危害。船舶驾驶人员必须了解风浪，熟悉船舶在大风浪中的运动，并针对其客观规律，采取正确的操船措施，以确保船舶在大风浪中的航行安全。

一、大风浪来临前的准备工作

航行中的船舶根据预报或气象观测，预计可能有大风浪来临时，除应保持船舶处于适航状态外，还必须采取相应措施，检查并保证做好以下各项工作。

（一）确保水密

（1）检查甲板各开口处封闭设施的水密性，必要时进行加固，并于风浪来临前予以关闭。

（2）检查各水密门是否良好，暂不需使用的一律关闭栓紧。

（3）关闭通风口，并加盖防水布。

（4）关闭舷窗和天窗，并旋紧铁盖。

（5）盖好锚链管，防止海水灌入锚链舱。

（二）确保排水畅通

（1）检查排水管系、水泵、分路阀等，保证其处于良好的工作状态。

（2）清洁污水沟（井），保证黄蜂巢畅通。

（3）甲板上的排水孔应保持畅通。

（三）固定活动物体，确保船舶稳性

（1）装卸设备、网具、锚、舷梯、救生艇筏以及一切未固定或绑牢的甲板、舱内物件都要加以绑牢固定。

（2）采取必要的措施固定舱内渔获物，不使其移动。

（3）各水舱和燃油舱应尽可能注满或抽空，以减少自由液面。

（四）做好应急准备

（1）保证驾驶台和机舱在应急情况下的通信联络畅通。

（2）检查应急电机、天线、舵设备等，并使它们处于良好状态。

（3）检查消防、堵漏设备，保证随时可用。

（4）保证人身安全，如拉扶手绳、结冰时甲板铺砂等。

（5）加强全船巡视检查，勤测各液舱的液面高度及污水沟（井）的积水情况。

（五）气象

及时收听气象预报，接收气象传真图，分析沿途可能遇到的天气情况。

（六）空船压载

船舶空载航行时，由于吃水浅、干舷高、受风面积大，在风浪中易发生激烈的摇荡，对船舶的操纵性和安全性均会产生不利影响，往往会使空载船舶陷于十分危险的状态。空载船舶在大风浪中航行的种种弊端概括起来有以下几方面：

（1）空载船舶因受风面积增大，将导致船舶所受的风动压力、风力转船力矩、风力倾侧力矩均增大。由风动压力引起的阻力增加，使船舶自然失速增加；由风动压力引起的船舶漂移速度和风压差角增大；由风力转船力矩引起的船舶转首力矩增加，给船舶的保向操纵带来困难；由风力倾侧力矩引起的船舶横摇摆幅增大，从而可能导致船舶倾覆。

（2）空载船舶因吃水浅，舵叶和桨叶部分露出水面，致使舵力减小、推进效率下降。若纵摇剧烈，还会产生严重的螺旋桨空转现象，导致船体振动和船速下降。

（3）空载船舶以一定的航速在恶劣海况中顶浪航行，船舶的纵摇和垂荡剧烈，致使船舶严重拍底、船体振动显著，设备和仪器也易受损。

（4）空载船舶往往GM值较高，横摇周期较短，易产生大角度横摇，恶化生活环境和工作条件，而且空载时横摇周期与波浪周期相接近，容易产生谐摇，船舶的安全性变差。

（5）空载船舶在大风浪中航行，由于风速越大，船速越低，其引起的风压差角也就越大。为了保向所需的压舵量势必也随之增加，从而减小了舵力的保向范围，船舶的操纵性变差。

由于以上种种弊端，空载船遭遇大风浪时必须压载。空载船在大风浪中航行时的压载量可参考下列数值：

夏季：压载后的排水量应不小于夏季满载排水量的50％。

冬季：压载后的排水量应不小于夏季满载排水量的53％。

在吃水差方面，既要防止尾部的螺旋桨空转，又要减轻船首部的拍底，一般以吃水差为船长的1‰左右较为理想。

二、大风浪中的操船措施

船舶在大风浪中航行时，操纵极为困难。船舶横浪航行时，船舶固有的横摇周期与波浪遭遇周期接近，容易产生较大的横摇摆幅，降低船舶的横稳性以致危及船舶安全。船舶顶浪航行时，纵摇剧烈，拍底、甲板上浪、螺旋桨空转严重；船舶顺浪航行时，又容易出现尾淹、航向不稳，甚至出现打横等现象。因此，在大风浪中操纵船舶，应采取有效措施，减轻船舶的摇荡，缓和波浪的冲击，尽可能将危险降至最低程度。

（一）偏顶浪航行与Z形航法

船舶在大风中航行时，为了避免船首受顶浪航行时过大的冲击和减轻横摇、纵摇以及减缓螺旋桨打空车的剧烈程度，而且又不致使船舶偏离航线过大，可采取偏顶浪Z形航法。但应注意保持舵效，以免造成船舶横浪。通常船首以2～3罗经点斜向迎浪，并适当降低船速，先向左（或右）侧航行一段时间后，再向另一侧航行一段时间，如此反复进行Z形航进。但要注意此时风流压力将显著增大，因此，偏顶浪航行的条件是：风浪不太大（8～9级风），且船舶有一定的前进速度并能保持舵效，以防船首被压向下风而造成横浪局面。

（二）滞航

通常在压载状态下航行的船舶，当遇到6～7风时就可认为属于大风浪航行，而当风力达到8～9级时，则可考虑采用斜顶浪（Z形）或滞航的方法。对于满载状态下的船舶，当风力达到8级以上即可认为属于大风浪航行，若风力达到9～10级时，顶浪航行感到困难，若风力进一步增大，出于安全考虑可由顶浪或斜顶浪改为滞航。

所谓滞航，是指以保持舵效的较低航速，使船首以左（或右）舷2～3罗经点的方向斜顶浪航行的操纵方法。此时，船舶实际上多处于慢进的状态，个别船由于轻载或受风面积较大等原因处于不进甚至是微退的状态。

滞航有利于缓解船舶的纵摇、横摇、拍底和甲板上浪等现象。滞航时容易保持船首对波浪的姿势，以等待海况的好转。由于是船首迎浪，不能完全避免拍底和甲板上浪。对船长较长或船首干舷较高的船舶，且下风处海域不太充裕时，采用此法最为有利。滞航中采取的航速和航向，应根据风浪的变化进行调整，选择最佳的风浪舷角，并保证有足够的舵效，有效地控制船首向，以免被打成横浪。

（三）顺航

当满载大型船舶在滞航中仍经不起波浪冲击时或者压载状态下的大型船舶，当风力超过9级时，通常改用顺航的方法。

顺航是指船舶在大风浪中以船尾斜向受浪航行的方法。顺航时降低了波浪对船舶的相对速度，大大缓解了波浪对船舶的冲击。由于可以保持较高的船速，有利于摆脱风浪区。但顺航时，对于尾部干舷较低的船舶，容易产生尾淹。另外，顺航时航向不稳、保向性差，小型船或船长小于、等于波长的船舶尤为严重，甚至还会造成打横的状态。当船速接近波速时，小型船还会使横稳性急剧下降。当在顺浪航行中产生偏转现象时，通常需使用大舵角加以克服，必要时还需采用调整航速的方法，以改变船速与波速的关系。因此，顺航对于船尾干舷高、快速、保向性能好的大型船舶较为合适；而小型船舶不宜采用。船尾较低、尾倾较大的船舶，也应避免顺航。

（四）漂滞

船舶停止主机随风浪漂流称为漂滞。当主机或舵机发生故障时，将被迫漂滞。当滞航中不能顶浪、顺航中保向性差以及船体衰老的船，也可主动采取漂滞。

漂滞中，波浪对船体的冲击力会大大地减小，甲板上浪也不多。但由于船体向下风有一定的漂移速度，故在下风侧必须有较宽阔的水域，空载或压载状态时尤应注意。船舶一旦漂滞，极易陷入横浪或接近横浪状态，这时船舶横摇剧烈，会引起船上货物的移动，严重时会使船舶丧失稳性。因此，只有当船舶具有良好的稳性和水密性，方可主动采取漂滞的方法。漂滞时应采取措施避免横浪，并尽可能保持船首处于迎浪状态。这时，可在船首送出单锚或双锚，出链长度应考虑到锚机的负荷能力，不宜太长。若在当时的环境条件下抛锚有困难时，可在船首抛海锚或松出大缆，尽可能保持船首迎浪。

（五）大风浪中掉头

船舶在大风浪中掉头，当船身转至横浪时，若回转中的横倾与波浪引起的横倾相位一致，则过大的横倾角度将危及船舶的安全，并且船体横向受浪时还容易出现横摇谐摇。因此，船舶在大风浪中掉头前，必须经过深思熟虑和充分的准备，特别要注意本船的稳性（包括货物的积载及其移动的可能性，自由液面的影响等），谨慎操纵。掉头时必须做到：

（1）仔细观察波浪的规律，选择适当的时机掉头。一般情况下几个大浪过后，随着就有几个较小的浪。当前面一组的最后一个大浪刚刚过去就立即开始掉头，要抓紧海面比较平静的一段时间，渡过横风横浪的危险阶段，并争取在下一组第一个大浪到来之前掉头完毕。

（2）若无法在两组大浪之间海面相对较平静的这段时间内完成掉头，则船舶从顶浪转向顺浪时，转向应在较平静海面到来之前就开始，以求较平静海面来临时正好转至横浪状态。此后，可适时用短暂的快车满舵，加速完成后半圈的掉转。

从顺浪转向顶浪比较困难且危险，主要是后半圈的掉转较困难，因此必须先降速等待时机，以求后半圈在较平静的海面上进行，以便加速掉转。

（3）操舵时应力求使操舵引起的横倾与波浪强迫横摇引起的横倾相位错开，避免相位一致而引起过大的横倾而危及船舶的安全。

（4）开始时慢车中舵，掉转中适时用短暂的快车满舵，可增加舵效以缩短掉头时间，特别是船身横向受浪的时间。

（5）从顺浪转向顶浪时使用倒车掉头十分危险，会造成船尾受波浪的猛烈冲击，从而损伤舵和螺旋桨，且不利于掉头，应保持必要的航速才有利于掉转。

（6）若因在掉头中判断失误，造成在掉转过程中遇到大浪，而处于危险局面时，应注意切忌强行掉转和急速回舵，甚至操相反方向的满舵，这是十分危险的操作。正确的操纵措施应是及时减速并缓慢地回舵，恢复原航向，再等待时机。

第三节　台风中的船舶操纵

一、判断台风动态，制定防台计划

（一）判断台风动态

在进行迂回避台的操船过程中，应力求做到尽可能保持船舶离开台风中心 200 n mile 以外（通常风力为 6～7 级），在不得已的情况下，也应保持在100 n mile 以外（风力＜8 级）。这对设备较好、结构较坚固的船舶来说，还不至于难以控制。

当船舶在广阔的海洋上航行，为了使船舶不至于进入台风 6～7 级以上的大风范围，可根据气象预报和现场观测资料，估计出台风的概略移动方向和移动速度，然后结合本船的航向和航速进行海图作业，确保船舶离开台风中心 200 n mile 以外航行。

（1）当船舶在沿海地区航行，若船舶的抗风性能较差，可直接驶向附近良好避风港口（锚地）避台。

（2）当船舶一旦陷入台风圈后，还应根据风向转变，并结合气压变化，正确判断船舶处于台风范围内的具体半圆和象限的位置，如图 10—7 所示。如在北半球：

① 风向顺时针方向变化，如先吹北风，后转东北风，再转东风，即风向的变化规律是：北→东北→东，则船舶处在台风的右半圆（危险半圆）。若气压下降，则处于右前象限（危险象限）；若气压上升，则处于右后象限。

② 风向逆时针方向变化，如先吹西北风，后转西风，再转西南风，即风向的变化规律是：西北→西→西南，则船舶处在台风的左半圆（可航半圆）。若气压下降，则处于左前象限；若气压上升，则处于左后象限。

③ 风向稳定少变，或虽有变动但忽而顺时针转，忽而逆时针转，风力渐增，气压下降，则船舶处于台风进路上；气压回升、风力减弱，则台风中心已从此处过去，且正在远离。

在南半球，则与上述相反。

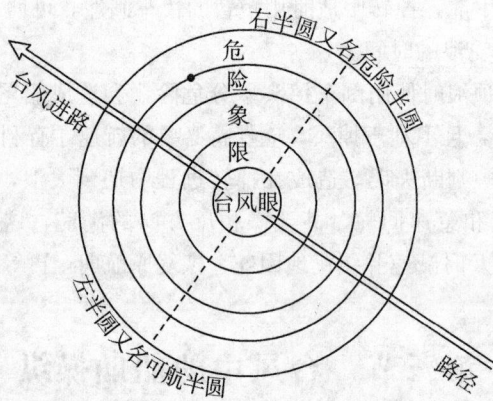

图 10—7　台风危险半圆、可航半圆和进路

（二）制定防台计划

在正确判断台风动态的基础上，船舶应根据《船舶防台技术操作规定》的要求制定出整个防台计划和部署。它包括迂回避台、锚地避台或陷入台风圈后的抗台等船舶操纵措施，并认真抓紧、抓好防台计划中的五个环节：台风季节来临前对船舶的设备的系统检查；台风来临前的具体预防措施；台风袭击中的紧急措施；台风过后的检查和恢复工作以及台风过后的经验总结。

二、台风袭击时的紧急措施

台风中心接近，风力增加到 8 级以上时，应被认为"在台风袭击中"。这时，除了值班人员坚守岗位和空班人员编成抢险救护小组轮流值班待命外，还应根据具体情况采取下列各项措施：

（1）每小时应记录气象一次，并认真分析从传真天气图和航行警告电传（NAV-TEX）所得到的信息，标绘于航行总图上，抓住时机适时避离台风圈。还应每小时探测全船各舱水深一次。

（2）机舱必须保持主辅机、舵机等的正常运转，紧密配合驾驶台工作。电台以及电航仪器也应处于良好工作状态。

（3）注意人身安全。在甲板上工作的人员，其领口、袖口、裤脚均应扎紧，系妥保险绳，必要时还应穿妥救生衣。

（4）在航行中，若船舶已陷入台风圈，应采用危险半圆、可航半圆和台风进路上的各种避离方法，尽一切努力避免被卷入台风中心区域。

（5）航行中还应注意以下各点：

① 调整航向和航速，避免船舶固有摇摆周期和波浪遭遇周期相一致。

② 顶浪航行时，应适当降低船速，必要时可滞航，等待大浪过后再加车，避免船首或船尾与狂浪正面撞击。

③ 甲板、舱内货物等，应及时派人检查和加固绑扎。若抢救无效时，可决定抛弃，并将情况详细记录在航海日志上。

④ 不论船舶处于台风的可航半圆还是危险半圆，都应避免横浪航行。一旦船舶在大风浪中被打成横浪时，只有通过调整航向，并及时加快车速，才能起到较好的效果。

⑤ 顺浪航行时，要尽量防止风浪直接冲击船尾，致使螺旋桨和尾轴受损。还要防止船舶被打成横浪，使船身发生大幅度倾斜。当接近海岸或浅滩时，应提高警惕，必要时应减速，谨慎驾驶。

⑥ 尽量避免掉头，若形势所迫，必须掉头，应慎重考虑稳性，并做好必要准备，绝不可贸然进行。

⑦ 在较浅水域漂滞，可适当松出锚链；必要时选择适当部位撒油镇浪。靠泊码头或系带浮筒的船舶，也应备车待用，并随时关注系缆和碰垫的情况，必要时可加系保险缆。

⑧ 台风中心过境时，应利用台风眼内短暂无风的时间，进行必要的抢救和预防工作，以抵御下阶段风向相反的狂风暴雨。

⑨ 锚泊船舶在台风袭击中，应备妥主机，并派驾驶员和水手各一人，携带对讲机在船首看守锚链；驾驶台应根据锚链方向和受力情况，动车和操舵，以减轻锚链负荷，防止有走锚、断链的危险。

三、避离台风中心的操船方法

（一）船舶处于危险半圆

自古以来，避台操纵就有"三右"原则。在北半球右半圆为危险半圆，在该半圆内船舶所受风向是逐渐右转的，此时的船舶为尽快远离台风中心区，应采用与台风进路垂直的航向，即以船首右舷 15°～20°顶风，全速驶离台风中心；随着风向顺时针方向的变化，相应地将航向逐渐向右变动，直至离开危险区，船舶相对于台风区的移动轨迹如图 10—8 中的甲船所示。

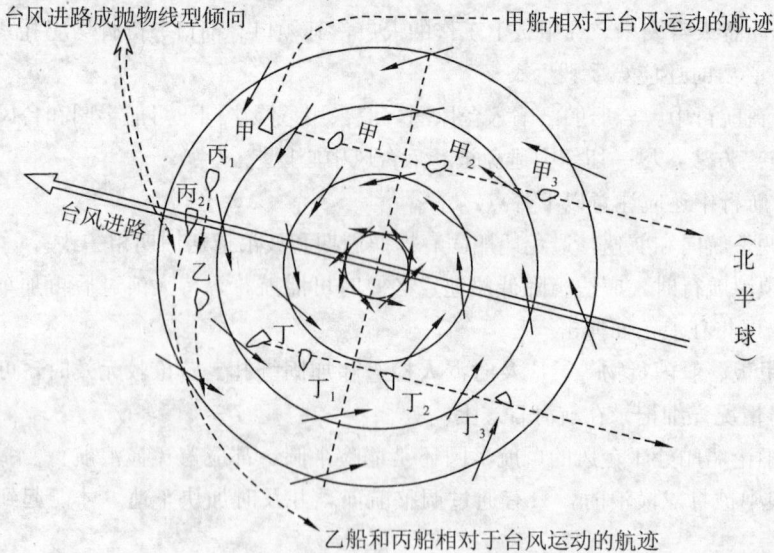

图 10—8　避离台风中心区域的操纵方法

若风浪已十分猛烈或者由于前方有陆岸等障碍而不适合全速驶离时，则可采用以船首右舷小角度顶风滞航的方法，使船舶基本上处于不进不退的状态。随着风向的右转，不断地向右调整航向，随着台风过去，船舶相对于台风的航迹如图 10—8 中的甲$_1$、甲$_2$、甲$_3$……的虚线所示。这是一种随着台风的前移而避离台风中心的方法。

如果处于台风来袭的初期，尽管本船处在台风的危险半圆内但却离台风进路较近时，根据本船的实际航向和航速，确有可以从前面横过台风进路的把握，则也可果断采取以船尾右后受风斜顺浪航行的方法驶入可航半圆予以避离，船舶相对于台风区的移动轨迹如图 10—8 中的丙$_1$船所示。

（二）船舶处于可航半圆

在北半球的左半圆风浪较右半圆小，船舶被卷入台风中心区的危险少，故称可航半圆。处于台风的可航半圆时，避台操纵应按"左左右"的原则进行。即在该半圆内，船舶所受的风向是逐渐左转的，又属于台风的左半圆，应以尾右舷受风，全速驶离；船尾受风的角度一般为 15°～30°；同时航向应根据风向的逆时针变化，而相应地向左修正，船舶相对于台风区的移动轨迹如图 10—8 中的乙船所示。

如果船舶前方无充分避离余地，也可改为右首小角度受风滞航的方法，船舶相对于台风的航迹如图 10—8 中的丁$_1$、丁$_2$、丁$_3$、丁$_4$的虚线所示。

（三）船舶处于台风进路上

若观测到风向不变、风力加强、气压下降时，则表明船舶处于台风进路的附近，台风中心即将来临。在北半球应操纵船舶使船尾右舷受风顺航，迅速驶入可航半圆后，依照船舶在可航半圆内的操纵方法进行，如图 10—8 中的丙$_2$船所示。

万一不幸由于操纵失误而进入台风眼区时，应随时注意不久即有反向的狂风重新袭来，要谨防出现正横方向突然受狂风袭击的不利情况发生，并尽可能顶风滞航。

（四）在南半球避离台风的方法

（1）若在北半球是"三右原则"，即船舶在台风右半圆（危险半圆），风向右转（顺时针方向变化），采取右首顶风（右舷 15°～30°）驶离；在南半球，则正好相反，是"三左原则"，即船舶在台风左半圆（危险半圆），风向左转（逆时针方向变化），采取左首顶风（左舷 15°～30°），全速驶离。

（2）南半球右半圆是可航半圆，风向右转（顺时针方向变化），应以船尾左舷受风驶离。

（3）南半球在台风进路上，则应以船尾左舷受风顺航，驶入右半圆（可航半圆）。

四、系泊抗台

（1）靠在码头上的船舶遇台风来临时，要对自己的处境进行分析。如果港内的防风浪条件良好，涌浪不会太大，台风引起的水位上涨不致使船发生危险，本船的抗台性能也较好，则可以留在泊位上抗台；反之，应离泊出港抗台。在决定留或离的问题上，应当听取港口当局的意见。

（2）在码头上抗台时，应注意做好下列各项工作：

① 增加带缆，特别是强风来袭的方向更应加强；各缆应受力均匀，带缆点尽量分散，缆尽可能带的远一点以增加位能，缆绳的磨损部位要妥善包扎、涂油以防磨损。② 码头与船体之间增设碰垫。③ 空船必须压载，减少受风面积，增加船体运动的水阻力。④ 如果强风的方向是来自外舷，则可在船首、尾外侧抛锚以缓和风浪的作用。⑤ 将船首系靠在出港的方向上，并做好必要时能离开码头的准备。例如，抛外舷锚或向外侧浮筒系缆等。

五、锚泊抗台

不论是抛一点锚还是八字锚均应在台风来袭前把锚抛好，并应注意风向的变化。关于抛一点锚抗台的方法在锚泊一节中已有所叙述。这里只介绍抛长短八字锚抗台风的方法。

抛长短八字锚抗台风，两链夹角不应小于 90°，且应根据风向、风力的变化规律，确定抛锚的顺序和松链的长度，以防锚链绞缠或受力不均，进而导致走锚等事故的发生。

（一）船舶处于台风右半圆

在北半球，当判断出船舶处于台风右半圆时，因为风向是顺时针变化的，所以应先抛左锚，后抛右锚，出链长度为左长右短；当风向变化时，逐渐松出右链，保持两链均匀受力，如图10—9（a）所示。

（二）船舶处于台风左半圆

在北半球，当船舶处于台风左半圆时，风向是逆时针方向变化的，所以应先抛右锚，后抛左锚，锚链右长左短；当风向变化时，逐渐松出左链，保持两链均匀受力，如图10—9（b）所示。

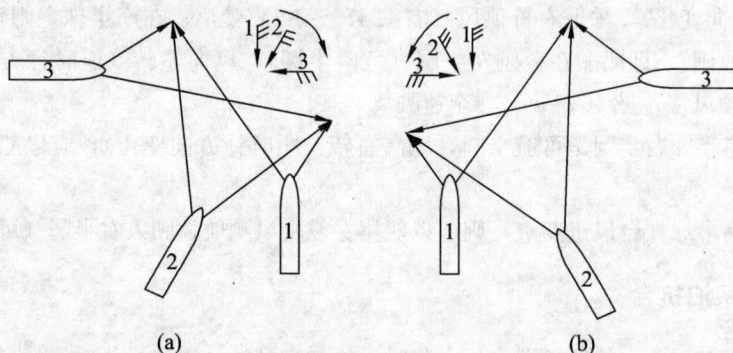

(a)　　　　　　　　　　　　　　(b)

图10—9　抛长短八字锚抗台风

如将以上先后顺序抛反了，当风向转变时，双链将会发生绞缠。

（三）台风中心通过锚地

应首先考虑风向的变化。若该锚地对未来的风向是合适的，则只要将后抛的一锚绞起，同时收短先抛一锚的锚链，准备开车顶风，待台风过去后，立即按新的风向重新抛锚。若该锚地不适合未来的风向，应更换锚地，或起锚出港，顶风滞航。

第四节　冰区航行

在冰区航行时操纵船舶的主要原则是保护船体、推进器和舵。

一、冰区航行的准备工作

（1）储备足够的粮食、淡水、燃料。

（2）检查排水系统，备足堵漏器材，关闭水密门。

（3）做好各水柜及水管的防冻工作。

（4）调整船舶吃水，使尾吃水增加。

（5）备好破冰斧、铁撬等除冰工具。

二、冰区船舶操纵

1. 进入冰区

驶入冰区前，要仔细瞭望，可按下列规则，选定入口地点。

（1）冰的厚度和硬度不致损坏船体。

（2）从冰区的下风进入比上风安全，因上风边缘冰块密集，有涌浪时碎冰骚动，容易损坏船体。

（3）涨潮时冰易积聚冻结，退潮时易碎裂。所以当船舶驶向江河口外的冰区时，应尽可能选择退潮时间。当厚冰随流快速漂移时，应等待流缓或无流时进入。

（4）冰区的边缘是不规则的，应选择向内凹进的部位进入，比较安全。

（5）进入冰区时，应保持船首与冰缘垂直，并使船速降到最低。当船首顶住冰块后，逐渐增加车速，推开冰块，向冰块松散的地方航行。

2. 通过冰区

在冰区航行时，应注意下列事项：

（1）当风从岸边吹向海洋时，在近岸边常有可通航的水道。而风从海洋吹向岸边时则相反，此时应远离岸边，从冰区边缘上风一侧绕过。

（2）通过冰区最好少改变航向。如需转向时，要用小舵角分几次进行，以防损坏舵和螺旋桨。

（3）对冰的厚度不明，应适当减速，防止盲目快速撞击。如大冰块挡住去路，可后退少许再开车前进，利用惯性撞破冰层。需倒车后退时，应先做微速进车，排开尾部碎冰，再向后退，以保护车舵。

（4）冰中无法前进时，应从原路驶出。

（5）在冰区附近最好停止夜航，找适当地点锚泊。但在冰区内则应尽量避免抛锚，以防船舶被冻结在冰内。

（6）冰区或风雪天航行时，要保持甲板排水畅通。如果甲板以上船体结冰，要及时除去，防止由此引起船舶超载和稳性降低，导致船舶倾覆和沉没。

第十一章　海事应急处置与操船

第一节　碰撞前后的应急操船和处置

由于现代船舶的大型化和高速化，一旦两船发生碰撞，往往会造成船毁人亡、海洋污染等灾难性的后果。因此，海上航行的船舶，在任何情况下都应用视觉、听觉及适合当时环境和情况的一切有效手段保持正规的了瞭望，以便对局面和碰撞危险做出充分的估计，即使对海上漂流物也不轻易放过，以避免发生碰撞。

一、碰撞前后的紧急操船

（一）碰撞前的应急操船

两船在碰撞已不可避免而尚未发生之前，应考虑的关键问题是根据当时的情况确定怎样操纵船舶才能尽可能地减小受损程度。减小碰撞受损程度的决定性因素有二：其一是降低船舶运动速度以减小碰撞时的冲量；其二是减小碰角以避开要害部位。

降低船速可用全速倒车或操满舵旋回等应急措施；若仍难以避免事故的发生，可同时抛锚来紧急制动船舶；减小碰角主要靠操舵来控制船首向。在某些情况下，若船身由于倒车制动横于对方船舶运动轨迹前方、处于被动挨碰时，可用进车增加舵效以减小碰角，避免船体重要部位被撞。而碰撞一经发生，则应立即依据当时情况，采取紧急措施以保证人命安全和抢救船舶。

（二）碰撞后的应急操船

（1）如船首已撞入他船船体时，应尽力用车舵配合，操纵船舶顶住他船破洞，以减少被撞船的进水量，给被撞船留有足够的时间来判明情况，采取应急措施。盲目倒车脱出，会加速被撞船的进水量，有沉没危险时可能会压住本船船头祸及本船。在风浪较小且无沉没危险时，还可用缆相互系住以防脱出，起到"堵漏"的作用。如被撞船有沉没危险时，则在不严重危及本船及船上人员安全的情况下，应尽力施救该船人员和贵重物品，并立即脱离。

船舶发生碰撞的姿态很多，情况也千变万化。碰撞发生时双方的航速、航向、碰角、船舶本身情况、外界因素的影响，对碰撞后的两船状态关系特别密切，所以很多情况下上述操船措施不能一概而论。

（2）作为被撞船则应尽量使船停住，以利两船保持撞击咬合状态，减少进水量，并应立即进入堵漏应变部署。若两船无法保持撞击咬合状态，应尽力操纵船舶使破损处处于下风侧，减少波浪的冲击和进水量并有利于实施堵漏作业。

（3）如果碰撞发生处附近有浅滩，被撞船有沉没危险时，在不严重危及自身安全的情况下，应操纵本船顶其抢滩或顶到浅滩附近由被撞船自力抢滩。

二、碰撞后的紧急处置

（一）应变部署

船舶发生碰撞造成船体破损后，全体船员应立即按应变部署进行排水堵漏等抢救工作。

（1）大副应检查全船，判明破损部位及受损程度；渔捞长应立即测量各污水沟、井和各压载水舱的水位；其他船员应按应变部署携带好规定的器材迅速赶到指定位置，集合待命，或根据大副、水手长分配的工作全力抢险。

（2）机舱固定值班人员除检查主机、辅机情况外，还应及时测量油舱油位，并应将全船排水泵和备用发电机备妥，随时准备排水和送电。

（3）无线电电子员或担任此职的相应人员应立即叫通附近岸台并发出船位报告或按船长批示发出电报，同时备妥应急电台或其他应急通信设备，坚守岗位。

（二）排水与堵漏

1. 排水

进水舱室确定后，应立即关闭邻近舱室的水密门窗，并立即通知机舱排水。因为一般污水泵排水能力有限，而且污水井吸水口极易被货物散落颗粒堵住，所以一般排水量有限且维持不会很长，如遇海水大量涌入，就非常危险。必要时可设法用压载泵抽水，以提高排水能力，避免船舶因过量进水而沉没。

2. 堵漏

船舶破损部位、漏洞大小和形状确定后，应立即采取堵漏措施。对于较大的破洞可用堵漏毯紧贴洞口外的船壳以限制其进水量。为增加堵漏毯的强度，可在毯中插几根钢管。挂上漏堵毯后，再根据破洞大小，在船内采用堵漏板或堵漏箱，并于箱内灌注水泥堵住破洞再予以牢固支撑，并将舱内积水排尽。对于具有相当大破口面积的破洞来说，仅凭堵漏毯往往难以奏效，因而还应加强浸水舱邻舱的防漏和补强工作，以抵抗过大的压力，防止舱壁破损而波及邻舱。对于较小的破口可用木栓、毛毯等堵住。

3. 调整纵横倾

船舶进水后，船体必然会发生纵横倾的变化及稳性高度的变化。为了保持比较合理的纵横倾和 GM 值，就必须利用排出或调驳油水加以调整。向倾斜相反舷注水的方法对有纵向隔舱壁的船可起一定的作用，但会造成船舶储备浮力的进一步减小，形成新的自由液面，从而使 GM 值进一步减小，因此必须谨慎。向他船转驳货物或抛弃部分货物也是调整船体纵横倾的一种方法，可以通过降低吃水而减少进水量，对位于水线附近的破洞尤为有效。

三、碰撞后的续航

（一）自力续航

碰撞后的船舶经全面检查，在主辅机状况良好无损，船体破损部位经过堵漏和加强后进水得以有效控制，排水畅通，仍保留足够的储备浮力，浮性符合航行要求，救生设备完整无损，且确认续航中不会出现危及船舶安全的情况时，才可自力续航到最近的港口进行检修。

自力续航操纵应十分谨慎，并应注意以下几个方面：

（1）减速航行，密切注意排、进水情况的变化并详细记录。如情况恶化，应立即查明原因，并重新堵漏或修复排水设备，清理排水吸入口等。

（2）尽量近岸航行，勤测船位。操纵船舶尽量使破损处处于下风测，并根据风浪情况及时调整航向、航速，以减轻船舶的摇摆。

（3）密切注意气象、海况变化，随时准备择地避风或采取其他应急操船措施。

（4）与附近岸台、公司或船舶所有人保持密切联系，及时报告航行情况和船位，根据指示结合实际情况，采取对应的有效措施。

（二）拖航

对于不能自力续航的船舶，则应请救助船或其他船舶拖航至附近港口检修。

拖航的有关内容详见本章第五节海上拖带。

第二节　搁浅与触礁前后的应急操船和处置

航行中的船舶，由于其吃水超过可航水深，致使船舶搁置在浅滩上的现象，称为搁浅。如船舶搁置或触碰礁石，致使船壳受损，称为触礁。

一、发生搁浅或触礁事故的主要原因

搁浅和触礁事故除极少数是由于大风的袭击、车舵突然失灵等引起外，绝大多数是由人为原因所造成的，如迷失船位、偏离航道，思想麻痹、警觉不高、无预防措施，以致误入浅滩和礁区，造成搁浅和触礁。根据历来事故的分析，其主要原因有：

（1）不熟悉航道情况，不查阅航区资料，不细致研究航区条件，主观臆断拟定航

线或采用不适当的计划航线。

（2）驾引人员工作粗枝大叶，不负责任，测错或不测船位，导致迷失船位；误认灯浮或导航标志，或错看或漏看物标；在航行值班中思想不集中，凭老航线、老经验；不及时改正海图和航海资料，以致误入浅滩或险区。

（3）不重视航迹绘算，对风流压差预配不足，未及时修正；对富余水深、浅水效应估计不足，对潮汐推算或计算有误。

（4）对助航仪器的误差心中无数，又不及时求测和校正；罗经损坏或存在误差，未及时发现，导致航线偏离；或盲目、片面信赖某一仪器，不作综合定位。

（5）叫错、听错口令或口令不明确；操错舵，开错车，驶错航向而未及时发现和纠正；驾驶人员对引航员的错误操作未能及时发现并纠正等。

（6）不了解船舶在不同状态、不同环境影响下的操纵性能；盲目操纵，或在复杂危险水域，主机、舵等突然损坏或因锚泊不当而发生走锚，又未能及时发现和纠正；或在狭水道抛锚和避让不当，或因能见度不良时盲目航行而偏离航道等。

二、搁浅与触礁前的紧急操船

（一）当发现船舶搁浅已难以避免时的紧急操船

（1）如不明浅滩范围和形状，应立即停车满舵，一方面可减缓搁浅的程度，另一方面是希望逃离浅水区域。

（2）如明了本船航向与浅滩边缘走向的交角很小或接近平行，但离浅滩已很近，应立即停车，用短时间满舵与回舵分几次转向，避免一下子大幅度转向而使船尾甩上浅滩。

（3）如明了本船航向垂直于浅滩，则应立即停车和快速倒车，并抛双锚，以阻滞船前进，减缓搁浅程度，保证船尾处于深水区，有利于以后绞锚脱浅。

（4）如明了浅滩仅仅是航道中新生成的小沙滩，一般可以保向快速冲过，或左右交替满舵，使船蛇航挤过浅滩。

（5）如明了由于本船倒退会使船尾搁浅，则应用正舵，快车前进，可减少车、舵受损的机会。

（二）当发现船舶触礁已不可避免时的紧急操船

（1）船首前方是一长排礁石，船与礁石距离已小于本船旋回进距，应立即停车、倒车并抛双锚，保持航向，以避免船身全部上礁，并保护车舵。

（2）船首前方是孤立小礁石且四周水很深，则当船在未接近前，就应尽早让清，如已无法避让，则应立即停车、倒车，减缓船体前冲，减小触礁程度与损失。

三、搁浅与触礁后的处置

（一）忌盲目动车

搁浅或触礁后切忌盲目动车。如盲目动车，可能导致船体、车叶、舵叶遭受更大损失。即使能够脱浅或离开礁石，但也可能再次搁浅或上礁。如是搁在尖锐的礁石上，则很可能被礁石划开船体而扩大破口，致使船体内大量进水而沉没。长时间用车，会使冷却水的吸入口吸入过多的泥沙，有导致冷却系统堵塞的危险。若盲目使用倒车，对右旋单桨船而言，倒车时尾左偏，易使船舶打横，可能会使险情更加恶化。

（二）显示信号

立即按《国际海上避碰规则》的规定悬挂号型（三只垂直的黑色球体）和（或）显示号灯（锚灯加垂直两盏红灯）。

（三）紧急报告

立即将有关情况告知附近港口的有关主管机关及船东、代理，并请求有关救助机构，协助脱浅，从而不耽误施救工作。

（四）水密工作

立即检查或关闭与海底相通的水密门盖。如管弄水密盖、轴弄水密门、水压计程仪舱盖、双层底，包括管弄在水线以下测深管的速闭阀与（或）管盖及货舱污水井在机舱内测深管的速闭阀与（或）管盖。要十分明白任何水密门盖漏水，等于丧失双层底的功能。

（五）油、水测量

每间隔 20 min 测量一次与船底相通的各舱室的水位或油位高度。如发现损漏，则应立即确定其部位，关闭有关的水密门盖，采取排水、堵漏、补强等措施。

（六）确定船位、吃水与水深

（1）利用可靠物标测出准确搁浅位置，并定时进行测量、校核。

（2）测出搁浅后船舶的六面吃水，并记下观测时间、潮高及高低潮时间、潮型，以便计算损失的排水量。

（3）测出船边及周围水深。测量船边水深可自首向两舷每隔 10 m 测一个点，如图 11—1 所示。测量周围水深应从船边开始以辐射方式进行，如图 11—2 所示，并记下时间、潮高及高低潮时间。

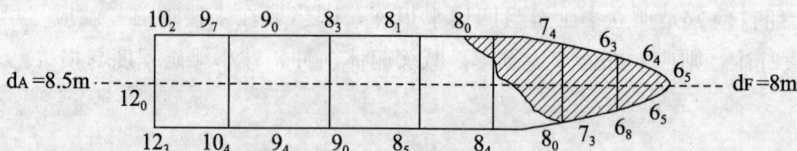

图 11—1　沿船舶两舷测深

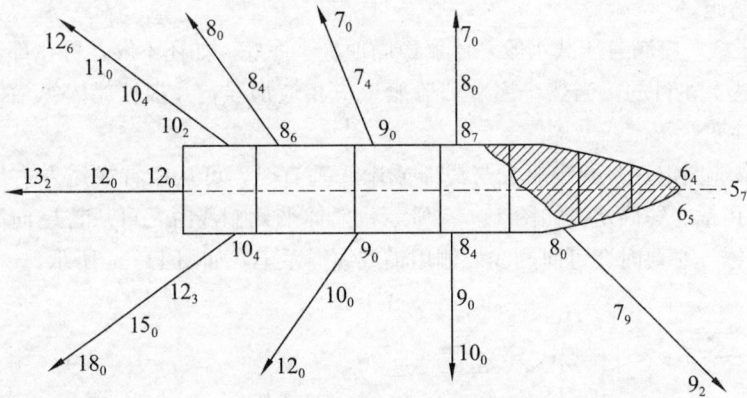

图 11—2　沿辐射方向测深

（4）通过吃水与水深的比较，可判断船体搁浅部位和程度，决定脱浅方向。如搁浅当时吃水大于搁浅前吃水，则此处船体未搁浅；如搁浅后吃水小于搁浅前吃水又大于舷边水深，则此处船体因撞击或底质软而嵌入、陷入海底或舷边有泥沙堆积；如搁浅后的吃水小于搁浅前的吃水，也小于舷边水深，则表明船搁在海底突出物上或舷边沿线沙已被冲淘走了。

（5）确定搁浅部位的方法，还可在低潮和高潮时，用过底索套过船底，在两舷从首至尾（或顺流）拉曳，以此探测低潮和高潮时的搁浅部位，并概算搁浅船底面积。

（七）摸清底质

对搁浅处海底底质进行取样，确定搁浅处底质，以便以后计算脱浅拉力。

（八）船体保护

1. 搁浅后可能出现的危险情况

（1）墩底。搁浅船舶在浪涌的作用下，船底与海底碰击墩底，将损坏船壳甚至使船体断裂。

（2）向岸漂移。搁浅船舶在风、流、浪和潮水的作用下，船体易出现摆动和移位，而向岸漂移。

（3）船体打横。船首、船尾某一端搁浅时，在风、流、浪的作用下，船体以搁浅处为支点发生转动，导致船体打横。

（4）船体倾斜。船舶搁浅处如坡度较大，且潮差也大时，落潮后船体会发生倾斜，或是迎流舷海底泥沙被水流淘挖成槽，致使船体倾斜，严重时可使船舶倾覆。

（5）船体承受过大应力。在墩底及船中部搁浅或触礁时，船体局部将受到很大的应力，易造成船体变形甚至折断。

2. 保护船体的措施

搁浅船如在短时间内不能安全脱浅，由于会发生上述危险现象，故对船体必须采取保护措施。

（1）压载。打满各压载水舱，使船稳固地坐于海底。如还不够，可在部分货舱内注水，以达上述目的。当然，注水邻舱舱壁应相应加强，并根据船体纵横倾及受力情况择舱注水。

（2）锚缆固定。若搁浅船身与浅滩或岸线垂直时，可从船首或尾左右舷向海各45°方向上用锚、缆固定，如图11—3所示。船体舷侧搁浅时，可从首尾向海方向各45°左右抛锚，必要时还可向搁浅一侧用锚或缆绳系牢，如图11—4所示。

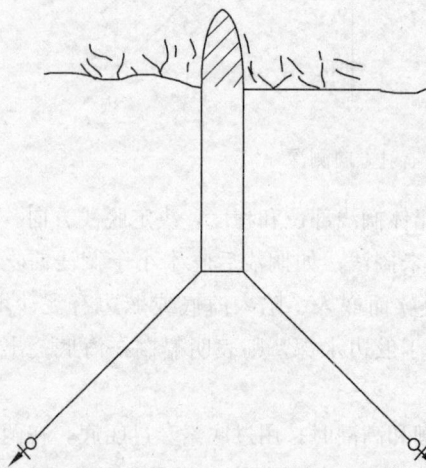

图 11—3　首部搁浅时抛锚固定船体　　　图 11—4　舷侧搁浅时的船体固定

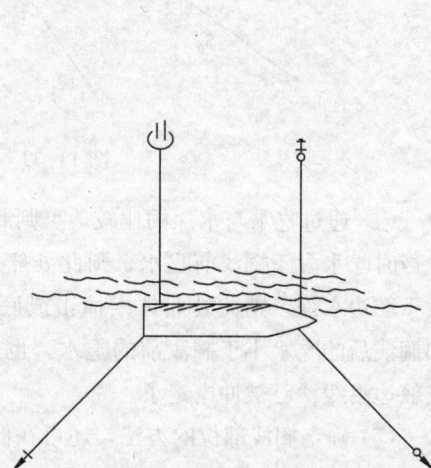

（九）了解潮汐、潮流和气象

（1）根据当时当地的潮汐资料，编制出高潮潮时和潮高表，并应设立临时潮标，以获取实测资料。还应按时记录潮流的大小和方向。

（2）加强抄收气象预报与传真，密切注意天气变化，测取风向、风速及海浪资料。争取在天气恶化前脱浅。

（十）查明主机、推进器和舵的情况

搁浅后应立即通知机舱改用高水位海底阀，以防泥沙堵塞造成冷却中断后主辅机停车，并应立即查明车、舵有无变形受损。

四、脱浅方法

脱浅方法随船舶的大小、搁浅情况的不同而不同，总的来说可分为自力脱浅和外援脱浅两种方法。

（一）自力脱浅

1. 等候高潮利用主机脱浅

不在高潮时搁浅，船体只有轻微的损坏，尾部又有足够的水深，则可等待下一

个高潮时利用本船主机倒车出浅。

一般做法是高潮前 1 小时动车，当快倒车无效时，可改用半进车配合左右满舵来扭动船体，然后再快倒车。

如底质是泥沙，倒车时应注意泥沙可能在船体周围堆积妨碍出浅。

2. 移动重物调整船舶的纵横倾出浅

船舶的一端或一舷搁浅，而另一端或另一舷有足够的水深，就可以用移动船用燃料、淡水、压舱水或货物的方法以减小搁浅一端（或一舷）的压力，再配合主机或绞锚使船脱浅。

移载脱浅必须经过计算，以免脱浅后产生过度的纵倾或横倾而危及船舶安全。在一舷搁浅而海底又甚陡峭的情况下，则不宜使用移载法。

3. 绞锚脱浅

锚能产生持续而强大的拉力，且拖力方向准确。当有浪涌时，每来一个浪涌就能增加一点浮力，如锚有足够的拉力，这时就能将船移动一点，对船脱浅十分有利；而拖船就不能在风浪中充分发挥它的拖力。

绞锚时产生的拉力是依靠锚的抓力通过重型的复合绞辘传到船上、再用绞车或起锚机绞收所提供的。如果 1 只锚抓力按 4 倍的锚重计算，则 3.5 t 的锚其抓力约为 137.2 kN，用一副 3—3 或 3—2 的绞辘，则一般船用起重机均可拖动，如同时使用几套锚具就能增加脱浅拉力。锚具的缆最好用一节锚链再加钢丝组合而成，这样能使锚充分发挥其抓力。绞辘在船上的着力点，必须是可靠的舱口或甲板舱的围壁，单个缆桩则无法承受如此大的拉力。

4. 卸载脱浅

在上述几种方法均不能使船脱浅时可采用卸载的方法。如设所需卸载数量为 P，则

$$P = 100TPC \cdot \delta d = \frac{F - (F_p + F_t + F_a)}{f}$$

式中：δd——希望通过卸载而达到的平均吃水减小值（m）。

卸载应以迅速、方便和损失最小为原则。最好能卸载搁浅处的货物，如不可行也应尽可能卸载靠近搁浅处的货物。一般先卸出多余的淡水和燃油，然后再卸货物。卸载后应进行首尾吃水差变化和 GM 值的计算。

（二）外援脱浅

搁浅后，如桨叶、主机受损或经估算无法自力脱浅时，应在努力抢险自救的同时，立即请求外援，使船早日脱浅。如船体受损严重，已失去漂浮能力，则应先堵漏排水抢险，并请求外援，经抢险在脱浅后不致沉没时，应尽早脱浅。

救助船可协助搁浅船固定船体、堵漏排水、移载过驳、用大型打捞浮筒增加搁浅船浮力、冲挖脱浅方向海底和提供足够的拖力协助脱浅等。

救援船到来后，搁浅船应提供下列资料：

（1）船舶资料，如主要尺度、总布置图、原来载重吨数、静水力曲线图等；

（2）货种、载重数量及分舱图，油、水的数量及部位；如装有危险货物应详到其舱位和吨数及注意事项，并应事先在电报中注明；

（3）搁浅前的航向、航速及搁浅的时间，现在的船首向；

（4）搁浅前及搁浅后的吃水以及搁浅后其吃水的变化情况；

（5）主机、甲板机械的功率及现在的技术状况；

（6）搁浅后曾采取的措施和收到的效果以及对救助工作的建议；

（7）船位、船边水深、当地潮汐情况等。

第三节　救助落水人员

一、人员落水紧急措施

（1）发现者应立即大声呼叫"左（右）舷有人落水"，并就近投下救生圈。夜间应投下带有自亮浮灯的救生圈，白天应尽可能投下带有自发烟雾信号的救生圈，以便于落水者发现，同时也能指示落水者位置，便于驾驶台寻找。

（2）停车并向落水者一舷操满舵，尽力摆开船尾，以免落水者被桨叶所伤。

（3）派专人登高守望落水者，不断报告其方位。

（4）发出有人落水警报，进入有人落水救助应急部署，有关人员立即做好放艇准备。

（5）备车并采取适合当时情况的恰当的操纵方法接近落水者。

（6）放下救生艇营救，若海面平静，应尽早地放下救生艇（余速 3～4 kn 内），不要等待船完全停住后才放艇。当有风浪时，船应驶至落水者上风侧后，放本船下风侧救生艇，操纵救生艇至落水者下风处，救起落水者。

二、人员落水后的操船方法

一般由驾驶台人员发现有人落水，立即采取行动，称"立即行动"。人员落水由目击者报告驾驶台，经过一定延迟后开始行动，称"延迟行动"。发现人员失踪后再报告驾驶台采取行动，称"人员失踪"。由于船舶在外界环境影响下的操纵性能的变化以及人员落水早晚的不同，接近落水者时应采用不同的操船方法。

接近落水者的操船方法有：

1. 单旋回（single turn），如图 11—5 所示

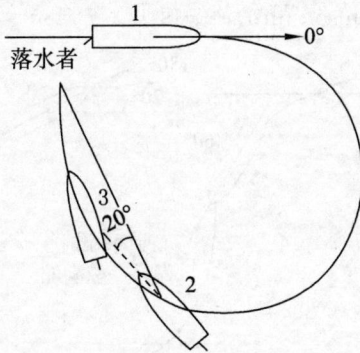

图 11—5 单旋回

（1）停车，向落水者一舷操满舵；

（2）落水者过船尾后，进车加速；

（3）当船首转至距落水者差 20°时，正舵，减速，适时停车，利用惯性转至对准落水者上风侧，把定，接近落水者；

（4）在落水者难于视认时，应在船首转过 250°时，正舵，边减速边努力寻找落水者，发现后立即停车驶向落水者上风侧。

本法最适于"立即行动"，是船舶接近刚落水人员的最快、最有效的操纵方法。但不适用于"延迟行动"和"人员失踪"。

2. 双半旋回（double turn），如图 11—6 所示

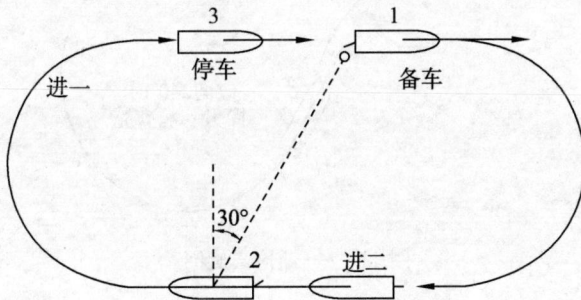

图 11—6 双半旋回

（1）停车，向落水者一舷操满舵；

（2）落水者过船尾后，进车加速；

（3）船首回转 180°后，把定，边盯住落水者边前行；

（4）当航行至落水者于正横后约 30°时，再向落水者一舷操满舵回转 180°，适时减速、停车，接近落水者上风侧。

本法操纵方便，适用于"立即行动"，较适用于"延迟行动"，不适用于"人员失踪"。

3. 威廉逊旋回（Williamson turn），如图 11—7 所示

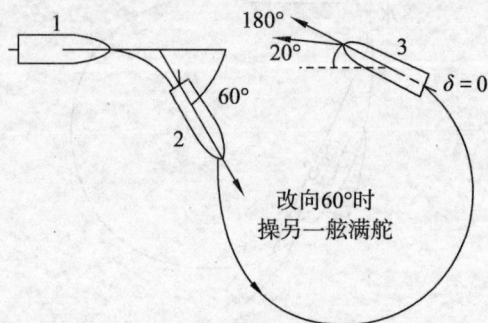

图 11—7　威廉逊旋回

（1）向落水者一舷操满舵；

（2）当船首转过 60°时，回舵并操另一舷满舵；

（3）当船首转到与原航向之反航向相差 20°时，正舵，待转到原航向的反航向时把定，边搜索边前进，发现落水者后适时减速停车，驶进落水者上风一侧。

本法能准确地把船驶至落水者所处的位置，在夜间或能见度不良时是一种有效的方法，最适用于"延迟行动"。

4. 斯恰诺旋回（Scharnow turn），如图 11—8 所示

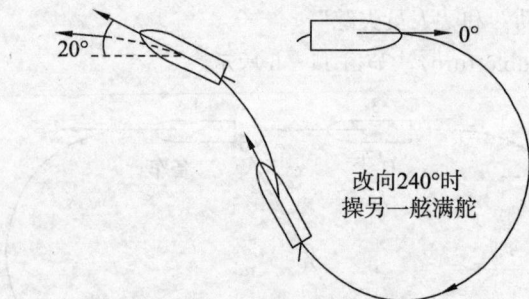

图 11—8　斯恰诺旋回

（1）向任一舷操满舵；

（2）当船首转过 240°时，改操另一舷满舵；

（3）当船首转到与原航向之反航向相差 20°时，正舵，待转到原航向的反航向时把定，边航行边搜索落水者。

本法能在最节省时间的情况下，使船驶返原航迹，故适用于"人员失踪"，不适用于"立即行动"和"延迟行动"。

应当注意的是，在海面有风的情况下，威廉逊旋回法和斯恰诺旋回法由于受风的影响和左右旋回圈在风中出现的变化，实际上很难使船驶上原航迹线上，故在搜索时应结合船舶可能的漂移情况，适当加宽搜索扇面。

如图11—9所示，威廉逊旋回法与斯恰诺旋回法相比较，威廉逊旋回法适合于落水者"A"，而斯恰诺旋回法则不适用于落水者"A"，即发现尚属及时的情况；但斯恰诺旋回法更适用于落水者"B"，即发现落水者较晚因而船已驶出一段距离的情况，而且能更快地驶近落水者。对于各种不同类型的船舶，斯恰诺旋回法可以节省1～2 n mile的航程。

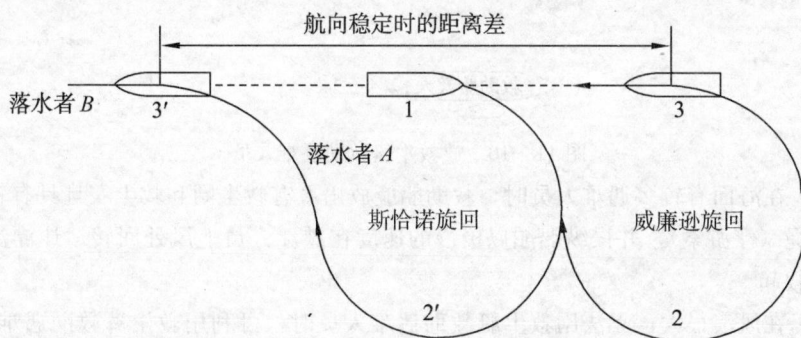

图11—9　斯恰诺旋回与威廉逊旋回比较

三、救助遇难人员

我国《海上交通安全法》第三十六条规定："事故现场附近的船舶、设施，收到求救信号或发现有人遭遇生命危险时，在不严重危及自身安全的情况下，应当尽力救助遇难人员，并迅速向主管机关报告现场情况和本船舶、设施的名称、呼号和位置。"

1. 收到遇险信号的船舶应做好下列救助准备

(1) 迅速赶往出事地点，并告知难船本船预计到达的时间；

(2) 船舷两侧自首至尾接近水面处，各系挂一条有若干小绳的缆绳；

(3) 在两舷适当部位系挂好救生软梯和救生网络；

(4) 准备若干系有救生浮索的救生圈；

(5) 做好放救生艇的准备工作。

2. 救助船的操纵和处置

救助船到达现场后，应视具体情况采用相应的操船和救助措施。

(1) 在遇难船尚能放下救生艇筏的情况下，应操纵救助船驶停于难船的下风侧，待难船的救生艇筏来靠后，迅速救起遇难人员。

(2) 若遇难船不能放艇时，救助船应驶至难船上风侧，放下风舷救生艇，驶靠难船下风舷，救助遇难人员。救生艇放下后，应操纵救助船至难船下风侧，如图11—10所示，救生艇驶靠救助船下风舷救起遇难人员。

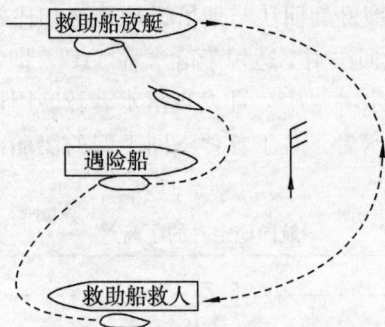

图 11—10　放救生艇救助遇难人员

（3）在海面有较多遇难人员时，救助船应放出系有救生圈和救生衣且具有较大浮力的缆绳（浮游索），并操纵船舶以极慢的速度在漂浮人员上风处回转，让漂浮者攀附，并救起。

（4）在风浪很大，无法用救生艇救助遇难人员时，可利用救生裤救助遇难人员。具体方法详见《海上求生》的有关内容。

第四节　海上搜救

《国际海上人命安全公约·遇险通信——义务和程序》中规定："船长在海上当由任何方面接到遇险中的船舶或飞机或救生艇筏的信号时，应以全速前往援助遇险人员，如有可能并应通知他们正在前往救助中。如果该船长不能前往援助，或因情况特殊认为前往援助为不合理或不必要时，他必须将未能前往援助遇险人员的理由载入航海日志。""遇险船的船长在尽可能与应召援助各船船长协商后，有权召请其中被认为最能给予援助的一船或数船；被召请的一船或数船的船长有义务履行应召，继续全速前进以援助遇险人员。"

国际海事组织（IMO）制定了《国际海上搜寻与救助公约》。该公约旨在增进世界各搜救组织之间和参与海上搜救者之间的协作，同时还编写了《国际商船搜寻手册》（MERSAR）。该手册旨在指导遇难者和施救者，尤其是施救船的船长。因此，海船船长和驾驶员必须具备该手册的有关知识。现将有关搜寻救助活动时的操船方法与处置措施介绍如下。

一、搜救组织

IMO 将全球海区划分成 13 个搜救区。IMO 要求每一个搜救区有一个沿岸国政府负责收集海上紧急信息，建立通信联络，提供搜救服务，并协调同一搜救区各政府之间和相邻搜救区之间的搜救服务。

（一）建立救助协调中心

每一个搜救区中的各沿岸国应设立救助协调中心（简称 RCC），并在各地区设立救助分中心（简称 RSC）。在我国，全国海上安全指挥部就相当于 RCC，各地区的海上安全指挥部相当于 RSC。

（二）指定现场指挥

RCC 收到遇险信号后应立即派船搜救，并指定现场指挥（简称 OSC）。在有专业救助船（包括军舰）时，OSC 由专业救助船担任。在无专业救助船时，第一艘到达现场的援助船一般可作为海面搜寻协调船（简称 CSS），协调各搜救船舶的搜救工作。

（三）确定通信频率

海上搜救时，建立及时有效的通信联络是指挥和实施搜救的先决条件。主要的通信频率有：

（1）156.525 MHz（VHF 70 频道）的 DSC（数字选择性呼叫）；

（2）2 187.5 kHz（中频）的 DSC；

（3）156.8 MHz（VHF 16 频道）的无线电话；

（4）2 182.5 kHz（中频）的无线电话；

（5）2 174.5 kHz（中频）的 NBDP（窄带直接印字电报）；

（6）INMARSAT（国际海事卫星）船站（可进行双向通信和日常通信。在遇险情况下，能可靠地报警）。

二、海上搜救时救助船的行动

（一）收到遇险信号后应立即采取的行动

（1）确认已收到的遇险信号，并酌情转发已收到的遇险信号。

（2）迅速与遇险船取得联系，告知本船的船名、呼号、船位、航速和预计到达的时间。

（3）在遇险呼叫频道上（VHF 16 频道、2 182.5 kHz 无线电话、2 174.5 kHz 窄带直接印字电报）保持不间断的守听，并与岸台保持联系。

（4）开启 9 GHz 雷达，并保持守望，注意是否有 SART（搜救雷达应答器）的回波出现。

（5）用视觉、听觉以及适合当时环境和条件的一切有效手段保持瞭望；如在遇险船附近，应指派额外的瞭望人员。

（二）赴援途中，船上应做好接收遇难人员的准备

（1）船舷两侧自首至尾接近水面处各系好 1 根缆绳，以供艇筏来靠。

（2）准备好吊杆，吊货索端连好 1 个吊货盘或网兜，以便从水中救起遇难者。

（3）最低开敞甲板的两舷各准备好撇缆、绳梯、爬网，可能时指定几名船员准备下水救助遇难者。

(4) 准备一艘救生艇或救生筏，放在船边作临时登船站使用。

(5) 准备好对遇难者的医疗援助，包括担架。

(6) 抛绳设备连上 1 根细绳和 1 条粗绳，以便和难船或艇筏之间系缆时使用。

(7) 当使用本船救生艇时应预先规定好与本船的联系信号。

（三）救助船接近现场的搜索行动

(1) 通过 VHF 及其他有效通信手段的联系，根据雷达信息、结合视觉瞭望，确定现场位置，操船驶近。

(2) 采取措施让遇险者尽早发现本船。白天使用烟雾信号，夜间实施不影响瞭望的照明，在使用烟、灯的同时还可鸣放汽笛。

(3) 增加搜寻人员对本船四周海面进行全面搜寻，夜间最好用探照灯照射海面。

(4) 事故现场若未发现遇难者，应马上采取合适的搜索方式进行搜寻。

三、现场搜寻

到达现场仍未发现遇难者时，应按照救助协调中心（RCC）、救助分中心（RSC）或现场指挥（OSC）、海面搜索协调船（CSS）的命令，采取搜寻行动。

（一）确定搜寻区域

进行现场搜寻时要先确定搜寻基点和搜寻区，搜寻基点就是开始搜寻时被搜寻目标最可能的位置。确定搜寻基点时需考虑下列因素：

(1) 遇险船遇险的船位和时间；

(2) 救助船从收到呼救信号至航行到现场的时间间隔；

(3) 救助船赶到现场所需时间内，遇难船或其救生艇筏漂移的距离；

(4) 搜救航空器比救助船先到现场的可能性；

(5) 从测向仪、搜救雷达等获得的其他实测资料。

搜寻基点确定后，以它为圆心，取 10 n mile 为半径作圆，再画出该圆的切线构成的正方形确定为开始阶段的最可能区域，如图 11—11 所示。

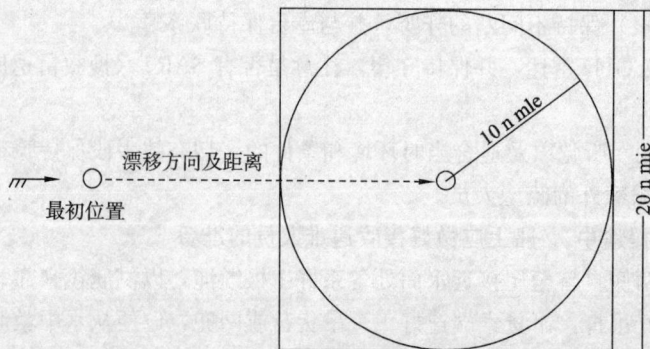

图 11—11　搜寻区域的确定

（二）选择搜寻方式

为了统一船与船或船与飞机之间的行动，国际海事组织（IMO）拟定了一些搜索方案，以便共同执行。联络船有责任根据现场情况选定搜索方案，当情况发生变化时调整搜索方案，并通知各船执行。《商船搜寻与救助手册》（MERSAR）中对可使用的搜索方式作了如下规定。

1. 扩展正方形搜寻

如图 11—12 所示。这是用于单船搜寻的一种方式。从基点开始，逐步扩展正方形边长进行搜寻。如果有可能，最好在基点处投下一只救生筏或其他漂浮标志以观测漂移速度。此后，它可用作整个搜寻过程中的基点标志。

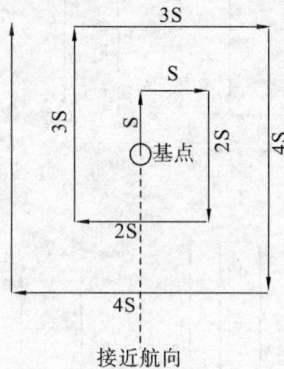

图 11—12　扩展正方形搜寻模式

2. 扇形搜寻

如图 11—13 所示，这也是用于单船搜寻的一种方式。当搜寻目标的可能存在区域较小时，如有人落水或曾看到过搜寻目标但随后不久却又丢失等情况，则可实施扇形搜寻，而且发现目标的可能性也比较大。

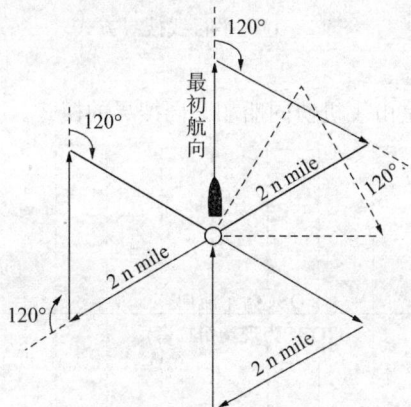

图 11—13　扇形搜寻方式

搜寻中船舶改向角均为右转 120°，分两段进行。前一段搜寻结束时（图中实线轨迹），应马上右转 30°，进入后一段搜寻（图中虚线轨迹）。

3. 平行搜寻

如图 11—14 所示。有两艘或两艘以上的船舶参与救助时，可采用平行搜寻的模式。

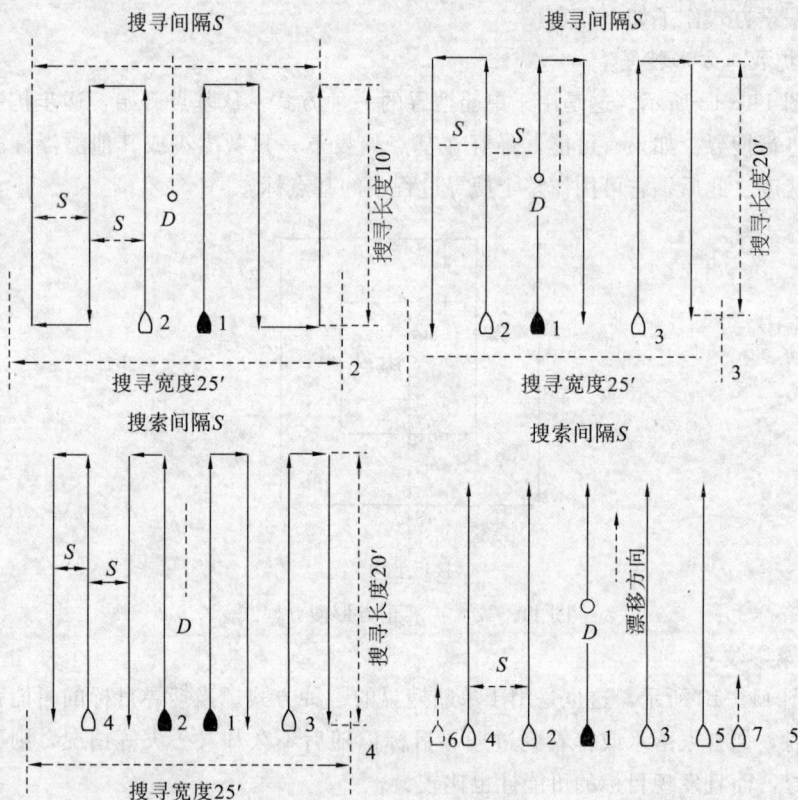

图 11—14　平行线搜寻方式

4. 海空协同搜寻

如图 11—15 所示，是由飞机协同船舶共同搜寻的模式。

图 11—15　飞机协同船舶共同搜寻

实施海空协同搜寻时应注意：

（1）开始搜寻时，早到达的船舶应首先开始扩展正方形搜寻。实施中如飞机赶到时，则船舶仍继续其搜寻，飞机也应单独搜寻。

（2）第一次搜寻告一段落，CSS 或 OSC 应根据船舶到达的艘数，确定可有效发挥船舶和飞机搜寻作用的方法，实施第二段搜寻。

（3）CSS 有关操作的指令，应使用本手册的标准信文，或国际信号规则，或标准航海英语。

（4）在实施搜寻的过程中，仍应全面遵守《国际海上避碰规则》。

以上搜寻方式除扇形搜寻方式外，航线与航线间的搜寻间距全部改为 S（n mile）。S 依据搜寻目标和当时的能见度确定，见下表规定。

商船搜寻间距（n mile）

S（n mile）搜寻目标	气象能见度（n mile）				
	3	5	10	15	20
落水人员	0.4	0.5	0.6	0.7	0.7
4 人救生筏	2.3	3.2	4.2	4.9	5.5
6 人救生筏	2.5	3.6	5.0	6.2	6.9
15 人救生筏	2.6	4.0	5.1	6.4	7.3
25 人救生筏	2.7	4.2	5.2	6.5	7.5
5 m 救生筏	1.1	1.4	1.9	2.1	2.3
7 m 救生筏	2.0	2.9	4.3	5.2	5.8
12 m 救生筏	2.8	4.5	7.6	9.4	11.6
24 m 救生筏	3.2	5.6	10.7	14.7	18.1

四、搜寻结束

（一）救助行动完成

海面搜寻协调船（CSS）应立即通知所有救援船搜寻业已结束，并向就近岸台报告下列情况：

（1）载有脱险人员的船舶名称，航行目的地，所载脱险者人数；

（2）脱险人员的身体状况；

（3）是否需要医疗；

（4）遇难船或物的情况及是否构成航行危险。

（二）搜寻无效

当搜救遇险人员的一切希望已不存在时，CSS 必须作出终止搜寻的决定，但应考虑下述各项因素：

（1）搜寻区内存在生存者的可能性；

（2）如果搜寻目标在搜寻区内，搜寻到目标的可能性；

（3）搜寻单位留在现场还能利用的时间；

（4）在当时的海水温度、风力和海浪的情况下，遇险人员继续活着的可能性。

五、直升飞机救助时船舶应采取的措施

（1）采取措施与直升飞机保持通信联络；

（2）选择适合直升飞机起落的场所，并以醒目标示白色或橘红色"H"字样；

（3）在直升飞机接近船舶上空前，尽量消除有碍钢丝及有关障碍物；

（4）夜间，对船上障碍物如大桅等应尽可能加以照明；

（5）为了使直升飞机驾驶员在空中能较好地识别船舶和风向，应挂妥船旗和三角旗，也可施放救生火箭和黄色烟雾信号，以便识别；

（6）直升飞机飞近船舶时，船长应操纵船舶斜向迎飞；直升机从船尾飞近时，船舶应保持左舷30°受风，并保向保速；如人员起吊场所在船尾以外的其他场所，船舶应保持右舷30°受风，以便直升机接近并进行救助；

（7）直升飞机吊索的长度一般不超过15 m，并常带有静电，抓扶前应让其放电。

（8）直升飞机起吊人员，船上人员的指挥手势如下：

不要起吊：两臂水平伸直，手指紧握，拇指朝下。起吊：两臂抬高到水平以上，拇指朝上。

第五节　海上拖带

通常海上拖带均由设备齐全的专业性海上拖船承担，但有时海上船舶也可能遇到遇难船舶请求拖带，这对非专业从事拖带的普通船舶来说不是一件寻常的事，驾驶人员必须运用良好的船艺及操船技术，才能达到安全拖航的目的。

一、拖带准备

（一）被拖船在拖航中状态的确定

1. 拖被拖船的哪一端

一般情况下，应尽量拖分波能力强、防甲板上浪性能好、保向性较优的被拖船船首，即拖首方式。如果被拖船因船首严重破损，拖航中不得不具备较大的首倾时，则应拖遇难船船尾，即拖尾方式。

2. 减小拖航阻力的准备

要用拖首方式时，为了减小拖带阻力，通常使被拖船推进器与主机脱开，让其

自由转动。但若为了减小偏荡，则应固定尾轴不让其自由转动，以增加尾部阻力提高航向稳定性。

（二）拖缆的选择

海上拖带大多采用柔软而且强度大的钢丝缆作为拖缆。因为钢丝缆伸缩性较差，难以承受风浪的突然作用力，所以一般用钢缆与锚链相连接来加重拖缆，使其产生一定的垂曲度，这样才能吸收突然增加的外力。

1. 拖缆长度的确定

适当长的拖缆，有利于缓解因拖船与被拖船运动不协调所产生的冲击张力，也有利于缓解被拖船的偏荡。拖缆的长度通常应根据拖船和被拖船的大小、拖带速度、海况、水深及拖缆的种类等来决定。通常，拖缆长度 S 可按下列经验公式估算：

$$S = k(L_1 + L_2)$$

式中：k——系数，取 1.5～2.0；拖带速度高时取大值；

L_1——拖船长度（m）；

L_2——被拖船长度（m）。

拖缆长度 S（m）也可按悬垂线长度进行计算，即：

$$S = 2\sqrt{d\left(d + \frac{2R}{W'}\right)}$$

式中：d——悬垂量（m）；

R——被拖船阻力（9.8 kN）；

W'——每米拖缆水中的重量（t/m）。

2. 拖缆的悬垂量

如图 11—16 所示。长度、重量足够的拖缆，在拖船与被拖船之间形成悬垂线，悬垂线最低处距海面的高度与拖船拖缆出缆处至水面的高度之和即为悬垂量 d。拖带过程中，具有适当的悬垂可防止拖缆在风浪中受到急顿，起到缓冲的作用。

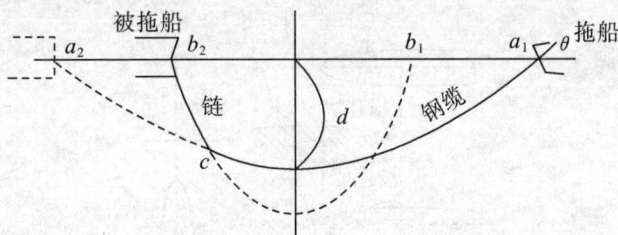

图 11—16　组合拖缆及其悬垂量

悬垂量 d（m）的大小可用下式估算：

$$d = \frac{R}{W'}(\sec\theta - 1)$$

式中：θ——出口处拖缆与水平面的夹角（一般取拖船处的）。

根据经验，当海面平静时，悬垂量应不少于 8 m，风浪大时应不小于 13 m。一般在深海水域航行时，悬垂量宜保持在拖缆长的 6% 左右。

3. 组合拖缆

如图 11—16 所示，在采用锚链和钢缆相连接的组合拖缆时，所需锚链长度可用下式估算：

$$\Delta S = K \frac{c}{d}(S - S_1)$$

式中：ΔS——应配链长（m），图 11—16 中的 $b_2 c$；

S——所需钢缆的长度（m），图 11—16 中的 $a_1 a_2$；

S_1——现有钢缆的长度（m），图 11—16 中的 $a_1 c$；

K——系数，软钢缆取 0.11，硬钢缆取 0.13；

c——钢缆的周径（cm）；

d——锚链的直径（cm）。

二、拖航作业

（一）接近被拖船的方法

1. 受横风接近

如图 11—17 所示。当拖船横向漂移速度高于被拖船横移速度时，拖船应从被拖船上风侧驶近，如图 11—17 中 A_1 位置；相反，当拖船横移速度低于被拖船横移速度时，则拖船应从被拖船下风侧接近，如图 11—17 中 A_2 位置。

2. 顶风接近

当横风接近有困难时，可从被拖船待拖一端顶风接近。此法易控制拖船，也较为主动，如图 11—17 中 A_3 位置。

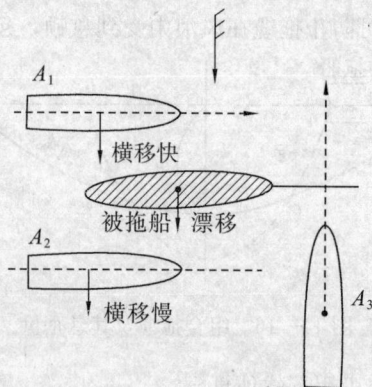

图 11—17 驶近被拖船的方式

（二）拖缆的传递

拖船和被拖船接近后，可按下述方法传递拖缆：

1. 用抛绳枪传递

若两船接近，可直接抛投撇缆，利用撇缆传递。若因风浪较大不易靠近，则可用抛绳枪抛出撇缆。抛绳及引缆应自船首引出，引缆应先在船首甲板盘约 30 m，然后从舷外引到船尾，并在舷外每隔一定距离用细绳系住，再从船尾导缆孔引入与拖缆相连。

2. 用救生艇传递

拖船驶近被拖船上风侧，放拖船下风侧救生艇，在艇上盘好足够的引缆，引缆一头连接拖缆，另一头连接撇缆，救生艇边驶近被拖船边松出引缆，接近后用撇缆送上被救船。

3. 用浮具传递

风浪较大时，可利用浮具传递引缆及拖缆。拖船驶到被拖船上风侧，抛出系带引缆的浮具，浮具漂移到被拖船后，由被拖船钩起。

（三）拖缆的系结

拖缆的系结应满足牢靠、调节方便，应力分散和减小或防止磨损等要求。

1. 拖船拖缆的系结

（1）系缆桩系：若拖船船尾缆桩有足够的强度，可将拖缆在第一对缆桩上先绕一圈，再挽"∞"形 3 道后，引至第二对缆桩再按"∞"形挽牢。为了便于松缆，应备好制索器。

（2）后甲板若无有利的系结设备，可将拖缆绕过甲板室、舱口、桅柱等处，再在两对缆桩上挽牢，这样可将拉力分散避免出现损坏及事故。

不管使用怎样的系结方法，在拖缆通过的导缆孔或锚链筒及其他转角处都要用帆布或麻袋等加以包扎并涂上牛油，在拖航中还要定时检查并加涂牛油。必要时应改变拖缆的磨损部位。

2. 被拖船拖缆的系结

拖被拖船船首时，可利用船首锚链成"V"字形再与拖缆相连接。如仅用拖缆，则也可用拖船系结方法进行系结。

三、拖船的操纵方法及其注意事项

（一）起拖与加速

起拖应在两船拖缆都已系牢后进行。拖船应先用微速前进，待拖缆刚受力时马上停车，在拖缆下垂后再微速前进，如此反复进行，直到被拖船有前进速度（2 kn）时，再以每次 0.5 kn 的速度分段逐步加速，以便保持拖缆的悬垂量，直到到达预定拖速。

（二）改向操纵

大角度改向应分几次完成，应避免一次转向达 20°及 20°以上，最好每次转 5°～10°，一次转向后，要待被拖船改到新航向后，再进行下一次改向。

（三）被拖船偏荡及抑制

海上拖带时，因为风浪大、拖速不当、拖缆过长等种种原因的影响，被拖船也会发生偏荡。偏荡的出现增大了拖缆所受的张力，加剧拖缆的磨损和应力集中，增加了拖带操纵的难度，降低了拖带速度，严重时甚至造成断缆等事故，所以应针对具体的原因采用不同的方法来抑制。

（1）调整被拖船前后吃水，使之成为尾倾状态，以增加其航向稳定性。但不宜用注入压舱水的办法，以免使其储备浮力减少，尤其是被拖船船体受损时更应注意。

（2）降低拖带速度使被拖船偏荡减小。

（3）适当缩短拖缆长度，也可在拖缆中部系挂重物以增加悬垂量。

（4）在被拖船船尾拖曳漂浮物，以增加被拖船的航向稳定性。

（5）在拖缆两端增加如图 11—18 所示的抑制索，可起到减小偏荡的作用。

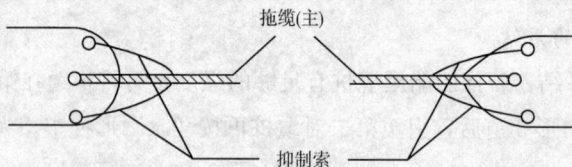

拖缆(主)

抑制索

图 11—18　抑制索

（6）在偏荡不很剧烈时，被拖船操一固定舵角（小于 20°），使被拖船稳定在航迹一侧；如被拖船的舵已损坏或已失落，可安装临时舵。但这样做会增加被拖船的阻力而使拖缆受力增大、拖速降低。

（7）固定尾轴不让其自由转动，以增加尾部阻力，提高被拖船的航向稳定性。

需要说明的是：在采取上述某些措施时，往往会增加拖航的阻力或产生其他不良影响，因此，在决定采取哪种抑制偏荡的措施时应充分权衡利弊。

（四）拖缆长度的调整

如图 11—19 所示。调整拖缆长度的目的有三个：一是减小被拖船的偏荡；二是使拖船与被拖船在波浪中的位置同步，以免拖缆因受过大的冲击拉力而崩断；三是在狭水道和浅水中拖航时，适当缩短拖缆，以便于操纵和防止拖缆擦底。

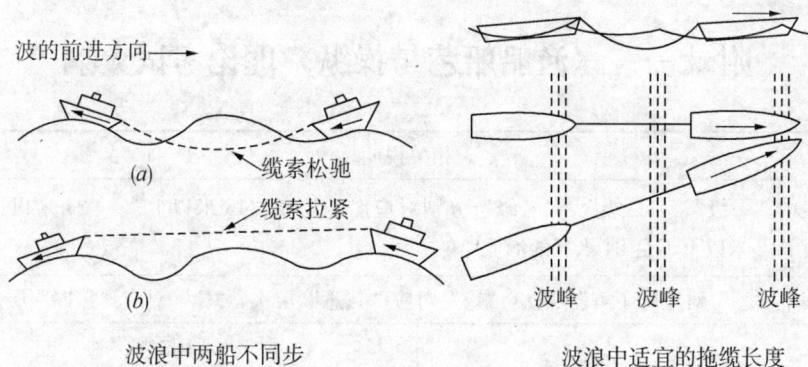

图 11—19　风浪中拖缆的调整

　　海上波浪多带有不规则性，不可能通过调整拖缆长度以适应所有波浪情况。这里所说的拖缆长度调整主要是针对涌浪而言的，对一般波浪也无需调整。

　　（五）大风浪中拖航

　　船舶驾驶人员在航线设计时，应根据气象、海况等资料，避开大风浪海区。一旦天气突变进入大风浪海区，在采取调整拖缆长度等措施仍难以拖航时，应采用滞航的办法；若风浪进一步增大，则应解拖漂滞。为了便于在大风浪过后继续系缆拖航，解拖时应在拖缆端部系挂较大的漂浮物。

　　（六）减速与停拖

　　海上拖带时的减速应逐级进行，并逐渐收短拖缆。若突然停车，因为被拖船还有很大的惯性，会很难控制，甚至撞向拖船或其他船舶，所以除了拖船应逐级减速外，被拖船还应做好抛锚准备，以防不测。

　　（七）防止磨损

　　海上拖航时应每日定时检查拖缆受力、各转折点及导缆孔处的磨损情况，按时加油润滑，并每日放出几个链环或稍松拖缆，使接触磨损部位转移。

　　（八）解拖

　　解拖应在两船均已静止后进行。倘若有可能，应一齐抛锚后进行。但被拖船抛锚时，要注意锚和锚链不要缠挂在拖缆上。

附录一 《渔船船艺与操纵》理论考试大纲

相关说明
（一）表中"一级"、"二级"、"三级"分别对应船舶长度"45 米以上"、"24 米以上不足 45 米"、"12 米以上不足 24 米"的渔业船舶。
（二）表中"○"对应"了解"层次，"◎"对应"熟悉"层次，"●"对应"掌握"层次。

考核知识点	适用对象					
	一级船长	二级船长	三级船长	一级船副	二级船副	助理船副
一、船舶常识						
1. 船舶吃水及载重线标志	●	●	●	◎	◎	◎
2. 渔船种类			◎		◎	○
3. 船舶尺度与吨位			○		○	○
二、渔船结构						
1. 船体强度			◎	◎	◎	
2. 船体的结构型式	◎	◎	◎	◎	◎	
3. 甲板及船底			◎	◎	◎	
4. 舷侧及舱壁			◎	◎	◎	
5. 首尾			◎	◎	◎	○
三、渔船积配载知识						
1. 航次装载量核定	●	●	●	●	●	○
2. 渔具、渔获物积配载						
（1）按舱容比例分配货物	●	●	●	●	●	○
（2）正确选择渔货舱位	●	●	●	●	●	○
（3）满足船舶强度、稳性、吃水差的要求	●	●	●	●	●	○
3. 货物装舱注意事项	●	●	●	●	●	○
4. 运输途中渔获物的保管	●	●	●	●	●	○
四、锚设备						
1. 锚的种类与特点			●	●	●	●
2. 锚链			●	●	●	●

续表

相关说明
（一）表中"一级"、"二级"、"三级"分别对应船舶长度"45米以上"、"24米以上不足45米"、"12米以上不足24米"的渔业船舶。
（二）表中"○"对应"了解"层次，"◎"对应"熟悉"层次，"●"对应"掌握"层次。

考核知识点	适用对象					
	一级船长	二级船长	三级船长	一级船副	二级船副	助理船副
3. 锚机与附属设备			●	●	●	●
4. 锚泊作业						
（1）抛锚作业			●	●	●	●
（2）起锚作业			●	●	●	●
5. 锚设备的检查保养			●	●	●	●
五、系泊设备						
1. 系缆的名称、作用与配备			◎	◎	◎	◎
2. 系泊设备的组成			◎	◎	◎	◎
3. 系泊设备的检查保养和使用注意事项			●	●	●	●
六、舵设备						
1. 舵设备的作用与组成			◎	◎	◎	◎
2. 舵的种类与结构			◎	◎	◎	◎
3. 操舵装置			◎	◎	◎	◎
4. 自动舵	◎			○	○	○
5. 舵设备的检查保养和试验			○	○	○	○
6. 舵令及操舵基本方法	●	●	●	◎	◎	◎
七、船舶操纵性能						
1. 船舶操纵分类	●	●	●	◎	◎	◎
2. 船舶旋回性	●	●	●	◎	◎	◎
3. 舵效	●	●	●	◎	◎	◎
4. 车舵综合效应	●	●	●	◎	◎	◎
5. 船舶变速性	●	●	●	◎	◎	◎
八、外界因素对船舶操纵的影响						
1. 流对船舶操纵的影响	●	●	●	◎	◎	◎

相关说明
（一）表中"一级"、"二级"、"三级"分别对应船舶长度"45米以上"、"24米以上不足45米"、"12米以上不足24米"的渔业船舶。
（二）表中"○"对应"了解"层次，"◎"对应"熟悉"层次，"●"对应"掌握"层次。

考核知识点	适用对象					
	一级船长	二级船长	三级船长	一级船副	二级船副	助理船副
2. 风对船舶操纵的影响	●	●	●	◎	◎	◎
3. 受限制水域对船舶操纵的影响	●	●	●	◎	◎	◎
九、船舶操纵						
1. 锚泊						
（1）锚地和锚泊方式的选择	●	●	●	●	●	●
（2）锚抓力	●	●	●	●	●	●
（3）单锚泊时的出链长度	●	●	●	●	●	●
（4）拖锚淌航	●	●	●	●	●	●
（5）锚泊操纵	●	●	●	●	●	●
（6）偏荡、走锚	●	●	●	●	●	●
2. 港内掉头	●	●	●	◎	◎	◎
3. 靠离码头	●	●	●	◎	◎	◎
十、恶劣天气中的船舶操纵						
1. 波浪对船舶操纵的影响	●	●	●	●	●	●
2. 大风浪中的船舶操纵	●	●	●	●	●	●
3. 台风中的船舶操纵	●	●	●	●	●	●
十一、海事应急处置与操船						
1. 碰撞前后的应急操船和处置	●	●	●	●	●	●
2. 搁浅与触礁前后的应急操船和处置	●	●	●	●	●	●
3. 救助落水人员	●	●	●	●	●	●
4. 海上搜救	●	●	●	●	●	●
5. 海上拖带	●	●	●	●	●	●

附录二　渔船操纵与应急实操评估大纲

考核知识点	适用对象		
	一级船长	二级船长	三级船长
一、靠、离泊操纵			
1. 有风、流时的靠泊操纵	●	●	●
2. 有风、流时的离泊操纵	●	●	●
二、特殊水域的操纵			
1. 顶流过弯时的操船方法	●	●	●
2. 顺流过弯时的操船方法	●	●	●
三、船舶避让			
1. 能见度不良时的避让	●	●	●
2. 追越局面的避让	●	●	●
3. 对遇局面的避让	●	●	●
4. 交叉相遇局面避让	●	●	●
四、应急处置			
1. 救助落水人员的应急操作：单旋回操船救助	●	●	●
2. 搜寻救助			
（1）单船扩展正方形搜寻	●	●	●
（2）单船扩展扇形搜寻	●	●	●
（3）两船平行搜寻	●	●	●
3. 碰撞前后的应急操船及措施	●	●	●
4. 渔船搁浅前后的应急操船及措施	●	●	●
5. 渔船失控的应急操船及措施	●	●	●

备注：可根据各地实际情况，使用模拟器或实船操纵。

参考文献

［1］夏国忠．船舶结构与设备．大连海事大学出版社．2001年.

［2］伍生春．船舶结构与设备．人民交通出版社．2008年.

［3］洪碧光．船舶操纵．人民交通出版社．2008年.

［4］邱文昌．船舶结构与货运．人民交通出版社．2012年.